黄河流域兰州城区段泥石流分布规律与防治研究

牛贝贝　姚振国　刘建周　戴　雪　孙红义　著

黄河水利出版社
·郑州·

内容提要

泥石流已成为制约兰州经济发展的重要地质灾害因素。本书以黄河流域兰州城区段泥石流分布规律与防治为研究对象，主要包括绪论，研究区概况，泥石流的运动特性、形成条件和分类，泥石流流域调查与主要影响因子，沟道工程地质条件及泥石流灾害，河洪道工程地质条件及评价，研究区泥石流灾变特征与启动机制研究，研究区泥石流的防治研究，以及结论与展望。

本书可供从事工程建设与泥石流灾害防治及相关领域研究的科研人员、技术人员、管理人员等阅读参考。

图书在版编目(CIP)数据

黄河流域兰州城区段泥石流分布规律与防治研究/牛贝贝等著．—郑州:黄河水利出版社,2021.1
ISBN 978-7-5509-2898-5

Ⅰ.①黄… Ⅱ.①牛… Ⅲ.①黄河流域-泥石流-分布规律-研究-兰州②黄河流域-泥石流-灾害防治-研究-兰州Ⅳ.①P642.23

中国版本图书馆 CIP 数据核字(2021)第 010451 号

审稿编辑:席红兵　　13592608739

出　版　社:黄河水利出版社
　　　　地址:河南省郑州市顺河路黄委会综合楼 14 层　　　　邮政编码:450003
发行单位:黄河水利出版社
　　　　发行部电话:0371-66026940、66020550、66028024、66022620(传真)
　　　　E-mail:hhslcbs@ 126. com
承印单位:河南新华印刷集团有限公司
开本:787 mm×1 092 mm　　1/16
印张:15.25
字数:352 千字　　　　　　　　　　　印数:1—1 000
版次:2021 年 1 月第 1 版　　　　　　　印次:2021 年 1 月第 1 次印刷

定价:78.00 元

前　言

　　"共同抓好大保护，协同推进大治理""让黄河成为造福人民的幸福河"。习近平总书记2019年9月18日在黄河流域生态保护和高质量发展座谈会上发表的重要讲话，明确地指出黄河流域在我国经济社会发展和生态安全方面具有十分重要的地位，深刻阐明了黄河流域生态保护和高质量发展的重大意义，作出了加强黄河治理保护、推动黄河流域高质量发展的重大部署，对更好地治理与保护黄河、让黄河造福人民产生深远影响。兰州是黄河流域的重要城市，黄河流经兰州150多km，沿途工农业生产、城市建设及产业发展都与黄河息息相关，同时兰州地区也是"一带一路"经济开发重点区域之一，区内经济快速发展，人类对大自然开发程度急剧增加，这也增加了泥石流灾害的发生频率。因此，开展黄河流域兰州城区段泥石流分布规律与城市综合防洪研究对于黄河流域生态保护和高质量发展与"一带一路"经济发展都具有十分重要的意义。

　　本书以黄河流域兰州城区段泥石流的分布规律为研究对象，结合研究区的自然地理、社会经济、环境地质等环境因素，以泥石流的基本特征、形成条件、分类、主要影响因子等重要因素为基础，以现场实际地质调查和工程勘察成果为依据，深入研究了兰州城区段泥石流的灾变特征与启动机制，进而提出了适合于研究区泥石流的工程防治、预测方法及预防措施，对兰州市综合防洪提出建设性意见与建议，以期为工程实践提供借鉴与参考。

　　本书共包括9章。第1章由牛贝贝、戴雪共同编写；第2章、第9章由牛贝贝、姚振国共同编写；第3章、第4章、第7章由戴雪编写；第5章由牛贝贝、姚振国、刘建周、孙红义共同编写；第6章由牛贝贝、姚振国、孙红义共同编写；第8章由刘建周、戴雪共同编写。全书由牛贝贝策划、统稿，姚振国对书中的文字、图表进行了全面的校对。

　　本书部分成果、观点出自甘肃省内的专家、学者和教授，本书的出版得到院领导王泉伟、刘庆军、万伟锋的大力支持，部门主任张书光对本书也给予了诸多的指导，在此一并表示致谢！

　　由于撰写时间仓促和作者水平有限，书中难免有疏漏与不足之处，恳请广大读者批评指正。

作　者
2020 年 12 月

目 录

第1章 绪 论 ……………………………………………………………………… (1)

1.1 研究的主要内容及意义 …………………………………………… (1)

1.2 国内外研究现状 …………………………………………………… (8)

1.3 研究方法和主要工作 ……………………………………………… (10)

第2章 研究区概况 …………………………………………………………… (12)

2.1 自然地理 …………………………………………………………… (12)

2.2 社会经济 …………………………………………………………… (14)

2.3 环境地质 …………………………………………………………… (15)

第3章 泥石流的运动特性、形成条件和分类 ……………………………… (26)

3.1 泥石流的基本特征 ………………………………………………… (26)

3.2 泥石流的形成条件 ………………………………………………… (29)

3.3 泥石流的分类 ……………………………………………………… (32)

3.4 泥石流的发生与沟谷坡度的关系 ………………………………… (33)

3.5 泥石流的阵流特性 ………………………………………………… (34)

3.6 泥石流的堆积特征 ………………………………………………… (34)

第4章 泥石流流域调查与主要影响因子 …………………………………… (36)

4.1 概 述 ……………………………………………………………… (36)

4.2 自然背景调查 ……………………………………………………… (37)

4.3 地质环境调查 ……………………………………………………… (38)

4.4 沟道调查 …………………………………………………………… (41)

4.5 植被调查 …………………………………………………………… (41)

4.6 人类活动调查 ……………………………………………………… (41)

4.7 泥石流发展趋势分析 ……………………………………………… (42)

4.8 泥石流的主要影响因子 …………………………………………… (43)

第5章 沟道工程地质条件及泥石流灾害 …………………………………… (45)

5.1 沟道工程地质条件 ………………………………………………… (45)

5.2 沟道泥石流形成条件及其特征 …………………………………… (57)

5.3　沟道末端治理工程地质条件及评价 ……………………………（89）

第6章　河洪道工程地质条件及评价 ……………………………（151）

6.1　河洪道工程地质条件 ……………………………………（151）

6.2　河洪道工程地质评价 ……………………………………（166）

6.3　各河洪道治理工程地质条件及评价 ………………………（169）

第7章　研究区泥石流灾变特征与启动机制研究 ………………（199）

7.1　泥石流形成与启动过程分析 ……………………………（199）

7.2　泥石流启动破坏形式分析 ………………………………（200）

7.3　形成区沟床缓坡泥石流的启动机制 ……………………（200）

第8章　研究区泥石流的防治研究 ………………………………（201）

8.1　研究区泥石流的防治原则 ………………………………（201）

8.2　研究区泥石流的治理措施 ………………………………（203）

8.3　泥石流的预测方法 ………………………………………（230）

8.4　研究区泥石流的预防措施 ………………………………（230）

8.5　泥石流的预警预报 ………………………………………（231）

8.6　泥石流的危险区划分与疏散救灾 ………………………（233）

第9章　结论与展望 ………………………………………………（235）

9.1　结　论 ……………………………………………………（235）

9.2　展　望 ……………………………………………………（235）

参考文献 ……………………………………………………………（237）

第 1 章　绪　论

1.1　研究的主要内容及意义

兰州地处黄河中上游黄土高原西部的丘陵沟壑区,也是唯一的黄河干流穿城而过的省会城市,黄河自西向东,纵贯兰州市区。兰州市区呈沿河带状,城市东西长约 50 km,南北宽 2~8 km。南北两山有近百条沟道汇入黄河,呈典型的“两山夹一川”的地貌特征。而泥石流在兰州这样的黄土丘陵地区是一种最常见、最普遍存在的自然地质灾害,它不仅会危及人民的生命和财产安全,更在极大程度上制约着城市的经济发展和黄河流域的生态保护和高质量发展。

自 1949 年中华人民共和国成立以来,兰州市各区域均发生过不同程度的泥石流灾害,叠加汛期为兰州的城市防洪工作带来了巨大压力,尤其是安宁区大沙沟流域在雨季曾发生过多次泥石流灾害,其中几次严重的泥石流灾害造成了大沙沟流域内的蔬菜和瓜果被淤泥覆盖,公路和房屋被泥石流掩埋,给当地百姓的生命财产安全带来了巨大的威胁。此外,随着兰州城市人口、经济和工业的快速发展,近年来修建公路、桥梁和房屋等人类活动快速增多,建设用地面积快速增加,人类活动强烈地扰动着沟道两侧斜坡的稳定性。

研究区范围为山洪沟道系统,主要包括山洪沟道末端(河洪道以上的区域、出山口上游部分)、洪道(一个流域出山口至入河口的段落)和 2 条南河道。其中,市区西起宣家沟、东至桑园峡共有沟道 105 条(见表 1.1-1),总流域面积约为 1 747 km²。沟道分别集纳于 53 条河洪道系统中,其中西固区 7 条,长 18.72 km;七里河区 6 条,长 39.167 km;安宁区 14 条,长 42.357 km;城关区 26 条,长 34.168 km。由于历史原因,兰州市的大部分山洪沟道基本上没有系统治理。河洪道需要治理的总长度为 103.589 km,其中 2 条南河道总长为 7.17 km。

本书以黄河流域兰州城区段的泥石流分布规律与防治为研究对象。通过分析兰州黄土丘陵地区泥石流的基本特征、形成条件和分类,分析与泥石流发生相关的主要影响因子,结合兰州地区沟道和洪道的工程地质条件,对泥石流治理与城市防洪的相关参数进行较为深入的研究,明晰兰州地区泥石流的灾变特征与启动机制,进而提出黄河流域兰州段泥石流防治与综合防洪的方案,为兰州地区泥石流灾害工程防治提供科学依据,为黄河流域兰州段的地质灾害治理和城市综合规划提供参考建议。

表 1.1-1　黄河流域兰州城区段河洪沟道基本情况

序号	沟名	洪道系统	沟道基本情况			洪道基本情况		百年一遇清水流量采用值（m³/s）	50年一遇泥石流流量（m³/s）
			流域面积（km²）	主沟道长（km）	主沟道平均坡度（‰）	长度（km）	平均坡度（‰）		
X1	宣家沟	宣家沟洪道	95.96	20.17	33.99	0.76	20	326.3	366.3
X2	柳泉沟	无洪道	2.51	3.81	106.56			40.9	66.4
X3	白崖沟		0.37	0.45	151.80			13.7	13.0
X4	红石崖沟	寺儿沟洪道	0.63	1.92	121.30	6.14	10	20.2	19.0
X5	寺儿沟		26.92	14.70	38.04			158.1	231.2
X6	元托峁沟		0.15	0.77	134.69			8.2	7.8
X7	来家沟	元托峁洪道	0.47	1.68	108.73	6.55	7.8	15.7	15.0
X8	野狐沟		2.62	2.45	88.36			41.9	46.7
X9	洪水沟		10.5	7.45	54.71			92.4	113.2
X10	马耳山沟		1.33	1.10	86.09			28.5	19.8
X11	脑地沟		6.43	7.73	55.93			69.9	123.7
X12	小坪子西沟	洪水沟洪道	0.03	0.56	142.76	4.7	1.3	3.3	2.3
X13	小坪子沟		0.64	0.93	62.78			20.5	14.3
X14	白岂沟		2.36	4.54	77.02			57.2	81.5
X15	黄胶泥沟		6.19	4.15	64.18			54.9	71.8
X16	八面沟	八面沟洪道	4.09	2.65	31.18	0.09	59.2	54.0	91.1
X17	萨拉坪东沟	萨拉坪东沟洪道	0.63	1.25	89.96	0.18	62.1	18.6	26.8
X18	盐西沟	盐西沟洪道	0.29	0.91	125.88	0.31	0.8	12.0	18.0
	西固区小计		77.22			18.72			

续表 1.1-1

序号	沟名	洪道系统	沟道基本情况			洪道基本情况		百年一遇清水流量采用值(m³/s)	50年一遇泥石流流量(m³/s)
			流域面积(km²)	主沟道长(km)	主沟道平均坡度(‰)	长度(km)	平均坡度(‰)		
Q1	供热站西沟	城市雨洪系统	0.17	0.40	84.82			8.8	6.1
Q2	供热站东沟	城市雨洪系统	0.62	0.5	92.93			18.4	12.8
Q3	大金沟	大金沟洪道	24.3	13.99	38.19	1.03	26.5	149.1	173.1
Q4	小金沟	小金沟洪道	14.84	11.24	43.54	1.51	20	112.6	159.5
Q5	石板沟		6.01	7.63	56.90			67.3	87.4
Q6	李家沟	城市雨洪系统	1.12	1.18	32.32			30.5	21.2
Q7	路家咀沟		1.13	0.92	47.04			25.9	18.0
Q8	狸子沟	狸子沟洪道	9	9.64	33.19	1.85	12.6	84.7	97.0
Q9	黄峪沟		42.24	12.40	46.16			204.4	243.5
Q10	深沟	七里河洪道	2.44	3.12	89.42	8.01	18.5	40.2	50.6
Q11	园子沟		0.49	0.58	89.62			16.1	11.2
Q12	韩家河		102.2	22.76	33.94			338.2	333.4
Q13	硷沟	硷沟洪道	14.2	9.17	31.29	2.19	15.8	109.8	144.5
Q14	雷坛河	雷坛河洪道	259.3	43.35	20.02	24.58	19.6	841.0	1 177.1
七里河区小计				136.88		39.17			
A1	盐沟	盐沟洪道	0.89	1.3	61.44	0.46	17	22.6	28.7
A2	泥马沙沟	泥马沙沟洪道	581.9	97.0	12.2	23.9	11		
A3	凤凰山沟	城市雨洪道	0.3	0.63	184.45			12.2	12.6
A4	元台子沟	城市雨洪系统	0.13	0.5	91.74			7.6	7.7

续表 1.1-1

序号	沟名	洪道系统	沟道基本情况			洪道基本情况		百年一遇清水流量采用值（m³/s）	50年一遇泥石流流量（m³/s）
			流域面积（km²）	主沟道长（km）	主沟道平均坡度（‰）	长度（km）	平均坡度（‰）		
A5	李黄沟	李黄沟洪道	2.4	2.3	34.33	1.31	23	39.9	51.1
A6	咸水沟	咸水沟洪道	5.69	3.03	14.29	2.36	14	65.2	80.4
A7	骟马沟	骟马沟洪道	4.13	6.55	29.87	2.48	11.2	54.3	68.8
A8	仁寿山西沟	城市雨洪系统	0.12	0.37	150.12			7.2	5.0
A9	仁寿山东沟		0.28	0.53	131.85			13.9	9.7
A10	大沙沟	大沙沟洪道	79.38	20.58	16.33	3.2	10.3	292.9	315.3
A11	施家湾四号沟	城市雨洪系统	0.08	0.53	90.06			5.7	4.0
A12	施家湾三号沟		0.14	0.69	109.2			7.9	8.0
A13	施家湾二号沟		0.15	0.71	113			8.2	5.7
A14	施家湾一号沟		0.1	0.26	146.2			6.5	6.6
A15	楼梯沟		1.5	1.55	50.87		8	30.5	35.2
A16	盐池沟		0.24	0.62	152.6			10.7	10.9
A17	蚂蚁沟		0.6	1.4	88.55			18.1	27.5
A18	大青沟	大青沟洪道	7.05	5.64	41.49	5.56		73.7	85.5
A19	红道坡沟		0.91	1.9	77.4			22.9	22.9
A20	石槽沟		1.05	1.89	91.89			24.9	17.3
A21	贩沟		0.21	0.84	168.13			9.9	11.5
A22	小青沟		0.43	1.23	132.18			15.0	17.2
A23	山平子西沟		0.12	0.55	183.41			8.2	9.0
A24	山平子东沟	城市雨洪系统	0.06	0.3	221.43			6.5	7.0

续表 1.1-1

序号	沟名	洪道系统	沟道基本情况			洪道基本情况		百年一遇清水流量采用值(m³/s)	50年一遇泥石流流量(m³/s)
			流域面积(km²)	主沟道长(km)	主沟道平均坡度(‰)	长度(km)	平均坡度(‰)		
A25	深沟	深沟洪道	65.58	19.88	20.96			262.6	296.8
A26	里程西沟		0.2	0.34	230.44	1.67	20	9.7	10.8
A27	里程沟		2.2	3.81	76.3			37.9	47.4
A28	小关山沟	关山沟洪道	0.26	1.05	226.1	0.53	63.4	11.2	11.9
A29	关山沟		3.02	3.35	77.22			45.4	57.5
A30	枣树西沟	枣树沟洪道	0.47	1.97	185.65			15.7	19.1
A31	枣树沟		0.94	1.81	205.88	0.43	125	23.4	30.6
A32	半截盆沟	咸马沟洪道	0.24	0.55	313.3			10.7	12.2
A33	咸马沟		0.48	1.31	254.65	0.09	156	15.9	19.0
A34	洞水湾沟	洞水湾沟洪道	0.09	0.38	405.69	0.02	1 000	6.1	6.7
A35	圈沟	圈沟洪道	0.52	1.48	212.42	0.14	200	16.7	19.5
A36	马槽沟	马槽沟洪道	0.72	1.61	168.59	0.21	169	20.1	26.1
	安宁区小计			188.44		42.36			
C1	老虎西梁沟	老虎西梁沟洪道	0.26	0.58	405.6	0.2	185	11.2	12.9
C2	老虎沟	老虎沟洪道	0.83	1.58	137.2	0.22	312	21.8	27.4
C3	半截沟	单家沟洪道	0.18	0.73	306		80	9.1	10.9
C4	单家沟		0.32	1	211	0.36		12.6	15.9
C5	庙洼沟	拱北沟洪道	0.07	0.25	515.4		50	5.3	5.8
C6	拱北沟		0.51	1.45	142	0.25		16.5	21.7

续表 1.1-1

序号	沟名	洪道系统	沟道基本情况			洪道基本情况			百年一遇清水流量采用值（m³/s）	50年一遇泥石流流量（m³/s）
			流域面积（km²）	主沟道长（km）	主沟道平均坡度（‰）	长度（km）	平均坡度（‰）			
C7	马家石沟	马家石沟洪道	0.19	0.66	194.27	0.22	99.6	9.4	8.7
C8	烧盐沟	烧盐沟洪道	0.56	1.44	87.5	0.22	85.1	17.4	19.8
C9	罗锅沟	罗锅沟洪道	38.03	16.4	19.36	7.11	2.4	192.5	179.1
C10	东李家湾沟	东李家湾沟洪道	0.31	0.85	80.42			12.4	14.0
C11	大破沟		2.15	1.58	39.55			37.4	26.0
C12	大砂沟	大砂沟洪道	93	28.7	13.1	4.2	12	320.5	395.2
C13	小沟		9.88	7.5	23.32			89.3	127.3
C14	石门沟	石门沟洪道	8.89	6.66	23.03	1.94	10	84.1	102.3
C15	枣树沟	枣树沟洪道	4.19	4.24	15.77	0.36	65	54.8	68.4
C16	叉不叉沟	叉不叉沟洪道	1.24	2.04	83	0.1	25	27.4	31.9
C17	交达沟	交达沟洪道	0.45	1.39	72.6	0.55	87	15.4	10.7
C18	小砂沟	小砂沟洪道	87.95	18.67	13.27	0.2	23.6	310.5	388.0
C19	石沟	石沟洪道	6.68	4.82	29.2	0.6	38	71.4	110.8
C20	上沟		2.12	2.3	59.69			37.1	25.8
C21	大浪沟	大浪沟洪道	14.5	8.5	18.9	0.54	20	111.1	139.8
C22	碱水沟	碱水沟洪道	1.2	2.2	66.74	0.5	17	26.9	33.8
C23	神子沟	神子沟洪道	0.4	1.12	87.57	0.58	16	14.4	15.7
C24	台湾沟	台湾沟洪道	13.09	6.45	33.87	0.71	24	104.8	118.8
C25	小红沟	小红沟洪道	0.49	1.32	66.64	0.38	5	16.1	19.9
C26	大红沟	大红沟洪道	0.89	1.62	56			22.6	26.4

续表 1.1-1

序号	沟名	洪道系统	沟道基本情况			洪道基本情况		百年一遇清水流量采用值（m³/s）	50年一遇泥石流流量（m³/s）	汇集洪道
			流域面积（km²）	主沟道长（km）	主沟道平均坡度（‰）	长度（km）	平均坡度（‰）			
C27	水源沟	水源沟洪道	1.58	2.45	71.55	0.16	88	31.4	35.0	
C28	大牛圈沟		0.7	2.42	82.91			19.7	24.5	
C29	砂金坪沟	砂金坪沟洪道	0.47	1.33	115.7	0.61	85	15.7	17.3	
C30	琵琶林沟	城市雨洪系统	0.11	0.42	157			6.9	6.8	
C31	老狼沟	老狼沟洪道	1.84	2.24	236.7	4.0	80.6	34.3	68.5	
C32	大洪沟	大洪沟洪道	7.81	3.94	100			78.1	103.4	
C33	小洪沟		1.92	1.99	179.43	4.85	18	35.1	51.0	
C34	烂泥沟		21.93	12.16	44.37			140.7	163.3	元托卯沟洪道、洪水沟洪道、大金沟洪道
C35	鱼儿沟	鱼儿沟洪道	3.09	4.44	123.19	2.24	115	46.0	53.1	
C36	阳洼沟	阳洼沟洪道	15.5	8.29	34.17	2.24	55.8	115.4	148.1	
C37	左家沟	左家沟洪道	0.92	0.85	49.5	0.86	10	23.1	19.9	老狼沟洪道、大洪沟洪道
	城关区小计			164.58		34.17				
	合计			567.12		134.41				

河道名称	所属城区	河道长度（km）	平均均度（‰）
崔家大滩南河河道	七里河区	3.78	2.4
马滩南河河道	七里河区	3.5	0.6
雁滩南河河道	城关区	8.24	1
南河道合计		15.52	

注：X代表西固区，Q代表七里河区，A代表安宁区，C代表城关区（左家沟及部分阳洼沟属榆中县，为方便统计并入城关区）。

1.2 国内外研究现状

自 20 世纪 30 年代开始,美国、英国、德国等十几个发达国家的专家学者们开始分别从宏观角度和微观角度对泥石流的形成过程、内部机制和防治措施进行全方位的分析研究。尽管我国在泥石流研究方面开始较晚,但是我国的地质专家们经过诸多的理论研究和实践研究,同时努力学习国外的先进研究成果,使得我国的泥石流研究也取得了丰硕的成果。

1.2.1 国内研究现状

目前,我国对泥石流研究成果主要表现在以下几方面:

(1)泥石流分类的研究:目前国内的地质专家提出了多种对泥石流分类的方法,其中以泥石流的形成原因分类、泥石流流通区的沟谷形态分类、形成泥石流的松散物质成分分类较为常用。

(2)区域泥石流的研究:我国的地质专家和地质工作者在对我国泥石流重点分布区域实地调查的基础上,对我国泥石流的总体分布特征有了较为全面的认识,对这些区域性的泥石流沟进行了深入研究,并对不同类型的泥石流有了更加综合的认识。

(3)泥石流形成的研究:泥石流是各地不同的地质条件、地形地貌、气象水文等自然因素与人类活动共同影响的产物。其涉及的学科很广,泥石流的形成具有很强的复杂性,通过对泥石流形成主控因素的研究,指出了水文气象、暴雨强度、前期降雨量及土体级配等因素与泥石流的暴发规模、流体状态等之间的关系,同时在此基础上建立了相关公式。

(4)泥石流体性质的研究:我国地质专家通过实地考察对泥石流浆体的组成成分、内部结构、流体的流变和流体的流态特性等进行了较为详细的研究。

(5)模型试验研究:我国的许多地质工作者通过对典型泥石流沟进行不同的室内模型试验或野外模型试验来研究泥石流的形成过程和灾变机制。试验研究不仅为实际的工程设计提供了指导依据,而且为通过模拟泥石流进行相似理论研究的方式方法做出了实践指导。

20 世纪以来,前人就兰州市区域地质、水文地质、工程地质及地质灾害做了大量工作,这些成果的收集和整理对本次工作起到了基础指导作用。2012 年,甘肃省科学院地质自然灾害防治研究所对兰州市城区河洪道山洪灾害进行了初步调查,并编制完成《兰州市城区河洪道山洪灾害调查评价报告》,勘察工作以调查为主,未进行地质勘探和试验等工作。2015 年,兰州市城市建设设计院编制完成了《兰州市河洪道综合治理工程预可行性研究报告》,报告中工程地质章节仅对研究区基本地质条件进行了简要论述,未进行专门工程地质勘察工作。

综观我国目前的泥石流发展状况,泥石流已经作为地质灾害中的一门独立学科进行研究,但是毕竟我国泥石流研究开始较晚,使得我国泥石流整体的研究水平与其他发达国家或研究泥石流较早的国家相比还存在很大的不足。特别是对区域泥石流的研究还不够深入,黄河流域兰州段黄土丘陵地区的泥石流相关研究较为少见。

1.2.2 国外研究现状

许多发达国家对泥石流的研究起步较早,早在 19 世纪 50 年代,由于泥石流的大量暴发,严重威胁了阿尔卑斯山区居民的安全,于是法国和奥地利等国先后颁布森林保护法,以防止乱砍滥伐的发生,保护山区岩体的完整性,预防泥石流的发生。苏联的泥石流研究始于 19 世纪末,但是一直没有取得突破性的进展。

亚洲国家对泥石流的研究开始于 20 世纪 50 年代,日本对泥石流发展的研究技术最为先进,取得的成果也最多。

美国对泥石流的研究开始于 20 世纪初,美国地质学家 Blackwelder 在 1928 年指出了泥石流的形成是需要一些必备条件的,包括较陡的山坡、大量的松散土体、短时的强降雨及较少的植被,这是美国最早的泥石流研究资料。在 1978 年,Vanes 指出泥石流的流动形式类似于液体的流动,而非土体的快速运动或滑动。他对产生泥石流的条件进行了较为全面的描述。此外,还有 strahler、Tuttle、Longwell 及 Easterbrook 等也都在各自的研究成果中,将泥石流作为一种特殊的地质灾害而单独列出。

美国的 Iverson 博士等通过对泥石流形成过程中土体内部孔隙水压力的变化来研究泥石流形成的内部机制。他们总结出泥石流的形成需要经过以下三个阶段:①处于滑动状态下的岩土体受到广泛的库仑破坏;②因为孔隙水压力的上升而导致的土体液化;③泥石流运动的平均动能通过泥石流体的内部作用转化为泥石流体的振动内能。

Sassa 和他的同伴通过各种专业的仪器和设备对泥石流的启动机制进行了研究,提出了泥石流土体的液化存在于形成泥石流的土体中的滑动带部位,滑动带的存在使得土体内部产生颗粒破碎,滑动带受到整体剪缩的作用,导致土体在不排水的条件下土体内部的孔隙水压力增加,这就导致了土体沿滑动带的快速流动和液化,最终导致泥石流的启动。

Okura 通过室内可以变坡的模型水槽试验对泥石流形成过程中的土体流态化问题进行了研究,并提出了泥石流土体流态化须经过 3 个阶段:模型槽内上部土体的下滑引起土体的全面压实,土体饱和区域因土体内部压力的变化产生超静水孔压力,从而引起土体的快速剪切。Anderson 也认为,不排水条件下的加载是泥石流启动以致崩塌的前提,土体内部的应力不断转移的机制可以用来解释泥石流在不排水条件下导致土体发生变形而使泥石流启动的过程。Hutchinson 等学者提出,对于存在大量松散土体的山坡,泥石流的产生机制是由土体内部的水分难以流失造成的,在土体产生液化且土体中的水体难以流失的情况下,土体内部的孔隙水压力会不断增加,土体的抗剪强度就会降低,最终促使土体的流态化和泥石流的启动。Eckersley 创造了土体内部渗透水流的泥石流形成模型,试验结果表明土体内部的超静水孔压力产生于土体中被压缩的部分,并最终引起土体的局部液化。

Hungr 对 3 种不同现象的泥石流,即泥石流、碎屑崩流及流滑进行了理论意义上的区分,他通过对 3 种不同泥石流的形成过程和形成条件进行深入的研究得出结论,他认为这 3 种泥石流现象均是由土体的液化导致的,在现象上都类似于流动性的快速滑坡,三者的主要区别在于三者所处的地形条件是不同的。Hungr 在库仑—太沙基理论框架下对泥石流进行了研究,他对泥石流启动的初始加速度的产生原理进行了较为详细的分析。

美国地质专家 Iverson 博士和他的同伴们，通过进行大型的泥石流模型槽试验，并在前人分析的基础上，提出了由滑坡的产生转化为泥石流的启动所经历的 3 个过程，并最终建立了由滑坡转化为泥石流的理论框架。

1.3 研究方法和主要工作

1.3.1 研究方法与勘察布置原则

本书研究及外业勘察工作是在收集分析已有的地质资料的基础上，采用工程地质测绘、钻探、坑槽探、原位测试（标准贯入试验、动力触探）、现场试验和室内试验等综合勘察方法进行勘察。

1.3.1.1 沟道部分

105 条沟道勘察进行了以泥石流为主的地面调查和地质测绘工作，比例尺选用 1:1 万。沟道治理工程重点地段进行了大比例尺专项勘察。

调查路线从堆积区开始，沿沟道步行调查至沟源，再上至分水岭俯览全流域进行宏观了解。堆积区重点调查堆积扇形态和发育的完整性，堆积物的分选性、粒度成分等特征；流通区重点调查河沟的纵、横剖面形态的几何尺寸，沟床坡度、糙率，河沟两岸山坡坡度、稳定性等；形成区主要调查不良地质体的发育状况、松散物源的规模、性质、分布、产状、稳定性、补给长度、植被覆盖率、河沟冲淤变幅、堵塞情况等。根据调查情况，填写泥石流调查表、泥石流易发程度评分表。

在重点地段布置一定探坑，揭露泥石流在形成区、流通区和堆积区不同部位的物质沉积规律和粒度级配变化；了解松散层岩性、结构、厚度和基岩岩性、结构、风化程度及节理裂隙发育状况。

沟道治理工程勘察主要选取泥石流易发的重点沟道末端治理工程部位布置一定的竖井，初步查明其工程地质条件。

1.3.1.2 河洪道部分

沿河洪道 1:2 000 的带状工程地质测绘，测绘宽度包括与隐患险情有关的影响范围，一般按河洪道两侧各 30 m 控制。为配合地质测绘，布置适量的坑槽探。

对于规划蓝线宽度大于或等于 30 m 的河洪道，沿河洪道两侧各布置 1 条勘探纵剖面，每个纵剖面每隔 1 km 布置一个勘探孔，两侧勘探孔相错布置，总体保证线路上每隔 0.5 km 一个勘探孔；对于规划蓝线宽度小于 30 m 的河洪道，沿河洪道中心布置 1 条勘探纵剖面，每个纵剖面每隔 1 km 布置一个勘探孔。沿河洪道每隔 2 km 布置一个勘探横剖面，结合纵剖面上勘探孔，保证每个横剖面有 3 个勘探孔，孔深一般为 10 m。在钻孔中进行取样、钻孔原位测试和地下水位观测工作。

1.3.2 勘察完成工作

本次勘察根据以上布置分阶段完成。2016 年 3~6 月完成了 105 条沟道的地面调查和地质测绘工作；根据河洪道治理工程布置，河洪道部分勘察工作于 2017 年 2~5 月完成,同期也进行了沟道治理工程外业勘探和天然建材详查工作。外业勘探以及试验工作由兰州市水电勘测设计院完成,在此表示感谢。

1.3.3 室内研究工作

室内研究工作以现场研究工作的整理分析为基础,同时结合收集到的相关资料,通过研究泥石流的基本特征、形成条件和分类,以及泥石流的主要影响因子,对研究区泥石流治理与城市防洪的相关参数进行深入研究,分析总结出研究区泥石流的灾变特征与启动机制,结合研究区附近的天然建筑材料,最终提出研究区泥石流的防治方案。

第2章 研究区概况

2.1 自然地理

2.1.1 地理位置

兰州市城区地处黄河上游,为中国地理版图的几何中心,其地理坐标介于北纬36°01′05″~36°09′22″,东经103°33′43″~103°57′29″。地貌属黄土高原西部丘陵沟壑区,处于柴家峡与桑园峡之间的葫芦状狭长盆地内,东西全长约35.2 km,南北宽1.5~7.5 km,海拔在1 510~1 525 m,呈典型的"两山夹一川"地貌特征。

2.1.2 气象

兰州市地处欧亚大陆腹地,气候为温带半干旱大陆性季风气候,其特点是:降水偏少,日照充足,蒸发量大,气候干燥,昼夜温差大,季节变化显著。冬季受蒙古高压控制,盛行西北风,造成极地寒流南侵,气候干冷;夏季受大陆低气压控制,盛行西南风,太平洋热带气团可抵达本区,气候相对湿热。

根据兰州市气象台多年(1981~2010年)资料统计,兰州市多年平均气温为10.4 ℃,极端最高和最低气温分别为39.8 ℃(2010年7月28日)和-19.3 ℃(1991年12月28日);多年平均降水量为293.5 mm,最多年降水量为407.7 mm(2007年),最少年降水量为168.3 mm(2006年),降水多集中于7~9月(见图2.1-1),占全年降水量的61%以上;兰州市年平均蒸发量为1 158 mm。

兰州市区降水年内分配不均,8月最多,平均降水量为64.6 mm,占年降水量的22%。年平均出现日降水量大于25 mm的日数为1.2日,年平均出现日降水量大于50 mm的日数为0.1日。兰州市短历时高强度降水较多,降水集中(见图2.1-2),实测日最大降水量为56.9 mm(1990年8月1日),小时最大暴雨量为51.9 mm,10 min最大降水量为18.6 mm,连续降雨日数最长为9天。1951~2010年的60年内共发生大雨79次,暴雨6次,大雨频率为1.3年,暴雨频率为0.1年(见表2.1-1)。本区大暴雨较多,降水的年际变化较大,降水历时短,强度大,为山洪—泥石流灾害的形成提供了气象条件。

兰州市年平均日照时数为2 372.3 h,年平均风速为0.9 m/s,夏季主导风向为东南风,冬季主导风向为西北风,属季节性冻土区,时间由11月至翌年的3月,最大积雪厚度为7 cm(2000年2月24日)。

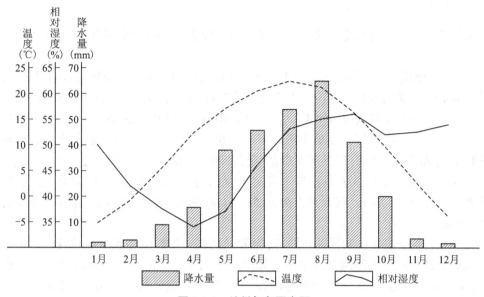

图 2.1-1　兰州气象要素图

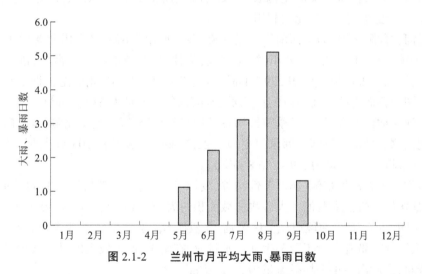

图 2.1-2　兰州市月平均大雨、暴雨日数

表 2.1-1　兰州市降水特征统计

降水量(mm)			季节分配(%)				一次最大降水（mm）		一次最急降水（mm）	
多年平均	年最大	年最小	3~5 月	6~8 月	9~11 月	11 月至翌年 2 月	24 h	6 h	1 h	0.5 h
293.5	407.7	168.3	20.8	55.74	21.64	1.84	118.1	109.5	51.9	29.6

2.1.3　水文

流经兰州市城区的河流主要有黄河及支流宣家沟、泥马沙沟、韩家河、雷坛河、大砂沟等。

黄河是中国第二大河流,它发源于青海省青藏高原的巴颜喀拉山脉北麓的卡日曲,全长约 5 464 km。黄河兰州城区段以上干流全长 2 119 km,占黄河总长度的 38.9%;据兰州水文站统计黄河兰州城区段多年平均流量为 1 010 m^3/s(1919~2006 年),年最大平均流量为 1 320 m^3/s(1955 年),年最小平均流量为 681 m^3/s(1969 年)。近年来随着黄河上游梯级水电站的开发建设,经过水库调蓄,使得黄河兰州城区段的流量趋于稳定。

宣家沟也称西柳沟,为黄河南岸一级支沟,源于永靖县韩家山,自南向北流入西固区柳泉乡,至岸门村入黄河。宣家沟主沟长 20.17 km,流域面积 95.96 km^2,多年平均径流量 122.6 万 m^3。

泥马沙沟位于安宁区的沙井驿西部,为黄河北岸一级支流,发源于天祝藏族自治县毛毛山南麓,是四泉沟、正路沟及秦王川盆地洪水的出水口。泥马沙沟自西槽以下形成沟谷,并接受地下水的补给,形成间歇性沟谷,至甘家滩以南入皋兰县境,经沙井驿注入黄河。泥马沙沟流域长 96.7 km,主沟长 22 km,流域面积 1 035.7 km^2,年径流量 354.8 万 m^3。由于矿化度高,水质差,无法利用。

雷坛河古称阿干河,为黄河南岸一级支流,源于榆中县南部马衔山北麓银山乡,流经铁冶、阿干镇、岘口子、八里镇、八里窑、沈家坡、华林坪,穿越市区文化宫桥,进入黄河,雷坛河主沟长 43.35 km,流域面积 259.1 km^2,年径流量 987 万 m^3(此值是根据 1/50 万径流深等值线图量算而得的。而《榆中县志》载,水磨沟年径流量为 682 万 m^3)。

韩家河又称西园沟,是一条季节性沟谷,发源于七里河区七道梁北侧,自南向北而流,在小西湖西侧一带汇入黄河。韩家河主沟长 22.76 km,流域面积 103 km^2,据韩家河附近(1984 年)监测资料,流量为 2.9~856.8 m^3/d。

大砂沟位于大沙坪东侧,属季节性沟谷,发源于皋兰县忠和镇的上川,自北向南流经城区,在盐场堡一带汇入黄河。大砂沟流域面积约为 96.76 km^2,主沟长 30.88 km,平均宽 3.9 km。以中铺子为界,南段属城关区管辖,北段属皋兰县管辖。大砂沟内一般无径流产生,只在大沙坪一带有大量工业和生活污水排放,在雨季,产生较大的洪水或少量泥石流。据有关资料,大砂沟多年平均径流量为 21.2 万 m^3。

2.2　社会经济

兰州市现辖城关区、七里河区、安宁区、西固区、红古区五区及皋兰、榆中、永登三县,总面积 13 086 km^2。

截至 2016 年年末,兰州市全年完成生产总值 2 264.23 亿元,比上年增长 8.3%。其中第一产业增加值 60.36 亿元,增长 6%;第二产业增加值 790.09 亿元,增长 4.3%;第三产业增加值 1 413.78 亿元,增长 10.9%。全年居民消费价格总水平比上年上涨 1.3%。全年完成固定资产投资 1 990.95 亿元,比上年增长 10.389%。全市 2016 年年末常住人口为

370.55 万人,较上年增加 1.24 万人。其中,城镇人口 300.18 万人,占 81.01%;乡村人口 70.37 万人,占 18.99%。全年人口自然增长率为 5.37‰,比上年增长 0.29 个千分点。全年城镇居民人均可支配收入 2.97 万元,城镇居民家庭恩格尔系数为 0.31;农村居民人均可支配收入为 10 391 元,农村居民家庭恩格尔系数为 0.33。

兰州是中国 12 个主干交通枢纽之一,是我国东中部地区联系西部地区的桥梁和纽带。兰州在西北地区处于"座中四联"的位置,是大西北铁路、公路、航空的综合交通枢纽。

兰州是建设中的西北商贸中心。古代曾是著名的"茶马互市",中华人民共和国成立后为全国 32 个物流中心之一,1994 年国家批准兰州进行建设商贸中心改革试点。现已发展成为西部地区重要的商品集散中心,初步形成大商贸、大流通、大市场格局,人流、物流、资金流、信息流日益活跃,商品辐射面达到西部 8 个省区、近 400 万 km² 和 3 亿多人口,在开拓西部大市场中具有很强的集聚辐射功能。全市拥有各类商业、饮食、服务网点 8 万多个,各类消费品、生产资料和生产要素市场 220 多处。

2.3 环境地质

2.3.1 地形地貌

兰州市位于我国陇西黄土高原的西部边缘与青藏高原的交接地带,根据甘肃省地貌类型分区,兰州市地貌分区属陇东、陇西黄土高原区的陇西黄土丘陵中山山地亚区,其西北部为阿尔金山—祁连山侵蚀构造山地区的祁连山东段中山山地亚区。

该区自新近纪以来,新构造运动强烈,主要表现为地壳的隆升,塑造了区内特殊的地貌特征。区内地势总体而言,南高北低,南部为马衔山、兴隆山、雾宿山等山地,海拔 2 500~3 600 m,境内大部分地区为海拔 1 500~2 000 m 的黄土覆盖的丘陵和盆地。

根据该区地貌成因类型,可划分为构造—剥蚀、山麓斜坡堆积及河流侵蚀堆积三类,形成山地(见图 2.3-1)、丘陵(见图 2.3-2)、山间盆地(见图 2.3-3)及河谷(见图 2.3-4)四种地貌单元,兰州市城区位于河流侵蚀堆积河谷平原的兰州黄河河谷阶地上。黄河干流于西固区达川入境,流经西固、安宁、七里河和城关等区,又经皋兰县东南部和榆中县北部,至乌金峡出境。在市境内受马衔山、兴隆山等山体抬升及 NE、NWW 向断裂的控制,使黄河流经兰州市时呈峡谷、宽谷相间的串珠状河谷,同时黄河河谷阶地发育不对称,北部发育七级阶地,南部发育四级阶地,其中Ⅰ、Ⅱ级阶地发育较好,兰州市城区主要坐落在这两级阶地上,其南北两侧为黄土丘陵区,与Ⅱ级阶地之间相对高差为 200~600 m。兰州市城区最西端柴家峡海拔约 1 550 m,最东端桑园峡海拔约 1 500 m,东西相对高差约 50 m。北侧最高为九州台,海拔为 2 067 m;南侧最高为皋兰山,海拔为 2 129.6 m。

图 2.3-1　研究区山地地貌

图 2.3-2　研究区丘陵地貌

图 2.3-3　研究区山间盆地地貌

图 2.3-4　研究区河谷地貌

2.3.2　地层岩性及工程地质特性

2.3.2.1　地层岩性

研究区及周边出露地层主要有元古界震旦系（Z）、古生界前寒武系（An∈gl）、奥陶系（O_{2-3}）、中生界三叠系（T_3y）、侏罗系（J）、白垩系（K_1）、新近系（N）和第四系（Q）。研究区及周边区域地层岩性及分布特征见表 2.3-1。

表 2.3-1　研究区及周边区域地层岩性及分布特征

界	系	统	群(组)	代号	地层岩性及其分布
新生界	第四系	全新统	三家山组	Q_4	黄河河谷区Ⅰ、Ⅱ级阶地冲洪积粉土及碎石土,厚度7~28 m,为河洪道治理工程主要地层;风积黄土,广泛分布于南北两山表层,其岩性为浅黄色粉土;崩塌、滑坡及泥石流堆积物,零星分布,岩性复杂
		上更新统	马兰组	Q_3	风积黄土,披覆于一切老地层之上,广泛分布于南北两山,岩性为浅黄色粉土,疏松,具大孔隙,垂直节理发育,厚20~30 m。河谷区Ⅲ~Ⅳ级阶地分布有同期的粉土及碎石土
		中更新统	离石组	Q_2	风积黄土,分布于兰州市中部地区。岩性为浅黄褐色粉土,结构致密,含石膏结核,夹9~23层橘红色古土壤,厚度88~193 m。黄河河谷区Ⅴ、Ⅵ级阶地分布同期的粉土及碎石土

续表 2.3-1

界	系	统	群(组)	代号	地层岩性及其分布
新生界	第四系	下更新统	午城组	Q_1	分布于兰州断陷盆地及其外围九州台、皋兰山等地。其岩性为黄褐色粉土,致密坚硬,含黑褐色铁锰质斑点和石膏质小结核,夹 10~23 层橘红色古土壤。厚度 10~186 m。河谷区Ⅶ、Ⅷ级阶地分布有同期的粉土及碎石土
			范家坪(五泉山)组		分布于兰州断陷盆地之内。其岩性上部为黄褐色冰积泥砾,致密,砾石磨圆度好,偶含漂砾。下部为灰黑、灰褐色冲积砾卵石层,具水平层理,砾石分选性差,磨圆尚好,多为浑圆状,该层往往夹有洪积碎石层
	新近系	上新统	临夏组	$N_2 l$	分布于西固深沟桥及雷坛河石嘴子一带。其岩性为浅橘红色及锈黄色泥岩、砂砾岩互层,底部为灰绿色砂质砾岩或砂岩。厚度为 302 m
		中新统	咸水河组	$N_1 x$	零星分布于安宁区、西固区等地。岩性为褐黄色、棕红色砂质泥岩,夹灰白色砂砾岩。厚度 327~434 m
中生界	白垩系	下白垩统	河口群	$K_1 hk$	广泛分布,大面积出露于研究区南部和西北部。其岩性上部为紫红色砂岩、泥岩互层夹透镜状砂岩;下部为褐红色、暗红色厚层砂砾岩、砾岩夹浅灰色页岩、砂岩和泥岩,砾石磨圆度、分选性差,多呈棱角状,厚度 554~3 022 m。与下伏侏罗系地层呈平行不整合接触
中生界	侏罗系	中上统	铁冶沟群	$J_{2-3} ty$	零星分布,主要出露于研究区南部阿干镇一带。其岩性为紫红色砂岩、页岩夹灰绿色细砂岩、薄层角砾岩。厚度 433 m
		下统	阿干镇群	$J_1 ag$	零星分布,出露于研究区南部阿干镇。其岩性为湖泊-河流相含砾砂岩,灰绿色页岩夹煤层。厚度 275 m。与下伏三叠系地层呈断层接触
	三叠系	上三叠统	延长群	$T_3 y$	分布于研究区南部阿干镇附近。其岩性为灰绿色砾岩、砂岩,夹砂质页岩和煤线。厚度大于 531 m。与下伏地层呈平行不整合接触
古生界	奥陶系	中上奥陶统	雾宿山群	$O_{2-3} wx$	分布于研究区南部一带。其岩性为变质安山岩、凝灰角砾岩、变质砂岩和结晶灰岩等,含三叶虫和笔石化石。总厚度大于 7 000 m。与下伏白垩系地层呈平行不整合接触
	前寒武系		皋兰群	$An\in gl$	分布于黄河北岸北塔山及十里店一带,呈北西—南东向展布。其岩性为黑云母角闪片岩、黑云母片岩、绢云母片岩夹薄层石英岩。厚度大于 546 m。与第三系或白垩系地层呈断层不整合接触
元古界	震旦系	下统	兴隆山群	$Z_1 xn$	分布于研究区南部阿干镇附近,呈北西—南东向展布。岩性为灰绿色浅变质凝灰岩、石英岩、千枚岩、变质砂岩等,含藻类化石。厚度大于 4 000 m。与上覆较新地层多呈断层接触

研究区及周边侵入岩零星分布,花岗岩(γ_3^1)主要分布在区内北部和东部桑园子一带,属于加里东早期侵入岩,其岩性为灰白色、肉红色中粒花岗岩。花岗闪长岩($\gamma\delta_3^2$)和超基性岩脉(Σ_3^2)主要分布在区内南部阿干镇附近,出露面积甚小,均呈岩脉产出。

2.3.2.2 工程地质特性

1.岩体工程地质类型及特征

(1)块状中硬片岩、千枚岩岩组。分布于白塔山至十里店、阿干镇至小康营、桑园峡至园子岔等一带,其岩性主要由角闪片岩、黑云母片岩、石英岩、千枚岩等组成,中厚层—薄层状结构,该岩组为良好的工程地质岩组。

(2)层状黏土岩岩组。分布于兰州市南北两山沟道工程大部分地区,由白垩系和新近系地层组成,岩性主要为泥质砂岩、细砂岩、砂质泥岩夹砂砾岩等,具层块状结构,质地较软弱。

(3)整体块状坚硬花岗岩、闪长岩岩组。分布于白塔山和桑园峡至大峡河谷两岸地带和南部阿干镇一带。岩性为灰白色、肉红色中粒花岗岩、花岗闪长岩等。整体块状结构,致密坚硬,为良好工程地质岩组。

2.土体工程地质类型及特征

依据土体成因类型和土体结构特征,将兰州市土体分为以下几种类型:

(1)粉土、砾卵石双层土体(Q_4^{al+pl})。主要分布于黄河及其支流两岸Ⅰ、Ⅱ级阶地及一级支沟沟谷中,具有二元结构,上部为黄土状粉土,下部为砂砾卵石层。

(2)泥石流堆积物(Q_4^{pl})。分布于泥石流沟沟口洪积扇区,成分复杂,颗粒大小不一,岩性复杂。

(3)粉土、碎石层、砾石层多层土体(Q_3^{al+pl})。分布于黄河及其支流两岸Ⅲ~Ⅳ级阶地底部。上部为黄土状粉土,下部为碎石土、砾石层。上部粉土稍密或密实,硬塑。

(4)崩塌、滑坡堆积物(Q_4^{col})。分布点多、范围小,其成分同滑前岩性,但其物理力学性质变化较大。

(5)黄土(Q_3m、Q_2l)。广泛分布于兰州市南北两山,土体具有大孔隙,结构疏松,垂直节理发育,无层理。随原始地形的起伏厚度变化较大,九州台一带达 250 m,一般厚 50~100 m。该类土体是兰州市崩塌、滑坡灾害的多发地层和易滑岩组。

2.3.3 区域构造与地震

2.3.3.1 区域构造

兰州市在大地构造上隶属于昆仑—秦岭地槽褶皱系祁连中间隆起带,区域上断裂发育(见图 2.3-5)。

兰州自前长城纪至早元古代末的地壳运动最为强烈,沉积了巨厚的海相碎屑岩、碳酸盐岩夹火山岩建造,并伴有大规模的岩浆活动。末期的祁连运动结束了祁连海槽的发展史,使所有老地层褶皱成山,奠定了兰州市基本构造骨架,并且形成大体呈线性的紧闭褶皱,正、逆断层发育,表现为地槽型特征。从晚古生代至新生代,形成了山间坳陷和海陆交互相沉积,地壳水平运动微弱,褶皱平缓,具地台特征。燕山运动在兰州市形成了平缓的短轴状褶曲。另外,由于兰州市紧邻青藏高原东北缘的转弯部位,又是几个不同形式构造的交汇部位,复杂而强烈的新构造运动使青藏高原隆起,造成了兰州市基底与盖层产生大幅度、大面积的不均衡升降,使古老的隆起带继续隆起,新、老沉降区不断下沉。

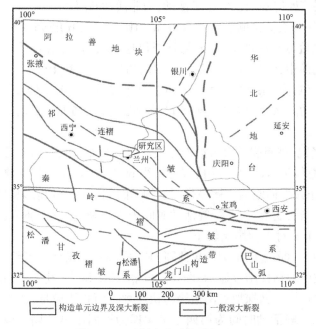

图 2.3-5 兰州市大地构造纲要图

研究区构造主要由 NWW、NNW 向隆起与断层组成。其中 NWW 向构造主要有马衔山北缘断裂、金城关断层、兴隆山北缘断裂及西津村断层;NNW 向构造主要有庄浪河断裂、雷坛河断裂、寺儿沟断裂。上述地质构造的形迹构成了兰州地质构造的基本轮廓。

2.3.3.2 主要断层(裂)与地震

1.主要断层(裂)及其活动性

1)NWW 向断层

(1)马衔山北缘断裂。该断裂为兰州市的控震断裂,为公元 1125 年兰州 7 级地震的发震断层。该断裂位于兰州市南部山区,为一条晚第四纪活动的逆左旋走滑断裂。该断裂东自定西内官营,经庙湾、羊寨、银山,在七道梁的摩云关与兴隆山南缘断裂交汇后,向西断续经前泉村、湖滩、关山、咸水沟至八盘峡止,全长约 115 km,总体走向 N 60°W。该活动断裂位于研究区南部,距研究区最近距离约 5 km,对工程影响较小。

(2)金城关断层。该断层在新活动时期控制着兰州断陷盆地的北界,呈 NWW 向延伸,在西固区以北被 NE 向断层所切割。断层走向 N60°W,倾角 64°~80°,北盘为皋兰岩群,见有 10~30 m 的构造岩及千米宽的揉皱带,南盘为新近系,垂直断距最大可达 250 m,并在南盘第四系多级阶地后缘见一系列正断层。钻探结果显示,断层未断错上覆黄河 Ⅱ 级阶地砂卵石层,Ⅱ 级阶地年代距今 45 ka;十里店地质剖面中,断层仅使上覆第三系砂砾岩发生缓倾角变形,未断错黄河Ⅲ级阶地,其年代距今 12 万~14 万年。说明断层在距今 12 万~14 万年后停止了活动,为非活动断层。

(3)西津村断层。该断层走向 N70°W,倾向 SW,倾角 43°~75°,延伸长度约 29 km。

该断裂位于研究区西南部,断层性质以逆断层为主,最晚活动时间为晚更新世早中期。地质剖面显示,断层发育于白垩系与第三系内部或之间,上覆的黄河Ⅲ~Ⅳ级阶地均未见被断错。说明该断层第四纪晚期已停止了活动,为非活动断层。

(4)兴隆山北缘断裂。该断裂走向 N50°W,倾向 SW,倾角45°~60°,延伸长度约34 km。该断裂位于研究区东南部山区,断层性质以逆断层为主,最晚活动时间为晚更新世早中期。周家庄剖面中,断层断错了基岩上覆的角砾石层,其年代距今(18.13±1.54)ka;杜家庄剖面中,断层断错了晚更新世砂砾石层,其年代距今(84.98±7.22)ka。说明该断层第四纪晚期有过活动。该活动断裂距研究区最近距离大于 5 km,对治理工程影响较小。

2)NNW 向断层

(1)庄浪河断裂。该断裂带大致沿着庄浪河西侧分布,南起河口,往北经苦水、龙泉、大同至永登以北,总体呈 N15°W 方向展布,长约 60 km。该断裂带主要由几条次级断裂雁列而成,构成两条弧形逆断裂—褶皱带,是兰州市周边地区对其影响较大的断裂之一。断裂性质以逆断—褶皱变形为主,最晚活动时间为晚更新世,位于研究区西北部,距研究区最近距离大于 5 km,对工程影响较小。

(2)雷坛河断层。断层走向 N10°W,倾向 E,倾角较陡,延伸长度约 13.5 km。断层性质为逆断层。解放门的钻探结果显示,断层仅断错了 Q_1 砾岩,其上覆黄河河漫滩堆积砾石层未见被断错的迹象。钻探地点南边缘为伏龙坪黄河Ⅲ级阶地,该断层向南延伸并未见断错 Ⅲ 级阶地,最晚活动时间为第四纪早中期为第四纪早中期。该断层位于研究区雷坛河流域,为非活动断层。

(3)寺儿沟断层。位于西固区南东侧,走向 N20°W,倾向 SW,倾角 62°~75°断层性质为逆断层。钻探与地质剖面显示,断层断于白垩系砂岩和第三系之间,局部断错了Ⅲ级阶地底部第四纪早期的砾岩和黄土,未断错上覆黄河Ⅳ级阶地,阶地的年代距今 56 万年。说明该断层在距今 56 万年以后停止了活动,为非活动断层。

2.地震活动

兰州市地震区划上位于青藏地震区东北的南北地震带北段。地震主要受境内庄浪河断裂带、金城关断层及马衔山北缘断裂控制。据统计,自西汉至唐代的公元 1113 年,兰州和波及兰州的地震18 次,其中,发生在兰州的破坏性地震2 次,发生在外围波及兰州并造成破坏的4 次。宋至清代的 950 多年间,共经受地震64 次,其中,发生在兰州的地震4 次;外围波及兰州10 次;有震感44 次;可能对兰州市有影响的6 次。民国时期至1997 年的近 90 年间,发生在兰州和外围波及兰州的较大等级的地震共达130 多次,其中 1949 年至 1997 年 90 多次,发生在境内 2.0~4.1 级地震25 次,5.8 级 1 次(见图 2.3-6)。每次地震均不同程度地发生大滑坡和地裂缝。

1995 年 7 月 22 日,永登县和红古区境内发生 5.8 级地震,震中烈度 8 度,造成 10 人死亡,143 人重伤,584 人轻伤,2 万多间房屋倒塌,6 万多间房屋损坏,9 900 多人无家可归,直接经济损失 1.08 亿元。

2008 年 5 月 12 日汶川发生 8.0 级强烈地震,地震波及兰州,兰州震感明显,但在兰州市未引发新的地质灾害。

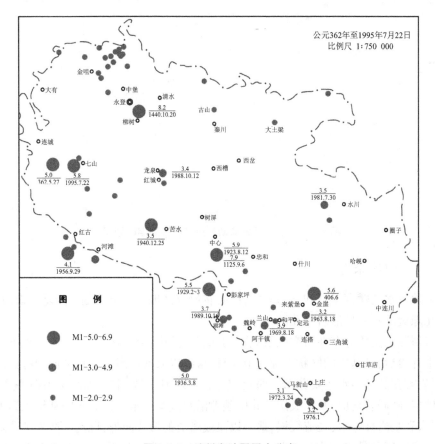

图 2.3-6　兰州市地震震中分布

2.3.3.3　区域构造稳定性与地震动参数

根据《中国地震动峰值加速度区划图》(GB 18306—2015)图 A.1(见图 2.3-7)和《中国地震动反应谱特征周期区划图》(GB 18306—2015)图 B.1(见图 2.3-8),研究区 50 年超越概率为 10% 时的地震动峰值加速度为 0.20g,相应于地震基本烈度为Ⅷ度,地震动反应谱特征周期为 0.45 s。区域构造稳定性较差。

图 2.3-7　研究区地震动峰值加速度区划图

图 2.3-8　研究区地震动反应谱特征周期区划图

2.3.4　水文地质条件

根据地下水的赋存条件和含水岩组性质,将研究区地下水类型划分为基岩裂隙水、碎屑岩类孔隙裂隙水和松散岩类孔隙水。

基岩裂隙水主要分布在研究区及周边的基岩裂隙中,分布不均、埋藏浅。地下水接受大气降水补给后,沿基岩的网状裂隙通道运移,最终以泉或以潜流的形式向地势低洼处排泄;碎屑岩类孔隙裂隙水主要分布于西固、东岗、雷坛河一带,主要含水层为白垩系、新近系红色砂岩、砂砾岩地层中,构成层间孔隙裂隙潜水或承压水。该类水的补给源为大气降水、地表水和基岩裂隙水,径流缓慢,最终以泉或潜流的形式向外排泄;松散岩类孔隙水主要分布于研究区侵蚀堆积河谷平原(I 、II 级阶地),主要有黄河入渗、大气降水、灌溉水、污水、沟谷地表水入渗补给。

2.3.5　人类工程活动

依据人类工程活动特征促使地质灾害发生的方式,将人类工程活动概括为以下几个方面:

(1)开垦荒山荒坡及采石取砂活动(见图 2.3-9)。兰州市南北两山存在开垦荒山荒坡现象,既破坏了原有的林草植被,也加速了水土流失及崩塌、滑坡、泥石流的暴发强度和频率。该现象在城关区北山及安宁区比较普遍。

图 2.3-9　研究区采石取砂活动

（2）基础工程建设中的大量开挖土石、弃土弃渣（见图 2.3-10）、不合理削坡等人类工程经济活动，诱发地质灾害的事件时有发生。该现象在南北两山沟道治理研究区较为普遍。

图 2.3-10　研究区开挖土石、弃土弃渣活动

（3）煤矿开采工程，造成地面塌陷灾害。在七里河区阿干镇煤矿和红古区窑街煤矿，煤矿已接近枯竭，但地表以下形成的采空区，引发上覆围岩体的变形和破坏，往往波及地表，使地表产生裂缝和沉陷，毁坏地面上的建筑物、道路及农田等，造成重大经济损失。

（4）城市垃圾不合理堆放（见图 2.3-11），挤占行洪通道，加剧泥石流灾害。随着人口增加和城市土地开发力度的加大，区内人为活动强度越来越大。一是以公路建设、天然气输气管道工程、电力线路工程、绿化上水工程、绿化土地平整、采砂采石及其他建设项目等为主的工程活动近年来强度不断增大，形成大量弃土，对山坡的稳定也产生了长期的不利影响，诱发崩塌、滑坡，大大增加了泥石流松散固体物质的来源。二是以城市及重要集镇生活、建筑垃圾为主的大量废弃物堆积于沟道及沟口一带，严重堵塞沟道，既增加了泥石流松散固体物质的来源，又加大了泥石流灾害的强度。

图 2.3-11　研究区城市垃圾不合理堆放

2.3.6　地质灾害现状

兰州市地质灾害发育，其特征主要表现在空间和时间两个方面，空间特征与区内地质构造、岩土体类型及区域性人类工程活动等因素密切相关，时间特征同区内降雨的周期性特征基本一致。地质灾害发育特征可概括为以下三个方面。

2.3.6.1 普遍性与差异性

区内泥石流、滑坡(见图2.3-12、图2.3-13)、崩塌(见图2.3-14、图2.3-15)、地面塌陷等地质灾害较发育,除城区个别街道、乡、镇地质灾害较少发育外,近山坡地带、黄土丘陵地带地质灾害均较为发育,地质灾害表现为普遍性,地质灾害危害、威胁具有点多面广的特点。

同时,因地理位置、地质环境条件、人类工程活动强度等的差异,地质灾害在空间分布上具有明显的差异性。在南北两山近山地带泥石流、滑坡、崩塌等地质灾害较为发育,而在南北两山山区地带则主要发育滑坡、崩塌等地质灾害,在矿区地面塌陷十分发育。在城区地带地质灾害发育程度较小的地段,也有个别地带发育有地质灾害。

图 2.3-12 研究区内滑坡地质灾害(一)

图 2.3-13 研究区内滑坡地质灾害(二)

图 2.3-14 研究区内崩塌地质灾害(一)

图 2.3-15 研究区内崩塌地质灾害(二)

2.3.6.2　**多发性与群发性**

区内泥石流、滑坡、崩塌、地面塌陷等地质灾害活动频繁,一般在雨季、春溶季节均有发生,同时受人类工程活动作用明显。如在 1956 年、1964 年、1966 年、2004 年均暴发了严重的地质灾害,造成较为严重的经济损失和人员伤亡。

在人为工程作用下,诱发形成多处地面塌陷、滑坡等。如阿干镇煤矿、窑街煤矿、东岗街道小街住宅区的地面塌陷、咬家沟的地面塌陷、左家湾滑坡、姐姐沟滑坡、庙巷子滑坡、圈沟崖滑坡、东李家湾 345 号滑坡、大浪沟泥流等均与人类工程活动有关。

2.3.6.3　**周期性**

1.泥石流

兰州市区泥石流和泥流暴发的概率,就全区而言,大致有如下两种情况:

(1)从全区范围来说,每 2~5 年发生 1 次泥石流,但不一定发生在一个地方。如 1964 年发生在东岗区,1966 年发生在盐场堡,1976 年发生在徐家湾,而 1978 年则发生在徐家湾一带。

(2)同一沟谷,泥石流一般 3~10 年发生 1 次,也有连续几年都发生的,如大洪沟,在 1964~1966 年每年都发生泥流。

2.崩塌、滑坡

降雨是区内崩塌、滑坡灾害形成的主要诱发因素之一。地质灾害的年际变化与区内降雨周期基本一致,如 2005 年发生的自强沟 79 号西侧崩塌和红山根 83 号滑坡,均是在降雨之后形成的。

3.地面塌陷

调查区地面塌陷均属于开采煤矿、人防工程、采砂洞和回填不当诱发形成的,造成以点状分布的地面塌陷,东岗街道小街住宅区、范家湾、咬家沟等三处地面塌陷均属于人防工程在地下水、地表水作用下,诱发形成的地面塌陷,其暴发周期不明显,但是最近几年,暴发频率有增加的趋势。而煤矿矿区地面塌陷则与采矿强度、回填力度等有直接关系。

综上所述,调查区地质灾害分布的时间和空间特征十分明显。在空间上,泥石流主要沿南北两山近山地带,滑坡、崩塌主要分布于南北两山近坡脚一带,在地层上则主要集中于黄土、泥岩分布区,而其他岩层中分布较少,地面塌陷主要分布于地下洞体分布区。在时间特征上,区内地质灾害的年际变化与区内降雨周期特征基本一致,其主周期约 11 年,次周期为 3~4 年,呈现多发性特点。

第3章 泥石流的运动特性、形成条件和分类

泥石流是发生在山区沟道中的一种挟带大量泥沙、石块等松散固体物质的暂时性急性水流,其中的松散固体物质的含量有时会超过水量,是介于挟砂水流和滑坡之间的一种混合有土石、水、气的流体。泥石流往往具有突然暴发、运动快速、来势凶猛、历时短暂等特点,其严重地影响着山区场地尤其是出山口区域场地的安全。近半个世纪以来,随着社会经济的不断发展,部分区域的生态平衡破坏也随之不断加剧,世界上许多多山国家的建筑场地或居民区周围频频发生灾害性的泥石流,并造成了较为惨重的损失。因此,泥石流是严重威胁山区居民安全和工程建设的重要地质灾害。

泥石流地质灾害,因其发生极为迅速,同时它又是土石和水的松散混合流体,密度可达 1.3 g/cm³甚至更大,因而泥石流有着巨大的破坏力。国内外不断有泥石流地质灾害发生的报道。

我国地域辽阔、山地众多,出山口区域往往也有居民生活,同时铁路、公路等交通线路跨越的地貌单元也相应较多,因而我国山区所受泥石流的危害也很大。1981 年利子依达沟的一次泥石流,将一列正从隧道中驶出的客车机车和前两节车厢连同桥梁一起冲入大渡河,另两节车厢则颠覆于桥下,死亡 275 人,成为我国铁路史上最惨重的泥石流灾难。

泥石流不但危害巨大,而且分布范围也极广。就全球范围来说,欧洲主要的泥石流危险区是阿尔卑斯山区、比利牛斯山脉、亚平宁山脉、喀尔巴阡山脉和高加索山脉。美洲主要是太平洋沿岸的安第斯山脉和科迪勒拉山系,亚洲主要是喜马拉雅山区、天山山区、川滇山区、日本山地和安纳托里亚的西部山地。在我国主要分布于温带和半干旱山区,以及有冰川积雪分布的高山地区,如西南、西北、华北山区和青藏高原边缘山区,而本书的研究区——黄河流域兰州城区段周边也分布着大大小小的百余条泥石流沟道。

3.1 泥石流的基本特征

泥石流的影响因素众多,泥石流流体的基本特征对其形成、启动、运动、堆积等动力过程有着重要的影响,也是泥石流分类的重要基础。在泥石流防治工程设计时,还必须通过调查、采样、试验等取得泥石流流体的特征值。泥石流流体的主要基本特征包括表示其物质组成和结构的特征,反映其黏度、静切强度等的力学特征,以及反映其运动过程性质的运动特征等,综合现场观测与研究的结果,将泥石流的基本特征分述如下。

(1)泥石流的物质组成。

泥石流中含有大量的松散固体物质,这些附体物质的主要成分为当地的松散岩土体。在整个泥石流的运动过程之中,这些固体物质的矿物成分和化学成分一般不会发生变化,而这些固体物质的粒度成分变化则主要取决于以下两个方面:一方面是物质的机械组成,

另一方面是在运动过程中对固体物质的分选作用。因此,对于同一条泥石流沟的不同部位,或不同期次的泥石流,它们的固相粒度成分都有可能存在相当大的差别。这些差别可以有从黏粒到巨砾的极宽的颗粒级配,并且在颗粒级配的直方图上一般能够呈现出双峰型的分布。

泥石流流体中的水体与固体物质的比例关系,对泥石流的相关性质也会产生重要的影响。泥石流流体中的水体与固体物质的比例关系可以用多种量化指标来表示,其中最主要的量化指标是密度和含砂量。

通常,泥石流流体的密度为 $1.2 \sim 2.4 \ \mathrm{g/cm^3}$。由于泥石流具有较大的密度,因此泥石流的冲刷和侵蚀作用很强,泥石流往往可将其前进途中凸出物冲蚀并使之加入到泥石流流体之中。同时,泥石流还具有很大的浮力,巨大的浮力能够搬运起巨大的石块至山口的堆积区。因此,泥石流能以惊人的破坏力摧毁沟道内的沿途障碍物,严重威胁沿线周边的工程设施和人民的生命财产安全。

泥石流的密度并不是一个常数,而是一个变量,它随对泥石流取样的体积和位置的不同而变化。目前还没有很好的可行方法对泥石流的密度进行精确的测定。现阶段常用的测定泥石流流体密度的方法包括现场调查法、实测法、泥浆痕迹相似法等。

(2)泥石流的流体结构。

泥石流的流体结构是指泥石流中石块、砂粒、粉粒、黏粒等土粒与含电解质的水之间的各种排列和联结的形式。泥石流的流体结构不仅决定着泥石流流体的基本性质,它还可能影响到泥石流的运动、冲淤和输移等泥石流的流动规律。研究表明,泥石流流体中存在着三类特别密切相关的结构,即网粒结构、网格结构和格架结构。

网粒结构是由砂粒和具有网格状结构的细粒浆体所组成的,网粒结构属于粗粒浆体所固有的一类结构,常见的含砂水流和黄土泥流就属于网粒结构。砂粒在部分聚合状结构、絮状结构和蜂窝状结构的细粒浆体中通常处于悬浮状态,它们能够既不下沉也不上浮,使得整个浆体构成较为均一的整体结构。随着其中砂粒含量的增加,砂粒的状态会由彼此分离过渡到相互接触或彼此嵌入,并会依次出现强度递增的悬着型、过渡型、充填型、嵌入型等不同的网粒结构。除受到泥石流流体中砂粒含量的影响外,这四类不同网粒结构的强度还受砂粒的大小、形状和级配等的影响。其中,砂粒粒径越小,会导致各种粒级的分布越不均匀、砂粒形状越不规则或磨圆度越差,则网粒结构的强度就越大。

网格结构是由黏粒和含电介质的水所构成的,一般细粒泥浆体往往具有网格结构。在含电解质的水中,因黏粒表面的吸附作用或其表面分子的解离作用,黏粒表面往往会形成双电层,即吸附层和扩散层。一般来说,网格结构会随着细粒浆体中的黏粒含量及其性质的变化而变化。当黏粒含量较低时,颗粒彼此分割,则不能形成网格结构。随着黏粒含量的增加,可分别形成由松散到紧密的四种不同结构,即链状、蜂窝状、絮状、聚合状等结构。

格架结构是由石块与具有网粒结构的粗粒浆体所组成的,格架结构是泥石流体最主要的结构类型之一。块石在粗颗粒浆体中可分为三种不同的状态:悬浮状、支撑状、沉底状,其中支撑状态属于临界稳定状态。

泥石流的格架结构就是这三类块石在网粒结构中的各种组合。在具有网粒结构的粗粒浆体中,随着石块含量的增加和粒径的变化,可呈现出四种格架结构,即悬浮型、支撑型、叠置型、镶嵌型。具有格架结构的泥石流流体的强度较前两种结构的泥石流流体要大,因此格架结构的冲击力也最强。尤其是镶嵌型结构泥石流体,整体性强,石块间不易发生强烈撞击,因而可以进行力的传递,危害也最为严重。

(3)泥石流的流态。

泥石流流体的流变性质是其最基本的性质之一,它对泥石流的力学性质和运动规律有重要影响。泥石流的"液相"部分通常由泥浆组成,随着泥浆浓度和流体黏性的增大,"液相"的颗粒也越来越粗,当含砂量超过 80 kg/m³时,流体就会有屈服应力的存在,此时泥石流流体已属于非牛顿流体的范畴,而为似宾汉流体。研究表明,典型的黏性泥石流一般均属于宾汉流体。因此,在研究泥石流流体性质,尤其是黏性泥石流的流变性质时,必须考虑应用非牛顿流体的本构方程。

泥石流浆体具有四种不同的流态,即异常层流、层流、紊流和滑流。不同流态的基本流变方程是不同的。一般来说,泥石流流体是含有大量石块的粗粒的浆体,因此其流变性质既与浆体的流变性质有关,又受石块粒径的明显影响。石块在泥石流流体中的作用一般有两种:一种是滑动效应,也就是石块参与格架结构的形成,一旦泥石流流体内部的抗剪强度接近于或者大于泥石流流体与沟壁之间的摩擦阻力,流体出现沿沟壁的滑移,此时已不属于流动的范畴;二是扰动效应,处于流速梯度场中的石块,因其周围流速不同,就会出现压力差,当压力差大于石块表面与周围流体间的阻力时,石块发生转动和碰撞,致使流体发生强烈扰动,出现泥浆石块飞溅。

(4)泥石流的流动特性。

泥石流流体与一般水流相比,其流动时具有阵流性和直进性。一般的黏性泥石流能显示出阵流的特征,其在流态上属于紊流和层流的过渡类型。通常它不是挟带土石的水流,而是饱和碎石土在自重作用下发生的塑性移动现象。这类泥石流流体的流速可达每秒几米至十余米,但含水量仅为 10%~15%,犹如搅拌均匀的水泥砂浆,但一旦停积下来水很难发生分离,此时整个泥石流流体仍可保持原状。阵流性或阵性波的基本特征是两阵之间会有断流现象,断流持续时间不等,可由几秒变化到几十分钟,前期断流时间短、阵性密,而后期断流时间长、阵性稀;阵流的流速与泥深一般也会呈现正比关系,泥深大流速也大,大股泥石流可赶上小股泥石流并合成一阵更大规模的泥石流。流域面积大的沟道,泥石流的流动过程历时也越长,阵波的数量也越多。如云南蒋家沟一次泥石流过程一般持续 2 h,最长可达 82 h,阵数一般都在几十阵到百余阵,甚至几百阵泥石流运动过程中还可显示出直进性特点。由于其挟带大量固体物质,流动途中遇到沟谷转弯、粗糙不平的沟床或其他障碍物时,因受阻会填补洼坑和大石块间的孔隙,而将部分物质停积下来形成残留物,受填补作用影响暂时流量越来越小,直到全部消失完成所谓的"铺床作用"。随后,后续的泥石流便在残留层上快速前进,直至经铺床的沟段接着继续向下游铺床。在这个过程中,沟床迅速抬高产生弯道超高成冲起爬高,猛烈冲击或摧毁障碍物,裁弯取直,冲出新道而向下游奔泻。突然遇阻或遇到沟槽突然束窄,其动能瞬间可转变为势能,并在泥石流与沟壁撞击处可使泥浆及其包裹的石块飞溅起来,一般的黏性泥石流都具有直进性过程,并且黏性越高,冲击力越大,直进性也越强。

3.2　泥石流的形成条件

一般来讲,含砂、土壤、砾石与水的高浓稠度的流体,如水流般沿着坡面向下流动的现象,称为泥石流。《地质工程手册》中提到,泥石流是黏粒、粉粒、砂粒、砾粒及巨石等物质与水的混合物受重力作用后所产生的流动体。由以上叙述可得知,泥石流的发生,至少需要三个重要的条件,也就是松散的土石堆积物、充足的水量及适当的坡度。泥石流是在有利于大量的地表径流进行突然聚集,同时有利于水流能够搬运大量的泥沙和石块的特定地形地貌、地质、气候条件下形成的。通常来说,泥石流的形成必须具备下述三个基本条件。

3.2.1　地形地貌条件

泥石流大多发生于地形陡峻的山区,这种陡峻的地形条件能够为泥石流的发生和发展提供充足的位置势能,使得泥石流能够具有一定的侵蚀、搬运和堆积的能量。通常情况下,泥石流多形成于狭窄且纵坡降较大的沟谷之中。每一处的泥石流都能够自成一个流域,典型的泥石流流域可以划分为泥石流形成区、流通区和堆积区三个区域,三个区域包括了沟谷的分水岭脊线和泥石流活动范围区域内的面积,也就是清水汇流面积与堆积扇面积之和。

3.2.1.1　形成区

泥石流形成区多为三面环山、只有一面出口的相对宽阔的地段,形成区内周围的山坡往往十分陡峻,地形坡度多为 $30°\sim60°$,沟床的纵坡降可达 3° 以上。泥石流形成区的面积有时可达几十甚至几百平方千米。泥石流沟道两侧的坡体往往较为光秃且覆盖有一定厚度的松散堆积固体物质,多无植被覆盖。周围的斜坡也常常被冲沟所切割,崩塌、滑坡等地质灾害的堆积物较为发育。这种特殊的地形特别有利于大量的水流和松散固体物质的迅速聚积,并能够形成具有强大冲刷能力的泥石流。

3.2.1.2　流通区

泥石流的流通区是泥石流搬运与通过的重要地段,一般多为狭窄、深切的冲沟或峡谷,两侧山坡陡峻而沟床纵坡降较大,且多存在陡坎和跌水。因此,泥石流物质进入流通区后通常具有极强的冲刷和搬运能力,可以将沟床和沟坡上冲刷下来的土石迅速挟带走。1983 年 6 月 15 日,云南省东川的蒋家沟流域普降大暴雨,当地一次泥石流的冲刷深度就达到了 $12\sim15$ m。泥石流流通区的纵坡陡缓、曲直及长短,都对泥石流的强度会产生很大的影响。当沟道纵坡较陡且较为顺直时,泥石流流通就较为通畅,可直接排泄至下游,能量也就相对较大。反之,则较容易造成堵塞、停积或改道,形成泥石流的阵流,同时也削弱了泥石流单次下泄的能量。泥石流流通区一般长短不一,有的泥石流流通区甚至可能缺失。

3.2.1.3　堆积区

泥石流的堆积区通常位于沟道的出山口或者山间盆地的边缘地带,堆积区的地形坡度一般小于 5°。由于堆积区的地形豁然、开阔且一般较为平坦,泥石流的动能在此处可急剧削减降低,最终在此处停积下来,从而形成锥形、扇形或裙带状的堆积滩,其中典型的泥石流堆积区的地貌形态为洪积扇。堆积扇的特征一般较为明显,地面通常垄岗较为起伏,存在坎坷不平、大小块石混杂的现象。如果泥石流物质能够直接排泄入主河槽,并且主河槽内河水的搬运能力同时又很强,则泥石流的堆积扇也有可能缺失。由于泥石流堆积扇的扇顶区域受到侵蚀而导致其基准面处于长期不断变化的过程之中,同时也是前后经历过多次泥石流堆积活动的结果,因此泥石流的堆积范围受此影响可能不断前进或者后退,从而形成所谓的溯源侵蚀或者湖源堆积。有时也会由于泥石流的频繁活动,而导致泥石流的堆积扇可能不断地被淤高而向周边扩展,扩展到一定程度后泥石流逐渐减弱,对下游的破坏作用也将随之逐渐减弱。

由于每一处的泥石流流域都具有其独特的地形地貌及地质条件,因此在部分泥石流流域,泥石流的形成区、流通区和堆积区可能并不能够明显分开,少量泥石流区域甚至可能缺失其中的某个区段。此外,泥石流的流域形态也会对泥石流流域内的整个径流过程产生较为明显的影响,从而进一步影响到泥石流沟道内的各类松散固体物质参与泥石流的形成过程以及泥石流的规模。

3.2.2　区域地质条件

流域的地形地貌条件决定了泥石流在不同区段能量、流速、流态等的变化,而区域地质条件则决定了泥石流中的松散固体物质的组成、来源、补给方式、结构及速度等。对于泥石流发育较为强烈的山区,一般多是地质构造较为复杂、岩石的风化程度较大、岩体较为破碎、新构造运动较为活跃,同时也通常是地震较为频发,崩塌、滑坡等地质灾害较为多发易发的地段。而符合这样的地质条件的地段,既能够为泥石流提供较为丰富的松散固体物质的来源,又通常因为山体的高耸和山坡的陡峻,导致地形高差相对较大,也为泥石流的形成和启动提供了较为强大的动能和势能。

就全国的区域分布来看,泥石流的多发区和暴发区通常多位于新构造运动较为强烈的地震带或者其附近的周边区域。这是因为深大的地震断裂带及其周边地段一般岩体较为破碎,崩塌、滑坡等地质灾害多较发育,这些都能够为泥石流的形成和启动提供丰富的松散固体物质来源。例如,我国南北向地震带是最强烈的地震带之一,同时也是我国泥石流多发和最活跃的地带之一。其中,如东川的小江流域、西昌的安宁河流域、武都的白龙江流域和天水渭河流域等位于我国南北向地震带及其周边的区域,都是我国泥石流地质灾害较为严重的区域。受气候条件的影响,在我国南北向地震带上的特征表现为南北向地震带南段的泥石流较地震带中段和北段更为发育。

泥石流形成区内的地层岩性与泥石流的物质组成和流态等密切相关。在泥石流的形成区内通常有大量的易于被水流侵蚀和冲刷的松散土石固体堆积物,这些大量的易于被水流侵蚀和冲刷的松散土石固体堆积物便是泥石流形成和启动的最重要的条件之一。松散土石固体堆积物的成因又可进一步细分为风化后残积的、坡积的、重力堆积的、冰渣形成或冰水沉积的等各种不同的类型。成因不同,也就导致各种松散固体堆积物的粒度成分相差悬殊,块径大的可以达到数十至上百立方米的巨大漂砾,粒径较小的则为细砂、黏粒等,这些不同粒径或块径的固体物质相互混杂,这些松散的固体堆积物在干燥时通常能够处于相对稳定的状态,但当它们一旦遇水饱水后,则会被软化进一步崩解,便易于坍垮而被水流冲刷。从地层岩性角度来看,泥石流的形成区最常见的岩层一般是泥岩、泥质砂岩、千枚岩、片岩、泥灰岩、板岩、凝灰岩等软弱的岩层,同时,风化作用也能够为泥石流提供大量的松散固体物质来源,特别是在干旱、半干旱气候带的山区,这些地区往往植被不发育,同时岩石的物理风化作用较为强烈,在山坡和沟谷中容易堆积起大量的松散碎屑物质,这些松散碎屑物质便成为泥石流最重要的补给来源。

3.2.3　气象水文条件

泥石流的形成和启动必须有强烈的地表径流的参与。强烈的地表径流是启动泥石流的重要动力条件,其一般来源于持续性暴雨、持续性强降雨、高山冰雪的强烈融化或水体溃决等。基于此可将泥石流划分为暴雨型、冰雪融化型和水体溃决型等不同种类,暴雨型泥石流是我国最主要的泥石流类型之一。我国是夏季季风暴雨成灾的国家之一,全国除内蒙古、西北等地区外,在夏季一般都会受到热带、副热带湿热气团的影响,特别是四川、云南等山区受到孟加拉湿热气流的影响较为强烈,在西南季风的控制下,这些地区夏秋暴雨易发。例如云南的东川地区一次暴雨 6 h 的降水量可达 180 mm,其中最大的降雨强度可达 55 m/h,曾形成了历史上罕见的特大暴雨型泥石流,由此专称为"东川型泥石流"。而我国东部地区则受到太平洋暖湿气团的影响,夏秋两季多台风和热带风暴。1981 年 8 号强热带风暴侵袭东北,7 月 27~28 日辽宁的老帽山地区下了特大暴雨,6 h 降雨量就达到了 395 mm,其中最大降雨强度达到 116.5 mm/h,暴发了一场巨大的泥石流。通常来说,暴雨型泥石流的发生往往与前期的降水密切相关,当前期的降水积累到一定量值时,短历时强暴雨的激发作用才更加显著。前期降水越大,土体中含水量越多,土体的饱和程度越高,此时激发泥石流形成和启动所需的短历时降雨强度也就越小。

我国的冰川面积约 5.94×10^4 km^2,年融水量约 5.6×10^{10} m^3,径流深达 1 136 mm,当气温上升并持续高温时,冰川谷地的下游便容易发生泥石流。季节性积雪区域因积雪的深度有限并不易发生大规模的泥石流,但雪线以上多年积雪区域则往往与冰川的融水一起促使泥石流的暴发。另外,对于有多年冻土分布的大兴安岭和小兴安岭北段、青藏高原等地,夏秋两季形成的季节性融化层和下伏的多年冻土层之间比较容易出现不衔接的现象,而经过充水、饱和、液化等,加上暴雨的冲刷、水流的侵蚀,易由泥流、土流转化为泥石流。而在高寒地区,有时泥石流的形成还与冰川湖的突然溃决有关。

总之,水体的来源是促成泥石流形成和启动的决定性因素。除上述提到的各种自然条件、异常变化等导致的泥石流现象外,人类的工程和经济活动也不容忽视,人类的工程和经济活动不但能够直接诱发泥石流灾害,还往往对于加重区域性泥石流的活动强度有重大影响。人类的工程和经济活动对泥石流影响的消极因素颇多,例如,砍伐林木、开垦荒地与陡坡耕种、肆意放牧、渠水渗漏、水库溃决、工程和矿山弃渣不当,等等。这些不利于环境保护的工程活动,往往会导致区域内大范围的生态失衡和水土流失,并产生大面积的山体崩塌、滑坡等现象,为泥石流的发生、形成和启动提供了充足的松散固体物质来源,泥石流的发生、发展又能够反过来进一步加剧环境的恶化,从而形成一个恶性循环的生态环境演化机制。为此必须采取控水、固土、稳流等工程措施,因地施策,抑制因人类的不合理工程活动所导致的泥石流地质灾害,保护建筑场地稳定,护卫人民群众的生命财产安全。

3.3 泥石流的分类

由于泥石流形成条件多种多样,因此使得泥石流的流态、结构、组成、运动特征及其危害程度都各不相同。如我国西北黄土高原以泥流为主,西南山区则以暴雨型泥石流较为常见,而青藏高原多暴发冰雪融化型泥石流,等等。目前对泥石流类型划分尚未统一,并且多数分类仅依据单一指标,综合反映泥石流流态特征、形成条件、物质组成、运动过程等的分类,正在受到重视。泥石流分类的目的,主要是提供关于各种泥石流特征、形成机制的典型模式,并以此指导泥石流研究工作及防治工作的开展。关于泥石流的分类方法,可依据泥石流的发生原因、流态特征、流体黏性、流体浓度、地形条件、组成物质不同等进行细致的分类,下面对常见的几种分类进行简述。

(1)泥石流按其物质成分可分为以下三类:

①水石流型泥石流:水石流以不均匀的石块或砂砾为主,并与水混合,含少量黏土。多为暴雨期陡坡岩体崩塌后顺狭窄沟谷流动形成。其堆积物多为具架空结构的极粗颗粒物质。一般颗粒粒径分配不均,细粒含量低,且细粒物质极易流失,砾粒含量超过总含量的 60%,所以水石流型泥石流的泥石流浆体中往往是很粗大的砾粒成分较多。

②泥石流型泥石流:泥流以黏土质为主,含少量岩石碎屑或石块,黏度高,向两侧扩展力小。堆积物能均匀挟带石块,分选性较差。泥流表面多呈波浪状,前缘形成舌状。颗粒粒径分配较均,细粒含量高,土体的黏结性较大。所以,泥石流浆体中的细粒含量较大,黏稠性较大。

③泥水流型泥石流:由黏土、砂土和石块组成,具有一定的黏结力,堆积物多为黏结牢固的土石混合物。一般土体中基本都是细粒物质。

(2)根据泥石流的发生原因,泥石流可分为以下五类:

①河床冲刷型泥石流:指河床上的松散堆积固体物质在水流冲刷条件下产生的土体流化现象。

②天然坝体溃决型泥石流:位于山腹和溪床中的松散堆积固体物质长时间的堆积,形成天然的土石坝,当受到水流作用时发生溃决形成泥石流的现象。

③山腹崩坏型泥石流:山腹的斜面由于崩落而堆积的松散固体物质在水流作用下产生的土体流化现象或是崩落土体和水流共同冲刷河床上的松散固体堆积物质而产生的土体流化现象。

④地滑型泥石流:即黏土质的边坡土体受水流作用而产生的土体流动化的现象。

⑤火山喷发型:火山喷发所形成的火山碎屑物质在水流作用下产生的土体流化现象。

(3)根据泥石流的流体黏性,按泥石流流动性质可将泥石流划分为以下两类:

①黏性泥石流:固体物质含量大,尤其是含有大量黏土物质,泥石流的体积浓度大于0.5,泥石流中的黏土含量大于 3%,固体物质含量达到 40%~60%,最高浓度可达 80%。泥石流发生时呈现整体性的层流运动,偶尔也会有阵流的现象。当泥石流流至比较平坦

的地段时,不再发生流散的现象。待堆积停止后,泥石流中的土体仍然保持原有的结构,堆积物不因泥石流的发生而出现明显的颗粒分选现象。整个流体由水、泥沙和石块凝聚成黏稠的浆体,其密度大(>1.6 g/cm³),浮托力强,因而具有直进性,即运动过程中在经过弯道或遭遇障碍物时,泥石流具有明显的爬高和裁弯取直的能力。黏性泥石流往往能够挟带巨大的石块,遇到瓶口时常常形成高水头的洪峰,流出山口后多堆积于山前地带,堆积区往往不发生散流,而呈狭窄条带或长舌状,堆积物多无分选性且较密实,黏性泥石流的运动速度一般在 $2 \sim 3$ m/s,最大可达 $7 \sim 8$ m/s,加之黏性泥石流的密度大,因而它具有很强的破坏力。

②稀性泥石流:密度一般为 $1.2 \sim 1.6$ g/cm³,固体物质含量在 $10\% \sim 40\%$,且细粒物质较少,体积浓度小于 0.5,泥石流中黏土的含量小于 3%。主要的搬运介质为水、泥、砂及砾石所组成的泥浆体,其整体运动速度大于砾粒的运动速度,泥石流主要表现为紊流运动,无明显阵流。运动过程中浆体速度(最高可达 12 m/s)远较挟带的石块速度大,石块以滚动或跳跃方式下泄,因此这类泥石流具有极强的冲刷力,瞬间便可冲刷出数米至几十米的深坑。泥石流运动至堆积区后,多呈扇状散流并将地面切割成数条深沟。停滞运动后泥浆逐渐流失,固体物质最终堆积成结构松散的平坦地面,其土体堆积物有明显的颗粒分选现象。堆积区的固体物质沿途有一定的分选性,这类泥石流的破坏力次于黏性泥石流。

(4)按泥石流流域特征划分为以下三类:

①标准型泥石流:流域呈扇形,可明显划分出形成区、流通区和堆积区,其中泥石流的形成区的流域面积较大,有时可达十几或几十平方千米,各项泥石流的要素发育完全,属于典型的泥石流。

②河谷型泥石流:泥石流的形成区不明显且多为河流上游的沟谷,流域多呈狭长条形,其固体物质主要来自沟谷中分散性的松散堆积物。通常这类泥石流的流通区与堆积区不能明显地区分,沟谷内常年有水,沿沟谷的松散堆积物不断被搬运、堆积,形成逐次搬运的再生式泥石流。

③山坡型泥石流:其整个流域面积小,一般小于 1 km²,形如漏斗状,一般没有明显的流通区,形成区和堆积区往往相互连接在一起。其特点是汇水面积较小,水源不够充足,常形成规模小但重度大的泥石流。

3.4　泥石流的发生与沟谷坡度的关系

泥石流的发生需要来自于外力的作用和松散堆积物所处的沟谷坡度。沟谷坡度太小,则坡度对松散堆积物所提供的推动力太小,不足以促使泥石流的发生。与此相反,如果沟谷坡度过陡,则不利于松散物质的堆积,同时土石颗粒容易以悬浮载的状态存在而不容易混合成泥状以产生泥石流,因此只有在合适的沟谷坡度下,松散堆积物在水体的推动下才可能产生泥石流。根据国内外学者对泥石流发生坡度的相关研究,现分述如下。

泥石流发生地的坡度在 $15° \sim 30°$ 较多,松散堆积物所在点的坡度则在 $3° \sim 6°$ 的较多。

根据不同沟谷坡度时泥石流的运动形态不同,将泥石流的发生与沟谷坡度的关系分

为以下几类:

(1)沟谷坡度大于40°时,沟谷上部和集水区所产生的泥石流的运动形态主要以滑坡和崩塌的方式进行,其产生的松散堆积物滑动或崩落至沟谷上部,成为泥石流发生的物料来源。

(2)沟谷坡度在22°~40°时,沟谷内的松散堆积物会因为水流的影响而产生局部的滑移或崩落,这些因滑移和崩落产生的堆积物就会成为泥石流产生物料的来源。

(3)沟谷坡度在15°~22°时,沟谷因坡度较缓,松散堆积物多聚集在沟谷的上部和中部地段,因此沟谷的上部和中部地段会成为泥石流产生的流动区。

(4)沟谷坡度小于15°时,一般不易形成泥石流。

3.5 泥石流的阵流特性

当黏性泥石流开始形成,并向前运动,通过粗糙而干燥的沟床时,一层新鲜的浆液黏附在老泥石流堆积物上,沟床面较之前将变得光滑,这就是所谓的铺床过程。泥石流体在铺床过程中,将发生沿程损失,如果上游来流不能连续补充,泥石流体将变薄,流速也将变慢,最后呈叶片状停积在沟床中。如果上游来流呈断断续续的供给状,将使泥石流流体越积越厚,当厚度大于它的黏附临界厚度,也就是由它所产生的下滑力大于其流体的屈服剪切力时,流体结构将遭到破坏,势能可转化为动能,流体将沿光滑的残留层向下运动,这时会形成阵流。阵流中的断流现象,有可能是由于沟床曲折、卡口及急弯的堵塞作用而造成的,但更多的是由泥石流体内力学作用的结果。有时几阵阵流同时运动,后面的阵流追上前面的阵流而形成更大的阵流,也有各支沟的小阵流同时汇入主沟而增大流量,增加阵流次数。但是,当泥石流能得到完全充分的补给时,阵性泥石流就有可能成为连续泥石流。当然,关于阵性泥石流的形成和转化为连续流的机制,目前还不十分清楚,尚待进一步研究。

3.6 泥石流的堆积特征

泥石流堆积物是泥石流活动的产物,它保持、储存、记忆着泥石流的形式、运动和堆积过程的大量信息。泥石流的堆积特征主要包括三个方面:泥石流堆积的类型、泥石流堆积的外部形态及泥石流堆积物内部结构特征等。

(1)泥石流堆积的类型。

①泥石流堆积扇或堆积锥。

泥石流出山口后,地形突然变得开阔、平坦。若为稀性泥石流,流体便以一定角度成辐射状散开,形成散流,流面增宽,流层变薄,阻力增大,于是流体发生扇状淤积。随着时间的推移,扇体不断增大、增厚,形成堆积扇;若为黏性泥石流,则流体因整体受阻而发生垄岗状淤积。在长期的泥石流活动中,垄岗状淤积在堆积区交错发生,反复重叠,久而久之,也形成扇状堆积。扇状堆积不断发展壮大,最后形成完整的堆积扇。如果泥石流沟谷相对比较平缓,固体物质相对细小,泥石流在堆积区发育成堆积扇;如果泥石流沟谷陡峻,固体物质粗大,泥石流在堆积区发育成堆积锥。一般来说,位于主河宽谷段的泥石流沟谷有十分发育的堆积扇;位于主河峡谷段的泥石流沟谷,因受主河切割,堆积扇发育不完整或缺失。

②泥石流堆积阶地。

泥石流堆积阶地是发育在泥石流沟谷内的一种堆积地貌,是泥石流体在运动过程中由于没有后续流的推动,因而不能克服来自沟谷底床和边壁的阻力而在沟谷内发生淤积,后来又遭洪水冲刷,仅局部下切成槽,于是在沟床两岸或一岸留下原有的堆积物而形成。一般来说,泥石流阶地的寿命是有限的,后一场泥石流很可能使前一场泥石流形成的阶地荡然无存,也可能形成新的泥石流阶地。因此,可以说泥石流堆积阶地通常是一种短暂的泥石流堆积现象。

③泥石流侧积。

侧积是泥石流在运动过程中由于边缘部位流层较薄,而边缘的阻力又较大,因而泥石流边缘部位流速减缓,部分流体或流体中的松散碎屑物质在边缘产生淤积。泥石流产生侧积的条件是流体两侧或一侧不受边壁约束,而处于自由流动状态,因为在这种条件下,流体能形成一定的横向环流。在横向环流的作用下,流体中的固体物质部分地产生横向输移,当达到边缘部位时,因受阻力影响而落淤。一般稀性或黏性泥石流在沟谷的宽阔地段和泥石流堆积扇上运动时,都会向边缘翻滚而产生侧方淤积。

(2)泥石流堆积的外部形态。

泥石流堆积物构成的堆积扇纵坡较陡,一般在 3°~9°,部分达 9°~12°,而洪积物的纵坡一般在 3°以下。同时,泥石流堆积物构成的堆积扇横比降也较大,一般在 1°~3°,而洪积物的横比降一般在 1°以下。

(3)泥石流堆积物内部结构特征。

泥石流堆积物一般能分出若干层次,每一层代表一场泥石流。两层泥石流堆积物之间,或者存在着一个很薄的粗化层,或者存在一个很薄的表泥层。前者说明两次泥石流之间存在一个间歇期,间歇期内的降雨或洪水把泥石流堆积物表面的细粒物质带走,剩下一层较粗的物质;后者说明两次泥石流之间不存在间歇期,第一次泥石流末尾的细粒物质在堆积扇表面形成表泥层后,第二次泥石流堆积物直接覆盖在表泥层上。在每层内部泥沙砾石粗细混杂,粒径差异很大。经现代沉积学砾向组构分析研究,黏性泥石流的砾石有微弱定向排列,稀性泥石流的多数砾石有明显的定向排列。

第4章 泥石流流域调查与主要影响因子

4.1 概 述

对泥石流进行流域调查的目的主要是充分了解流域内对泥石流的形成和启动有着重要影响作用的主要影响因子,从而通过对主要影响因子的分析,为泥石流的有效防治提供基本依据。泥石流流域调查的工作精度和工作成果关系着防治工作或防治工程的成败,泥石流流域调查的任务在于查明泥石流单沟所在的小流域或是多条泥石流沟所在的大流域可能发生泥石流的自然背景、引发泥石流过程的特征值、对泥石流发展趋势的判据,以及对于长期未发生过泥石流的沟谷流域,需要做出是否可定为泥石流沟的重要判别。

泥石流流域调查的内容主要包括自然背景、地质环境、沟道、堆积物、植被和人类活动等六个方面,分述如下。

(1)自然背景。对沟道所在流域的自然背景进行调查,调查的主要内容应包括流域位置、流域形状、流域面积、流域内的地形地貌、流域内的气象气候等。调查方法通常包括收集有关文献及卫片、航片、遥感影像等,对以上资料进行分析或解译,结合现场实地调查进行工作。

(2)地质环境。对流域及周边地质环境的调查内容主要包括地质构造、地层岩性、地震、新构造运动、第四纪地质概况、地下水活动、自然地质作用方式和过程特点等,进而估算流域内各种可能参与泥石流活动的松散固体物质储量。调查方法一般包括查取有关地质图、地质报告等文献资料,现场进行地质测绘、地质填图,并进行分析计算等。

(3)沟道。泥石流所在沟道调查的主要内容一般包括主沟与支沟的沟床纵坡比降,泥石流过程的表面纵坡降与横比降,沟床平面的曲直及断面的大小等。调查方法通常包括现场地质调查、无人机摄影、实测或大比例尺地形图上分析计算等。

(4)堆积物。堆积物调查的主要内容为沟内及扇形堆积地的泥石流沉积物的平面形态、剖面特征,大于1 m的漂石或孤石的数量、粒径组成、物理化学性质、生成的地质年代、各种工程地质性质等。调查方法一般包括地质测绘、地质填图、观察记录、采样分析、作图计算、现场试验等。

(5)植被。泥石流所在流域内对植被进行调查的内容通常包括植被种群构成及生态条件、植被水平与垂直方向的带谱与泥石流的活动关系,乔木、灌木、草、枯枝落叶层与土体含水量等。调查方法包括现场地质调查、地质填图、采集标本、分析计算等。

(6)人类活动。人类活动是泥石流调查的重点之一,主要内容包括人类活动的目前状况与历史发展情况,与泥石流活动关系密切的工、矿、交通及农业、林业、牧业等。调查方法主要由现场调查访问、考察核实、查阅地方志、收集有关部门资料等。

4.2　自然背景调查

（1）流域位置。泥石流沟道所处的流域位置通常有经纬度位置（由比例尺为 1:10 万或 1:5 万航测地形图上量测或电子地图上查询）、自然地带位置（由有关自然地理论著或自然地图集上查取）、地质构造位置（由有关区域地质报告或区域地质构造图、区域及附近的相关著作中查取）和地震带及新构造运动强度等多种位置。查清流域的这几种位置，对于其后面的相关的多种调查工作项目及内容有实际指导意义和指示意义，同时也可以节省时间和人力，加快工作进度。

（2）流域形状。泥石流沟道所在流域的形态对雨水或暴雨的径流过程通常有较明显的影响。而径流过程和洪峰流量的大小又会对沟道内各种松散固体物质的启动和参与泥石流活动产生直接或间接的影响，与泥石流的发生关系十分密切。

最利于泥石流发生且较为常见的流域形状包括漏斗形、桃叶形、柳叶形和长条形等。诸如此类的流域形状往往在主沟周边存在较多的支沟，支沟中的松散固体物质在径流作用下汇集到主沟后更加利于泥石流的发生。流域形状可通过区域地质图或高空拍摄的影像较为容易地确定。

（3）流域面积。泥石流流域面积通常是指泥石流区域内分水岭脊线和泥石流活动范围线内所包含的面积。泥石流流域面积一般为流域内的清水汇流面积和泥石流堆积扇面积之和。流域面积在地形图上可采用求积仪法或透明厘米格纸计数法算得。当泥石流发生的原因调查得比较清楚之后，还可进一步分别计算形成区、流通区和堆积区的面积。为了进一步阐明其他自然要素对泥石流形成的影响，也可对流域的自然条件类型（如冰川积雪区、基岩裸地区、森林区、乔木区、灌木区、草地区、耕地区及荒坡区等）或土体类型、地层岩性类型、自然地质作用类型及直接提供泥石流的松散固体物质等的区域面积进行分别计算，同时计算各类型区域在全流域中所占的比例。

（4）地形地貌。泥石流沟所在流域内的地形形态是地球内力与外力共同作用下长期演变后的结果，由各种不同的地形组合构成的层次性结构便是地貌，例如夷平面、分水岭、坡地、冲沟、阶地、河床等。各种地形形态和地貌结构都具有三度空间的延伸性，如长、宽、高，也有时间上演变的特点。对于泥石流的作用过程而言，在几十年至一百年，乃至数百年内，泥石流堆积区（或堆积扇）以上的沟谷流域内，地形是随着时间而不断变化的，地貌则是相对稳定的。泥石流沟所在流域的地貌结构往往能够决定发生泥石流的能量大小和分布范围。

泥石流沟所在流域的地形地貌调查任务主要包括确定流域内最大地形高差（可以相对说明位置势能的大小），上、中、下游各沟段沟床与山脊的平均高差，山坡最大、最小及平均坡度，各种坡度级别所占的面积比例，同时应编制地貌图、坡度图、沟谷密度图、切割深度图等与地形地貌相关的基础图件，阐明地形地貌的各项要素与泥石流活动之间的内在联系。在此基础上，还可进一步分析地貌发育演变历史及泥石流活动所处的发育阶段。

（5）气象气候。泥石流沟所在流域的年平均气温、年降水量、雨季（或春、夏、秋三季）的气温与降水量等这些气候特征值对泥石流的活动都会产生一定的控制作用。例如我国西藏东南部和喜马拉雅山一带气温的年际变幅如果达到 0.6~1.2 ℃,在前期丰沛降水或冬春交替季节存在大量积雪的情况下就会频繁出现积雪消融、冰雪消融、冰雪雨水、冰湖溃决等多种因素激发的冰川型泥石流,可能因此造成很大危害。雨水或暴雨泥石流则与一个地区或一个流域的年、季、月降水量,一日的最大降水量,60 min、30 min、10 min 降雨强度等气象指标密切相关,由于各地所处气候带和地表状况的巨大差异,激发泥石流的日最大降水量和短历时降雨强度值也相差很大。

暴雨的落区和落点往往是大面积多点和单点泥石流发生的激发条件。我国泥石流主要分布在实测及调查最大 24 h 点暴雨 200 mm 等值线的两侧,以西可扩展至日降水<200 mm 的若干高山深谷和山前区,以东可延至日降水 400 mm 等值线与 200 m 地形等高线的交汇区。山区降水普遍存在随高度升高而降水量增大的梯度变化,但最大降水高度一般在海拔 2 500~3 000 m,垂直梯度降水配合着沟道下垫面的地形坡降,再加上沟道内的松散固体物质,促成泥石流作用过程的发生。

泥石流的发生还与前期降水密切联系,对于泥石流沟所在流域而言,当前期降水积累到一定量值时,短历时的降雨强度(mm/10 min)的激发作用效果将尤为显著,前期降水导致土体中具有一定的含水量,前期降水越大,土体中含水量越多,也就越趋于饱和,此时激发泥石流发生的短历时降雨强度值就不需要很大。反之,在前期没有降水的情况下,需具有较大的短历时降雨强度才可引发泥石流。

4.3 地质环境调查

从泥石流活动的全局进行观察,流域的地质环境首先与泥石流松散固体物质的储量和提供方式有关;其次,流域内岩石及风化产物的性质又决定了松散固体物质的性质,进而影响泥石流流体的性质。从宏观层面分析,在降水充沛、地形高差大的地区,地质构造也与泥石流的分布密切相关。此外,强烈地震和新构造运动的强度对于泥石流活动的强弱影响较大。

(1)地质构造。分析泥石流沟所在流域或所处地区的地质构造,首先应认真查阅前人的著作和各种公开出版发行的地质构造图件,查清研究地点或研究地区在地质构造图上所处的位置;其次需分析比例尺为 1:20 万的区域地质报告、区域地质图,或矿区、矿点的勘测报告及相关图件;再次,应作进一步的勘测地质填图工作,查清泥石流沟所在流域或所处地区、地段的地质构造系统,并阐明区域地质构造与泥石流活动的关系。

(2)地层岩性。泥石流沟所在流域或所处地区的地层生成时代及分布与泥石流活动关系密切,生成时代古老的地层经历很长地质历史时期的成岩及构造变动作用,通常情况下岩体质地都很坚硬。但正因为生成时代古老,所经历的地质构造变动期次较多,地层也会相对破碎,泥石流流体的物理化学性质及其固体颗粒的粒径大小和级配与所在沟谷地层的软硬特征、破碎程度和风化难易程序等都密切相关。分析泥石流沟所在流域的地层与泥石流活动的关系,既要查看资料,更要认真做好补充工作。

泥石流沟所在流域的岩石性质,尤其是所占比例最高的一种或几种岩石成分的性质对泥石流流体的性质起着关键性的控制作用。例如,我国北方黄土地区多易发泥流,西南地区多易发泥石流,而秦岭北坡的泥石流则多为水石流,这些都是岩性控制的结果。在泥石流沟所在流域的考察和调查中,岩性既可从前人的工作成果中分析判知,同时更需从实地观测记录、地质测绘、地质填图、沟道卵砾石及块石的统计分析和采样分析中获取。

(3)地震。6 级以上的强烈地震与泥石流的活动关系最为密切。山区的强烈地震通常会导致地表的土石松动、危岩崩落、崩塌连片、诱发滑坡、泉水涌流或断流、土体震动液化、堵河成湖、湖库溃决成灾等,而这些现象又往往会伴生有规模大小不等的泥石流地质灾害的发生。地震对泥石流有触发和诱发作用,但不论是旱季发生的强烈地震,还是雨季发生的强烈地震,触发作用均占主导地位。

在泥石流沟所在流域调查中,有关地震资料如震级、震中、烈度等主要从国家地震局出版的官方资料中查阅取得。在流域调查中,有时可以观测、考察和调查到许多与地震相关的地质形迹和历史资料,进而修正从文献和有关图件中查阅到的有关数值。

(4)新构造运动。地壳自新生代以来的水平位移和垂直升降、岩浆侵入和火山喷发、断层错动和走滑等都属于新构造运动的表现形式,我国大陆和邻近海域处在太平洋板块、印度板块和欧亚板块三大板块的夹持下,以太平洋板块、印度板块边界上的水平运动速度最大。由于我国大陆内部各地的地壳厚度和地块性质有所不同,亚板块和地块边界上相对运动速度也有很大不同,地块的相对运动,在地块和岩体内部会产生强度不一的构造应力场。发育在主压应力场上的沟谷两岸,由于应力释放,卸荷效应会使岩块容易破碎而产生崩落,崩塌、滑坡等地质灾害容易发生,泥石流也易于形成。我国大陆最大的主压应力轴迹线从喜马拉雅山和西藏东南部向北、向东辐散,最小主应力(张性)轴迹线在我国东部呈向东凸出的弧形,南北向展布。我国西南地区从地质构造、地震、新构造运动发育,连同地形高差大、降水量多,是地球各种内外力作用的主要交汇区之一,因此我国西南地区的泥石流地质灾害十分发育。

对泥石流沟所在流域的新构造运动进行考察,首先,应仔细查阅由国家地震局发布的官方资料及地质图集,从宏观上了解研究区或工作地点在新构造运动中的位置和强度。其次,在调查和考察过程中应认真收集有关新构造运动的各种形迹,如新的断层错动、节理发育密集程度、沟谷发育状况、自然地质现象发育和活跃程度、精密水准和大地测量资料等,并和研究区或工作地点的泥石流活动结合起来。最后,做出综合分析。

(5)第四纪地质历史。地质历史的最近阶段称为第四纪,是 300 万年前左右的时间,这也是绝大多数泥石流沟发育的历史,考察泥石流沟所在流域的第四纪地质历史,对估计泥石流的发展趋势,进行泥石流预测和预报将提供充分的技术资料支撑。研究泥石流沟所在流域或所处地区的第四纪地质历史,其工作内容主要包括在野外开展地质测绘,进行第四纪沉积物分布填图,编制第四纪地层表,分析测定或推测判定化石、土体样品,各种沉积物的岩石矿物成分及发育年代,根据样品的化学含量分析、黏土矿物的化学成分分析等资料,确定第四纪各阶段泥石流沟所在流域或所处地区的古地理面貌,并着重阐明泥石流现象及其沉积物类型在第四纪地质发育历史中的作用和地位。

(6)地下水活动。地下水与泥石流活动的关系也十分密切,国内已发现多处因地下水活动导致泥石流发生的实例。地下水调查中最好能结合泥石流沟所在流域或所处地区的比例尺为 1:5 000~1:10 000 的水文地质图编写水文地质报告,阐明地下水与泥石流活动之间的关系。

（7）自然地质作用类型和过程特点。崩塌、滑坡等地质灾害的作用过程不仅能够使固结坚硬的岩块破碎或粉碎，从而为泥石流制造大量松散固体物质，而且其中许多崩塌、滑坡地质灾害在发生过程中就直接转变成了泥石流，如崩塌泥石流、滑坡泥石流、融雪雪崩泥石流等。因此，在泥石流流域调查中，查明各种自然地质作用类型及过程特点，阐明它们与泥石流活动的关系十分重要。工作开展可以和第四纪地质历史调查结合进行。

（8）泥石流松散固体物质储量。参与泥石流活动的松散固体物质是泥石流发生的基本条件之一，也是估计流域内泥石流发展趋势的主要依据之一。松散固体物质的储量还应当分为可直接参与泥石流活动的松散固体物质的储量、半稳定的松散固体物质的储量和稳定的松散固体物质的储量三种。即使是活动的物质，也不是一次全都能参与泥石流发生的，而是随泥石流发生年际间的波动变化而逐渐地加入到泥石流中去，多年平均松散固体物质输移量可从计算泥石流扇形地上的堆积量与堆积年份间的比值求得。此外，沟床内的松散固体物质储量也不可忽视，它往往以揭底冲刷形式参与泥石流活动，有时沟床内的松散固体物质储量可达到一场大型泥石流固体径流量的一半左右，因此泥石流沟道内的松散固体物质储量计算应包括流域中上游坡地、沟床和下游扇形地三个部分的松散固体物质储量。

①流域中上游坡地松散固体物质储量估算。坡地上的松散固体物质大多来源于崩塌、滑坡、坡积或残坡积。在地质测绘过程中，这些自然地质作用类型在比例尺为1:2 000~1:10 000的地形图上很容易圈定其平面形状；在室内也可用航空相片或红外遥感相片转绘到地形图上，较难确定的是松散固体物质平均厚度。许多矩形或近于矩形堆积体的平均厚度在野外地质测绘中可用简易的手持水准仪测高（厚）法、气压高度计快速测高差（厚）法求得。

②沟床松散固体物质储量估算。沟床上、中、下游松散固体物质的断面往往会具有不同的形状，上游可能为V形，中游可能为梯形，下游可能为矩形。根据勘测资料或剖面量测数据确定了断面形状和尺寸之后，应分别乘以沟段长度进行估算。有时沟床被清水下切，两岸出现砂砾石台地（见图4.3-1），这时台地物质储量也应仔细估算。当沟床局部地段出露基岩时，沟床松散沉积物的厚度就更容易确定；当坡面支沟切穿主沟堆积台地时，应量测堆积层厚度。

图4.3-1　研究区内拱北沟沟床被清水下切而出现砂砾石台地

③流域下游泥石流扇形地松散固体物质储量估算。在沟谷泥石流扇形地发育充分或比较完整的情况下,可采用剖面法或纵切圆锥体法较准确地估算扇形地上固体物质的堆积量。

4.4　沟道调查

泥石流所在流域的沟道调查主要包括沟道平面曲直延展情况、沟床宽度变化、沟道可能阻塞情况、沟床基岩岩性分布变化、基岩露头出现情况、松散固体物质分布及厚度变化、沟槽两岸洪积和泥石流阶地的有无及砂砾石堆积量估算、沟岸自然地质作用类型及可能补给泥石流活动的物质量估算、沟床基岩跌水和崩塌、滑坡堵塞物质量计算等。在此基础上需布设纵、横断面并进行测绘,把观察到的重要现象一并填入图中,其中也包括泥石流运动过程中的表面纵坡(根据沟岸泥痕线判定)和弯道冲起、爬高产生的横比降。这些观察、填图和测绘成果是计算泥石流水文和运动特征值的重要资料与参数。

泥石流沟道内的堆积物含有泥石流活动的丰富信息,对泥石流堆积物特征的观察、量测、记录、摄影、采样分析化验等可以获得泥石流形成、运动、沉积过程和工程地质的许多宝贵资料。泥石流堆积物特征调查分沉积学和工程地质学两种。前者在于通过现场剖面观察、测量和采样分析化验,揭露泥石流的物质来源、形成原因、运动过程中的变化、堆积特征与运动力学间的关系等,后者在于通过工程地质测试、分析获得泥石流防治工程所需的设计参数。

4.5　植被调查

植被调查是通过植被填图、植物种群构成填图、生态条件填图等采集植物标本进行样本调查,各种类型植被及裸地简易径流流场的观测记录、分析计算等,阐明流域内植被的水平、垂直带谱变化与泥石流发生的关系,植被覆盖度大小与坡地侵蚀的关系,植被的立体结构(乔木、灌木、草、枯枝落叶层等)与土体含水量的关系,植被种群结构对坡地土体的固结程度,各种生态条件与最适宜种植树种的选择等,结合其他项目的调查,综合分析泥石流的成因和趋势,并为防治泥石流的生物工程提供基本资料。

4.6　人类活动调查

人类活动调查的主要工作内容包括通过座谈访问、查阅文献资料、察看人类活动情况及有关工程建设情况等,分析人类活动的整体布局是否适当,森林采伐和木材集运方式等人类对自然环境有所影响的活动是否合理,土地利用是否合理,耕作制度是否与地区自然条件特点相协调等,需查清坡地上各种弃土弃石的方量,弃置场地是否合理,工程建设项目有无为泥石流的发生埋下隐患的可能和痕迹,当地自然环境、生态系统是向良性循环方向发展还是向恶化方向演进。根据这些调查,对泥石流发展趋势是增强还是减弱做出预测,并提出相应的防治对策,且反映到泥石流的防治规划之中。

4.7 泥石流发展趋势分析

4.7.1 泥石流发展趋势的准周期性

泥石流沟所在流域或大面积的多条泥石流沟所包含的区域内泥石流活动的发展方向是逐渐增强还是逐步减弱,实际是泥石流预报中的一个关键问题,即中长期泥石流发展趋势的预报。

泥石流发展趋势的特点往往呈现出波动性,即在时间序列上泥石流活动呈高低起伏变化,在空间分布上呈现位移和重复,这是因为尽管泥石流过程有其自身的规律,但泥石流的发生却是受到一系列因素的制约和控制的。这些控制性因子是气候变化的周期性、地震活动期(相对平静期和显著活跃期的总和)的变化,以及一条泥石流沟或多条泥石流沟所处区域的松散固体物质积累速率的大小。在经济、社会比较发达,人口增长较快,人类活动强烈的山区还应加上森林增减变化和人类活动两大因素。

气候变化是有周期性的。对于泥石流的发生来说,影响最大的是温度和降水。我国气温1 000万年来变化很大、起伏剧烈,近几百年来也是如此。某区域内的降水往往是呈高低起伏变化的,同时温度的高低起伏和降水的丰枯变化在时间上往往也是同步进行的,构成的水热组合呈现出湿热、湿冷、干热和干冷四种类型。它们对泥石流的发生有不同的激发作用。

强烈地震对于活动的泥石流沟具有加强作用,对于曾经发生过泥石流的沟谷有使其复活的作用,即使是从未发生过泥石流的沟谷,强烈的地震作用也可能使其触发或诱发泥石流。通常从地震烈度6度区内开始出现泥石流,7度区内明显增多,越向震中区,泥石流沟分布越多。地震活动对于泥石流活动的明显作用是因为地震活动的三要素(震中、震时、震级)对应着泥石流形成的三个基本条件(地形、水分、松散固体物质),加之它本身所具有的触发和诱发作用,使得每一次地震的当时或其后再有强降雨配合的情况下都会或多或少地出现规模不等的泥石流。由于地震发生具有准周期性,导致山区泥石流活动也有明显变化。

泥石流的显著特点是输沙量大,随着泥石流活动规模的增大,输送的固体物质也增多,除像小江流域内的蒋家沟地质构造十分破碎、滑坡特别发育、补给泥石流活动的松散固体物质十分丰富外,大多数泥石流沟在发生一至数次泥石流后,因固体物质缺少补给来源,泥石流就会自然停息下来或转变为洪水。松散固体物质积累速率的大小,则直接关系着以后的泥石流活动及其规模。松散固体物质的积累通常有两种方式,一种是"零存整取"(岩土体长期风化、剥蚀、侵蚀而聚集在山坡上或沟谷中,一次泥石流发生,大部分被输送挟带),另一种是"整存频取"(一次大崩塌或一次大滑坡地发生,都可能阻塞沟道,泥石流频繁发生,松散堆积的固体物质被不断输送挟带)。无论哪一种方式,都会使得泥石流活动在时空上呈现出明显的起伏变化。

上述三个自然界中的因素并非同步发展,各有自身的变化规律,因此在时空上会呈现出不同的组合。当三者同时存在时,泥石流活动将明显地出现高潮,并可能延续多年;若三者此起彼伏地交叉出现,则泥石流活动的规模虽小,但延续时间将更长,森林增减和人类活动都会受到社会经济活动的支配,但它们的出现及对泥石流活动发展趋势的影响与三个自然因素有一定区别,因此泥石流的发展趋势就会出现更加复杂的情况。但是,无论怎样复杂,泥石流的活动仍然是一种波动性的变化,通常会呈现出准周期性活动的特点。

4.7.2　泥石流发展趋势的估计

根据控制泥石流发展趋势的气候、地震、松散固体物质的积累速率、森林植被的增减情况和人类活动等因素,经过比较分析,就能估计泥石流沟所在流域或一个地区的泥石流发展趋势,如规模大,频率低;规模小,频率高;大规模泥石流不会发生或有可能发生等。

4.8　泥石流的主要影响因子

影响泥石流发生的影响因子众多,综合而言可将这些影响因子分为三大类:地形地貌因子、地层与构造因子和环境因子,以下进行详细论述。

4.8.1　地形地貌因子

以地形地貌为主要研究背景,因各种地形地貌因子的共同作用而导致泥石流的发生,地形地貌因子又可细分为流域面积、有效流域面积、沟道长度、坡向、沟床平均坡度、流域形状系数、沟道弯曲度、沟道高程差等。

(1)流域面积:对于泥石流的发生和泥石流的洪峰流量之间具有较大的关系,流域面积与泥石流的洪峰流量之间往往成正比。当流域面积越大时,泥石流的洪峰流量往往也越大,同时泥石流冲刷沟床松散碎屑物质的能力也就越大,因此泥石流发生的危险也就越高。

(2)有效流域面积:依据对黄河流域兰州段泥石流特性的研究,结果显示泥石流的形成区的沟床坡度多半在 15°以上。由于形成区面积越大对于泥石流的发生的影响也越大。因此,以泥石流形成区沟床坡度大于 15°以上的面积可称为有效流域面积。

(3)沟道长度:针对黄河流域兰州段的泥石流沟道进行现场地质灾害调查,发现泥石流易发的沟道长度主要集中于 2~10 km,且沟道长度也会影响到泥石流的洪峰流量、汇集时间及地表径流等。

(4)坡向:泥石流的发生大多存在短时强降雨等诱发因素,而且降雨对于迎风坡面与背风坡面的影响是大不相同的,短时强降雨对迎风坡向的影响较大,易造成大量松散堆积物质的产生,直接影响到泥石流发生的可能性。因此,将坡向也作为影响泥石流发生的一项地形地貌因子。

(5)沟床平均坡度:在泥石流发生时会直接影响到泥石流的流速,沟床的平均坡度与泥石流的流速之间往往呈正相关。当沟床平均坡度越大时,泥石流的流速也越大,将会大幅提高泥石流地质灾害的威胁程度。

(6)流域形状系数:其可定义为 $F = A/L^2$,其中 A 为流域面积,L 为泥石流沟道长度。流域形状系数的数值越小,往往表示泥石流流域更趋向于狭长形。通过对黄河流域兰州段泥石流的现场地质灾害调查,整理分析发现研究区泥石流的形状系数多偏小,狭长形泥石流沟较多。

(7)沟道弯曲度:可定义为沟道的实际长度与该沟道沟脑至沟口的实际距离之间的

比值。沟道弯曲度直接影响着泥石流对沟道的侧向冲蚀侵蚀能力。沟道弯曲度越大,泥石流对沟道的侧向冲蚀侵蚀能力越强,越容易冲蚀侵蚀沟道两侧的坡体,产生泥石流启动所需的松散物质。因此,也可以通过分析泥石流沟道的弯曲度来了解泥石流沟道的侧向侵蚀冲蚀能力,进而评估泥石流发生的威胁程度。

(8)沟道高程差:是指泥石流沟脑处高程与沟口处高程的差值,代表着泥石流沟道在垂直方向上的高程变化,沟道高程差值越大,表示泥石流对沟床的向下切蚀能力越强。

4.8.2　地层与构造因子

因地质构造的条件对泥石流的形成和发生都具有基础性的影响,主要可分为地质分区、地层岩性和地质构造。

(1)地质分区:每一地质分区都具有其特殊的地形与地质背景,而且地质环境特性决定着地形演化过程与泥石流的发生机制与危险度。当无法对众多地质因子给予量化数值并进一步评估时,我们可尝试将相同地质分区的泥石流沟道进行样本分类,通过分类将有助于人们对于沟道泥石流的地质灾害进行分析和评估。并且可分别讨论不同地质分区的沟道泥石流的发生发展特性,了解该区域泥石流可能发生的规模和威胁程度。

(2)地层岩性:地层岩性的分布可直接反映泥石流沟道的地质分区特性,通过研究区域内的地层岩性的地质特性,可以进而分析泥石流形成区中松散堆积物质的物理特性,有助于了解泥石流形成区中风化岩层的厚度与泥石流料源的直接来源。

(3)地质构造:地质构造的活动与地震的发生、滑坡、崩塌等地质灾害的发生发展息息相关。而地震、滑坡与崩塌的发生将为泥石流的发生提供大量的松散堆积物质,即泥石流的料源,因此地质构造的状况对于泥石流的发生具有一定的影响性。

4.8.3　环境因子

人类活动、气象条件及威胁对象等都可以作为评价泥石流的发生和造成影响的重要环境因子。

(1)人类活动:主要可分为不合理开挖、弃土弃渣采石、滥伐乱垦等。其中,修建铁路、公路、水渠及其他工程建筑的不合理开挖会破坏山坡表面而形成松散物质。而弃土弃渣采石这种行为则是直接不合理地堆放弃土、矿渣等,为泥石流的发生发展提供最直接的物源条件。另外,滥伐乱垦会使坡面上的植被消失,山坡失去保护、土体疏松、冲沟发育,大大加重水土流失,进而山坡的稳定性被破坏,崩塌、滑坡等不良地质现象发育,结果就很容易产生泥石流。

(2)气象条件:是泥石流发生的重要影响因子,尤其会受到连续降雨、暴雨、特大暴雨集中降雨的激发。因此,泥石流的发生与集中降雨时间往往一致,具有明显的季节性。同时,泥石流的发生受暴雨、洪水的影响,而往往周期性地出现,当暴雨、洪水两者的活动周期与季节性相叠加时,常常形成泥石流活动的高潮。

(3)威胁对象:有无威胁对象,对于泥石流的危险程度评估具有重大的意义,虽然说威胁对象与泥石流的发生无直接联系,但泥石流的防护和治理的主要目的就在于削弱或减轻泥石流灾害对人民生命财产的威胁。基于此,泥石流的威胁对象也应作为对泥石流评价的重要环境影响因子。

第 5 章 沟道工程地质条件及泥石流灾害

5.1 沟道工程地质条件

5.1.1 沟道概述

研究区的范围包括黄河流域兰州城区段的泥石流沟道共计 105 条,除南岸的雷坛"河"和韩家"河"外,其余沟谷均以"沟"为名。沟道分布在兰州市南北两山,其范围为:东起桑园峡,西至宣家沟,东西直线距离约 35.2 km,曲线长约 42 km。

以往调查研究成果对兰州市城区沟道和河洪道进行了以下区分(见图 5.1-1):河洪道指一个流域出山口至入河口的段落;沟道指河洪道以上的区域称为沟道。

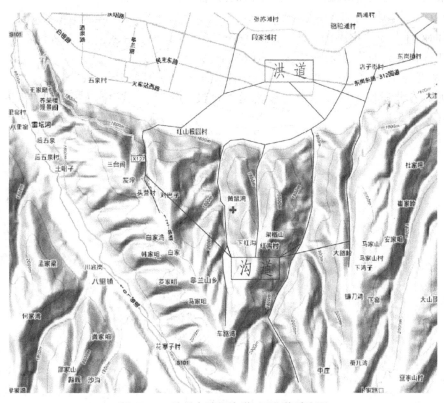

图 5.1-1 兰州市城区沟道、河洪道对比图

按流域面积对所有沟道进行分类,如表 5.1-1 所示,兰州市城区沟道类型饼状图如图 5.1-2 所示。

表 5.1-1　兰州市城区沟道按流域面积分类汇总

序号	面积分类（km²）	西固区		七里河区		安宁区		城关区		合计	
		条	占本区比重(%)	条	占本区比重(%)	条	占本区比重(%)	条	占本区比重(%)	条	比重(%)
1	>100	0	0	2	14.3	1	2.8	0	0	3	2.8
2	50~100	1	5.6	0	0	2	5.6	2	5.4	5	4.8
3	10~50	2	11.1	5	35.7	0	0	5	13.5	12	11.4
4	1~10	6	33.3	4	28.6	9	25.0	13	35.1	32	30.5
5	<1	9	50.0	3	21.4	24	66.7	17	46.0	53	50.5
	合计	18	100	14	100	36	100	37	100	105	100

从表 5.1-1 和图 5.1-2 可以看出，兰州市城区沟道以面积小于 10 km² 的小型沟道为主，总数达 85 条，占总沟道的 81%；在四个辖区中，七里河区发育 14 条沟道，其中流域面积大于 10 km² 的沟道有 7 条，占该区沟道总数的 50%，相对大沟比重较大，其余三个区与兰州市城区总的特征相似，以面积小于 10 km² 的小型沟道为主。

黄河南岸共发育山洪沟道 37 条，平均发育密度为 0.93 条/km；北岸共发育山洪沟道 68 条，平均发育密度为 1.58 条/km，北岸沟道较南岸发育密集，尤其在北岸城关区徐家湾一带沟道发育最为密集(见图 5.1-3)。

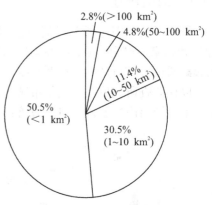

图 5.1-2　山洪沟道按流域面积分类对比

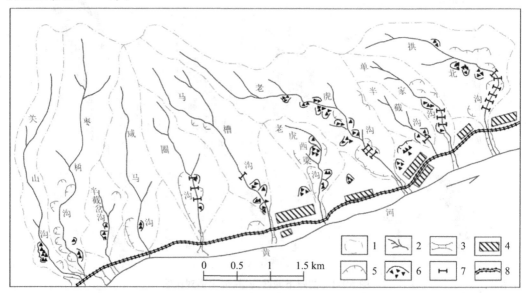

1—流域界线；2—水系；3—排导堤；4—建筑物；5—滑塌堆；6—倒石堆；7—拦挡坝；8—公路

图 5.1-3　城关区徐家湾一带沟谷发育分布图

野外调查发现,西固区的柳泉沟,安宁区元台子沟、仁寿山东沟、仁寿山西沟,施家湾1~3 号沟及小青沟、山坪子东沟、山坪子西沟,城关区的琵琶林沟等沟道下游段河洪道呈缺失状态,雨水只能通过城市雨洪系统排泄。

另外,随着城市建设的开发及土地整治,原来安宁区的施家湾 4 号沟、西固区小坪子西沟、七里河区的供热站西沟、城关区的上沟等沟道已不复存在。

根据沟道特征,对沟道进行综合分类,分类依据综合考虑沟道地形特征、环境地质条件及沟道地质灾害尤其是泥石流灾害发育程度等因素,进行综合分类,如表 5.1-2 所示。

表 5.1-2　沟道综合分类

沟道类别	沟道特征		沟道名称
A 类 (10 条)	流域面积大于 30 km²,主沟长大于 10 km,纵坡比降小于50‰,主沟谷横断面呈 U 形,其支沟呈 V 形。沟谷较宽,坐落有村庄和(或)城镇,沿主沟有排河洪道,一般常年有水流。其中,大砂沟、罗锅沟主沟床排河洪道已进行系统整治。沟谷岸坡大面积被黄土覆盖。历史上均发生过山洪—泥石流灾害		深沟(A25)、黄峪沟、韩家河、雷坛河、泥马沙沟、大砂沟、罗锅沟、大砂沟、小砂沟、宣家沟
B 类 (24 条)	处于黄河南岸,流域面积小于 30 km²,沟谷大多呈 V 形。流域大面积被黄土覆盖,沟道下游和沟口处见有新近系砂岩、黏土岩出露	B1:沟谷岸坡较陡,黄土坡面侵蚀程度高,坡面较不完整,泥石流灾害活动频发	老狼沟、大洪沟、小洪沟、小金沟、石板沟、狸子沟、深沟(Q10)、砚沟、柳泉沟、寺儿沟、脑地沟、白也沟、黄胶泥沟
		B2:沟谷岸坡较陡,黄土坡面侵蚀程度较低,坡面较完整,泥石流灾害活动程度较低	烂泥沟、鱼儿沟、阳洼沟、供热站东沟、大金沟、白崖沟、红石崖沟、元托峁沟、来家沟、野狐沟、洪水沟
C 类 (4 条)	处于兰州城区最西侧黄河北岸,白垩系砂岩、黏土岩及新近系砂岩广泛分布。流域面积小于 5.0 km²,主沟谷横断面呈 V 形,两个谷坡较陡,基岩风化强烈,崩塌、滑坡现象发育,泥石流灾害活动程度高		盐沟、盐西沟、萨拉坪东沟、八面沟
D 类 (18 条)	处于黄河北岸十里店至白塔山一带,沟道密集发育,单沟流域面积一般小于 1.0 km²,沟谷呈 V 形,主沟坡降一般大于200‰。沟道大面积出露前寒武系皋兰群(An∈gl)变质岩,基岩表层破碎,崩坡积松散堆积物发育	D1:徐家湾一带沟道由于历史灾情较重,出沟口即为城区,沟道已经过不同程度的治理或正在新建泥石流拦挡、护坡工程。部分年事已久拦挡工程坝前已淤满	半截岔沟、咸马沟、洞水湾沟、圈沟、马槽沟、老虎西梁沟、老虎沟、半截沟、单家沟、庙洼沟、拱北沟、马家石沟、烧盐沟
		D2:未见泥石流治理工程,沟道中下游多见采石场,碎石大量在沟道中堆积	里程沟、小关山沟、关山沟、枣树西沟、枣树沟(A31)

续表 5.1-2

沟道类别	沟道特征		沟道名称
E 类 (13条)	处于安宁区黄河北岸,流域面积小于 10.0 km²,沟谷多呈 V 形,主沟降较大。沟道中上游大面积被黄土覆盖,下游出露前寒武系皋兰群(An ∈ gl)变质岩,基岩表层破碎	E1:沟谷岸坡较陡,岸坡崩塌、滑坡现象发育,泥石流灾害活动程度高	元台子沟、李黄沟、骟马沟、施家湾一号沟、施家湾三号沟、蚂蚁沟、大青沟、贼沟、山平子西沟、山平子东沟
		E2:沟谷岸坡较陡,黄土坡面侵蚀程度较低,坡面较完整,泥石流灾害活动程度较低	咸水沟、楼梯沟、盐池沟、小青沟
F 类 (15条)	处于城关区黄河北岸,流域面积一般小于 10.0 km²,沟谷多呈 V 形。沟道中上游大面积被黄土覆盖,中下游出露新近系砂岩、黏土岩,以及花岗岩侵入岩体	F1:流域坡面侵蚀较重,黄土滑塌现象常见,泥石流灾害活动程度高	小沟、叉不叉沟、石沟、大浪沟、神子沟、小红沟、大红沟、大牛圈沟
		F2:流域坡面侵蚀较轻,松散堆积物较少,泥石流灾害活动程度低	东李家湾沟、石门沟、枣树沟(C15)、碱水沟、台湾沟、水源沟、砂金坪沟
G 类 (21条)	流域面积一般小于 1.0 km²,个别为 1.0~2.0 km²。人类工程活动强烈,部分沟道由于挖山填沟,沟道原有地貌完全改变;部分沟道经过整治,泥石流灾害危害程度低	G1:由于人类工程活动,挖山填沟,沟道原有地形地貌已改变,部分主沟道已不复存在	施家湾二号沟、施家湾四号沟、红道坡沟、里程西沟、大破沟、供热站西沟、李家沟、路家咀沟、小坪子西沟、上沟、小坪子沟
		G2:沟道经过整治(沟底硬化、护坡、排导槽等措施),泥石流灾害危害程度低	石槽沟、仁寿山东沟、仁寿山西沟、交达沟、园子沟、马耳山沟、凤凰山沟、琵琶林沟、左家沟

5.1.2　沟道环境地质条件

5.1.2.1　地形地貌

兰州市位于黄土高原西部丘陵沟壑区,黄土覆盖面积大,沟谷切割密度高,坡陡谷深。九州台和皋兰山山顶与黄河河床相对高差达 600 m 左右,市区主要建筑物基础地面与南北两山的相对高差一般为 200~600 m。

如前章所述,黄河南岸共发育山洪沟道37 条,平均发育密度为 0.93 条/km;北岸共发育山洪沟道68 条,平均发育密度为 1.58 条/km,北岸沟道较南岸发育密集,尤其在北岸城关区徐家湾一带沟道发育最为密集。兰州市城区沟道以面积小于 10 km² 的小型沟道为主,总数达 85 条,占总沟道的81%。

流域地形特征参数用以下方法计算:

(1)流域面积 F:表示沟口以上段流域面积,单位为 km²,F 通过 1:1万地形图勾画流域范围得出,流域面积大于 100 km² 的沟道,如泥马沙沟、雷坛河等沟道采用 1:5 万地形图勾绘,最后求得沟道的流域面积。

(2)主沟道长度 L:表示有沟口起至明显沟槽截止处的长度,单位 km。L 通过地形图勾画主沟道得出。

(3)主沟道比降 J:表示沿主沟道的平均比降(‰)。沿主沟道在地形图上读取一定数量的高程点,采用以下公式计算:

$$J = \frac{(Z_0 + Z_1)l_1 + (Z_1 + Z_2)l_2 + \cdots + (Z_{n-1} + Z_n)l_n - 2Z_0L}{L^2}$$

式中　Z_0、Z_1、$\cdots$、Z_n——自出口断面起沿流程各地面点高程,m;

　　　l_1、l_2、$\cdots$、l_n——相应各点地面间的水平距离,m;

　　　L——主河槽长度,m。

总体来看,各单沟沟谷横断面大部分呈 V 形,沟谷坡度一般在 35°~55°。主沟道长度与流域面积呈正比,而主沟道比降与流域面积呈反比(见图 5.1-4)。流域面积小于 30 km² 的沟道沟床比降一般大于 50‰,平均比降为 110‰,其中比降大于 150‰ 的沟道占 25.3%。流域面积大于 30 km² 的沟道沟床比降一般为 10‰~30‰,主沟谷呈 U 形,而其支沟大部分呈 V 形。

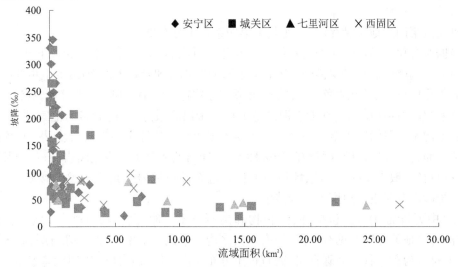

图 5.1-4　沟道流域面积与主沟坡降关系散点

5.1.2.2　地层岩性

沟道区地层岩性由老至新分述如下。

1.前古生界

前古生界主要出露在北山安宁堡—十里铺—白塔山一带沟道沟口,涉及沟道为自施家湾三号沟往东至深沟、马槽沟至烧盐沟一带。岩性为前寒武系皋兰群(An∈gl)变质岩,为灰绿色、灰黑色角闪片岩凝灰岩、石英岩、千枚岩、变质砂岩等,含藻类化石,与上覆较新地层多呈断层接触,岩体表层多破碎,风化严重。

2.古生界

古生界地层仅在西固区南部宣家沟上游出露,岩性为奥陶系雾宿山群($O_{2-3}wx$)变质安山岩、玄武岩。

3.中生界

中生界地层在区内分布较广泛,在南北山多半沟道均见有出露,其岩性为白垩系河口群(K_1hk)浅灰色砾岩、砂砾岩紫红色砂岩、黏土岩互层,缓倾角。砾石磨圆度、分选性差,多呈棱角状。属河湖相碎屑岩建造。

4.新生界

新生界地层是研究区分布最广的地层,其中尤以新近系中新统咸水河组(N_1x)和第四系上更新统马兰黄土(Q_3m)分布较广。由于马兰黄土覆盖于各时代的老地层之上,使兰州市成为黄土高原的一部分。

1)新近系(N)

研究区新近系地层广泛发育,但由于第四系黄土覆盖,因此露头很零散,多断续分布在大多数沟道沟谷两侧,为陆相湖盆及山间坳地型沉积。中新统咸水河组(N_1x)是一套河流—湖泊相沉积,岩性为褐黄、褐红色砂质泥岩为主,俗称"红层",缓倾角,底部多为白色砂砾岩。

2)第四系(Q)

研究区第四系地层赋存较广,尤其是第四系黄土分布更为广泛。

根据所含化石、岩性、所处地貌位置及与邻区对比等,第四系可细分为以下几类。

(1)下更新统(Q_1)。午城黄土(Q_1w):出露较少,据九州台黄土剖面揭示,上更新统午城黄土厚度近170 m,为浅灰褐色黄土,致密,较硬,含黑褐色圆环状或斑点状铁锰质斑点。

范家坪砾石层(Q_1^{al+pl}):在七里河区范家坪一带出露最好,因此命名为范家坪组,于西固区脑地沟至七里河区小金沟一带沟道下游侧壁出露。岩性主要为灰白、灰褐色,松散至半胶结砾卵石层,砾石磨圆度较好,分选性差,砾卵石的成分主要为花岗岩、石英岩及变质岩,砾石直径一般为5 cm。范家坪组与下伏新近系砂质泥岩呈角度不整合接触,与上覆上更新统砂砾石层也呈角度不整合接触。

(2)中更新统(Q_2)。包括冲、洪积物和离石黄土。冲、洪积物(Q_2^{al+pl}),地表较少出露,在沟谷阶地的陡壁上见有残留,与南山大多沟道中比较常见,岩性为砾石层,具水平层理,向上过渡为黄土状土夹砾石层;离石黄土分布于山梁区,地表出露较少,其底部往往有砾石层。

(3)上更新统(Q_3)。风积黄土也称"马兰黄土"(Q_3m),遍布全区,岩性变化不大,一般为浅灰黄色,质地均匀,结构疏松,多大孔隙,颗粒粗,垂直节理发育,不含古土壤,以粉土成分为主,普遍含有蜗牛类化石。厚度各地不等,由几米至几十米,个别处可达100 m。

(4)全新统(Q_4)。主要是构成沟道沟床的冲、洪积层(Q_4^{al+pl}),堆积物以含土砂砾、黄土状粉土为主,分选性差,较疏松,厚度变化大,一般小于10 m。另外,人类活动在沟道非常强烈,造成松散土体堆积及建筑、生活等垃圾大量堆积(Q_4^r)。

5.岩浆岩

早古生代侵入岩(γ_3^1)岩体主要分布在安宁区十里店一带,其岩性主要为花岗岩,由石英、长石等矿物构成。

5.1.2.3　地质构造

兰州地区位于祁连山褶皱带的东延部分,经历了加里东、印支、燕山、喜马拉雅山等各期造山运动,构造形态十分复杂,尤其受青藏高原强烈隆升的影响,使地形高差抬升200~250 m。

研究区构造主要由 NWW、NNW 向隆起与断层组成。其中,NWW 向构造主要有马衔山北缘断裂、金城关断层、兴隆山北缘断裂及白塔山隆起;NNW 向构造主要是皋兰山隆起、庄浪河断裂、雷坛河断裂、兰州断陷盆地和西固隆起。上述地质构造的形迹构成了兰州地质构造的基本轮廓。

5.1.2.4　水文地质条件

根据地下水的赋存条件和含水岩组性质,将区内地下水类型划分为基岩裂隙水、碎屑岩类孔隙裂隙水和松散岩类孔隙水三类。

1.基岩裂隙水

该类水主要分布在区内北部黄土山梁区,储存于皋兰群变质岩中的构造裂隙中,分布不均、埋藏浅。地下水接受大气降水补给后,沿基岩的网状裂隙通道运动,最终以泉或以潜流的形式向地势低洼处排泄,富水性弱。

2.碎屑岩类孔隙裂隙水

该类水主要分布于沙井驿—安宁堡一带,地下水储存于白垩系、新近系红色砂岩、砂砾岩地层中,并构成层间孔隙裂隙潜水或承压水。该类水的补给源为大气降水、地表水和基岩裂隙水,径流缓慢,最终以泉的形式向外排泄,富水性很弱。

3.松散岩类孔隙水

该类水主要分布于区内各大型沟谷中。沟谷潜水主要接受大气降水、农田灌溉及北部基岩裂隙水的补给,由高处向低处径流,以开采或潜流的形式向外排泄。潜水埋深变化在 3~30 m,一般前缘较小,向后缘逐渐增大。含水层厚度一般小于 3 m,富水性差。

5.1.2.5　土壤与植被

南北两山沟道沟谷两岸大部分面积为黄土覆盖,表层土壤类型有灰钙土、黄绵土等类型。灰钙土是境内分布面积最广的土类,一般分布在海拔 1 800~2 100 m 的丘陵地带,黄土为母质,主要植物由旱生型的丛生禾草、灌木和小灌木组成。黄绵土分布在海拔 1 600~1 800 m 的低山丘陵及坪台阶地,该类土的主要特点是熟化层薄,程度差,耐蚀力小,雨季易形成地表径流,常出现片蚀和沟蚀,土体疏松,在水流作用下易侵蚀形成孔洞、陷穴及崩塌等现象。

兰州市自然植被多以荒漠草原为主,由多年旱生丛生禾草、旱生灌木和小半灌木组成,因生态环境恶劣,植被草群低矮、稀疏、生长迟缓。区内植被稀疏,大部分古坡为荒坡,植被总体覆盖度小于10%。近年来南北两山绿化工作初见成效,但主要集中在城区前缘山坡。

5.1.2.6　人类工程活动

1.挖山填沟现象

近年来,随着兰州市城市人口的增加和城市建设的扩张,城区内建设空间已趋于饱和,人类工程活动已由城区向南北两山的一些沟谷中扩展,填沟建房现象十分普遍。部分沟道已不复存在,主要为施家湾二号沟、施家湾三号沟、施家湾四号沟、红道坡沟、里程西沟等,见图5.1-5。

(a)施加湾二号沟　　　　　　　　　　　　(b)红道坡沟

图5.1-5　施家湾二号沟和红道坡沟

2.沟口处建筑物挤占和沟道内随意倾倒垃圾现象

近年来随着城市建设步伐的加快,在沟道或沟口处乱搭乱建、随意倾倒生活垃圾和建筑垃圾现象在各区沟道中十分普遍,这些物质严重堵塞沟道,既增加了泥石流松散固体物质的来源,又加大了泥石流灾害的强度,见图5.1-6。

(a)小金沟　　　　　　　　　　　　　　(b)深沟

(c)里程西沟　　　　　　　　　　　　(d)蚂蚁沟

图5.1-6　小金沟、深沟、里程西沟和蚂蚁沟

3.公路和隧道等工程弃渣堆积谷坡或沟道

目前南北两山均有在建公路,公路沿黄河走向,几乎与每条沟道都有交叉,施工过程中坡面或隧道开挖造成大量松散土体在沟道或坡面堆积。另外,南北环城高速的修建阻断了部分沟道与河洪道的连接,见图5.1-7。

(a)石门沟   (b)烧盐沟

图5.1-7 石门沟和烧盐沟

4.南北两山绿化工作

近年来南北两山绿化工作初见成效,但主要集中在城区前缘山坡,对抑制沟道岸坡土壤水土流失作用有限。

5.1.3 沟道地质灾害及其危害

5.1.3.1 地质灾害类型及发育规律

1.地质灾害类型

根据调查,沟道区地质灾害的类型主要有滑坡、崩塌和泥石流三种类型。

1)滑坡

根据组成物质,研究区滑坡类型主要有黄土滑坡、黄土—红层滑坡及堆积层滑坡等三种类型。

黄土滑坡主要分布于各沟谷台地前缘和黄土丘陵区,滑坡平面形态多呈半椭圆形或簸箕状,规模一般较小,滑坡体滑动面较陡,多呈规则的圆弧形。滑动面往往位于黄土层内或者位于黄土与下伏基岩的接触面,其中部、后部由黄土的垂直节理演化而成。滑坡后壁高低悬殊,小者仅数米,大者超过15 m,滑坡规模以小型为主,多以浅层滑坡居多。该类滑坡为研究区滑坡的主要类型。

黄土—红层滑坡,其滑坡体由黄土和新近系砂砾岩、砂岩、泥岩共同组成。主要分布于城关区皋兰山、西固南山等地带沟道下游及沟口处,多为切层滑坡,主要发育在具有高陡临空面的斜坡地段,平面上呈舌形或半圆形,其形态较为完整,具有"圈椅状"地形和双沟同源现象。滑动面多为较陡的弧形。该类滑坡规模较小,多为浅层滑坡。在黄河南部河谷Ⅳ级阶地前缘多见该类滑坡规模较大,且为深层滑坡,但其位置已超出沟道范围。

堆积层滑坡,其滑坡体由各种成因的残积、坡积物组成。主要形成于基岩出露地带。该区域山体坡度较陡,残坡积物厚度较小,一般2~5 m,若遇大雨或暴雨,堆积层即可突然发生滑动,滑坡前兆特征不明显。该类滑坡规模较小,多为浅层滑坡。

2）崩塌

根据其物质组成,崩塌类型主要有黄土崩塌和基岩崩塌两种。黄土崩塌主要发生于河谷阶地前缘及黄土丘陵区的高陡斜坡地带,黄土崩塌的起始运动形式为倾倒式或滑移式;基岩崩塌主要分布于基岩出露的南北两山出露红层地带和基岩出露的白塔山至砂井驿、七里河区、西固区南部山区地形陡峭处,其规模一般较小。

3）泥石流

泥石流是兰州市最为发育的地质灾害类型,根据泥石流流体物质组成,研究区泥石流主要有泥流和泥石流两种类型。

兰州市地处陇西黄土高原,黄土广泛分布,重力侵蚀及面蚀作用较强,地形切割较强,泥流较为发育。各泥流沟横断面多呈 V 形,沟谷平面形态多呈扇状或长条状,泥流规模为中型和小型。按泥石流易发程度划分,多为中、低易发,沟口洪积扇相对不发育,主要以下切为主,危害方式主要为冲蚀和淤埋。

泥石流主要分布于兰州市中部的南北两山基岩出露地带,如雷坛河、城关区的白塔山至砂井驿、西固区大部分地段。各沟谷横断面多呈 V 形,流域平面形态多呈长条状或树冠状。泥石流规模以中型和小型为主。泥石流暴发频率为每年 2~3 次至几十年 1 次。泥石流以冲毁危害为主,淤埋危害次之。泥石流固体物质主要来源于沟岸崩塌、滑坡、沟道松散堆积物及开矿、采石等人类工程活动形成的弃土废渣。区内泥石流以沟谷型为主,易发程度以中易发为主。

2.地质灾害发育规律

兰州市崩塌、滑坡主要发育在黄土状粉土、新近系砂泥岩、砂砾岩地层中,其他地层中较为少见。各类地质灾害均与人类活动密切相关,尤其是滑坡、崩塌及不稳定斜坡的分布呈现出明显的区域性。经调查分析,兰州市城区及城乡接合部,削坡建房活动极为强烈,该区由于削坡、排水等人为因素引发的滑坡、崩塌密集;地形地貌和地层岩性及其组合是滑坡、崩塌发育形成的主要因素。如果地形平坦宽阔,即使有其他因素存在,滑坡、崩塌灾害也不会发生,但如地形陡峭、破碎,沟壑密度大,滑坡、崩塌则容易产生。斜坡坡度和坡高是滑坡、崩塌产生的基本条件。另外,黄土斜坡上大量发育的串珠状落水洞、陷穴等黄土溶蚀地貌,有利于降水入渗,这增加坡体自重,降低抗滑力,引发滑坡、崩塌发生。滑坡、崩塌灾害为沟道泥石流的形成提供了物源条件。

泥石流的分布受区域地质构造、地层岩性、地形地貌、人类工程活动等因素的制约,其发育规律将在下一章节详细阐述。

5.1.3.2 地质灾害历史灾情

历史上兰州市城区曾有多次因暴雨致灾。致灾灾种主要为泥石流灾害。兰州市城区80 多年来发生的有记载的主要历史山洪—泥石流灾害情况摘述如表 5.1-3 所示。

表 5.1-3 兰州市城区主要泥石流灾害历史灾情简表

时间	地点	危害或险情
1932 年	城关区大洪沟等	大洪沟等几条沟道发生泥流,将本区域沟口一带的杏树及枣树淹没 1 m 左右,淤埋了砖瓦窑

续表 5.1-3

时间	地点	危害或险情
1946 年夏	城关区大洪沟系统	发生较大泥流,在烂泥沟沟口冲走居民数十人
1949 年 8 月 14 日	七里河区雷坛河	暴发山洪—泥石流,冲毁沿岸市政工程
1951 年 8 月 14 日	城关区大洪沟系统的大洪沟、小洪沟、烂泥沟 3 条沟道	兰州市东部一次降雨 76.8 mm,历时 18 h,最大小时降雨量 27 mm,造成城关区大洪沟系统的大洪沟、小洪沟、烂泥沟 3 条沟道同时暴发大规模泥流,冲出泥沙约 56 万 m³。泥流中夹带有粒径为 2 m 的巨石和粒径 2.5 m 的大泥球,覆盖了皋兰山前至医学院间包括飞机场在内 1.6 km² 的面积,造成 50 余人死亡和严重的经济损失
1964 年 7 月 20 日	西固区一带	西固区一带连续发生了 3 次大规模山洪灾害,杏胡台、马耳山地区 4 h 降雨量达 150 mm,元托峁沟、洪水沟、脑地沟等 7 条沟道暴发大规模泥石流,冲出泥沙约 68 万 m³,从西固福利区至陈官营车站一带淤积面积 4 km²,埋没住宅 21 栋,伤亡 200 余人,埋没陇海铁路 3.6 km,中断交通 34 h
1964 年 8 月 19 日	城关区	城关区 5 h 降雨 50 mm,小时最大降雨量 15.8 mm,东岗五沟发生了中等规模泥流,老狼沟淤埋了部分平房,由于大洪沟修筑了人工沟道,虽未造成损失,但造成沟道严重淤积,一般淤积厚度达 1~2.8 m
1966 年 8 月 8 日	城关区黄河北岸	城关区黄河北岸盐场堡一带普降大雨,1 h 降雨近 50 mm,大砂沟、小沟发生了大规模山洪—泥石流,泥石流堆积体约 35 万 m³,冲出沟口的泥沙埋没了街道、部分工厂、学校和幼儿园,冲毁农田 2 334 亩,房屋 300 多间,死亡 134 人,波及面积达 4 km² 以上,直接经济损失约 1 000 万元(时值)。山洪—泥石流同时造成省广播电台广播中断
1976 年 7 月 9 日	城关地区徐家湾一带	降大雨,产生山洪引发泥石流灾害,住房、道路受到灾害损失
1977 年 8 月 4 日	安宁区北山	安宁区北山地区大暴雨,深沟、楼梯沟、大沙沟等沟暴发山洪泥石流,造成数百亩菜、瓜地绝收,相关农用设施被毁
1978 年 8 月 7 日	城关区、七里河区	兰州市区普降中到大雨,徐家湾一带 1 h 降雨量达 52.0 mm,过程降雨量达 96.8 mm,徐家湾至十里店一带的 14 条沟道均暴发泥石流和水石流,每条沟道冲出泥沙 1 万~3 万 m³,埋没了沟口附近的民房、道路和工厂,中断交通 60 h,伤亡 30 余人,这一带的工厂被迫停电停产,是兰州市 45 年来最严重的一次泥石流灾害之一,直接经济损失数百万元(时值)。同时,大洪沟系统、五泉山一带的小型沟道和黄峪沟、碨沟(三岔沟)等大型沟道也发生了稀性泥流,淤积于主要街道上的砂石泥土约 7.5 万 m³,市内淤积泥水长达 36 h。街巷水深 80 cm,交通受阻,城关区死亡 8 人,受伤 20 人,房屋倒塌、损坏 3 300 余间,受灾 1 500 余户。七里河西果园倒塌房屋 200 多间,西站货场进水

续表 5.1-3

时间	地点	危害或险情
1978 年夏天	七里河区大金沟	七里河区大金沟突降大雨,造成大金沟暴发山洪—泥石流灾害,房子大的石头被搬动
1982 年9 月 7 日	城关区大洪沟系统	城关区大洪沟系统发生泥流,毁坏田地 275 亩,毁坏房屋 600间,毁坏公路 3.6 km
1986 年6 月 28 日	城关区徐家湾	城关区徐家湾地区 6 条沟谷发生泥石流,总共冲出泥沙约 6 万 m³,其中 4.1 万 m³ 堆积于沟道中,使徐家湾至十里店道路中断交通 3 天
1990 年夏天	城关区大洪沟系统	城关区大洪沟系统发生泥流,冲毁皋兰山乡的砂场场房 10 余间,地道门口设施被毁,停淤场淤积 1.3 m,一名女子被冲入停淤场昏厥,因抢救及时脱险
2002 年10 月 19 日	兰州市城关区青白石乡境大浪沟	兰州市城关区青白石乡境大浪沟某开发区因从黄河内抽水上来用于地基加固,导致溃坝发生特大泥石流。泥石流将柳忠高速公路以北护坡下东西近千米长、南北宽 500 多 m 的菜地全部淹没,泥石流还淹没了青白石乡中学操场
2005 年7 月 26 日	安宁区深沟	安宁区深沟发生洪水,大约 0.5 h,泥石俱下,洪水距十里店桥面仅余 40 cm 左右,情况较严重,所幸未造成人员伤亡及财产损失
2006 年6 月 16 日	城关区老虎沟	位于老虎沟沟道内的煤炭北山林场蓄水池决口,400 多 m³ 的水瞬时沿沟道下泻,形成泥石流。由于排导渠被堵塞,泥石流未能及时排泄到黄河中,致使大量的泥沙堆积在北滨河路上,造成交通临时中断
2008 年7 月 22 日	城关区石沟	城关区青白石街道办石沟村遭到一场长达 3 个半小时的暴雨袭击。其间发生泥石流,致使村农作物受灾面积达 500 亩,150 多间房屋受到损害,道路、地下管道被冲断,部分电路出现故障,直接经济损失 60 多万元
2008 年10 月 22 日	安宁区大青山	安宁区大青山上的兰州金帝顺游乐有限公司滑雪场将水库中 5 000 余 m³ 存水顺山涧排出,因排河洪道堵塞,致使泥石流直涌万新路,造成万新路大面积被淤泥淤积
2010 年 5 月28 日晚	七里河区黄峪沟	兰州市出现强雷阵雨天气,七里河区西果园镇湖滩村、堡子村、上果园村和黄峪乡尖山村、赵李家洼村发生特大暴雨,致使黄峪沟暴发山洪—泥石流,致使 1 人失踪,造成直接经济损失 3 711.4 万元

5.1.3.3 地质灾害危害特征

沟道区分布的滑坡、崩塌体规模较小,周边多为荒野,居民和建筑物较少,滑坡、崩塌的危害较小。但沟道区域滑坡、崩塌等地质灾害为沟道泥石流的形成提供了丰富的松散固体物质来源,而泥石流的发生则直接危害兰州城区的居民、建筑物、重要交通干线、厂矿及市政工程等设施,严重阻碍了区内人民群众的正常生活及生产建设。根据以上地质灾害调查和历史灾情分析,泥石流的危害主要表现在以下几个方面。

(1)危害居民区、村庄、厂矿企业。随着兰州市城区的发展和扩张,大部分沟道的沟口甚至沟道下游已被居民区、厂矿企业的建筑所挤占。泥石流以冲毁和淤埋等形式对沿线居民区、村庄、厂矿企业造成较大危害。

(2)危害公路及输电、通信线路等市政工程设施。沟道泥石流的暴发也严重威胁着公路及输电线路等市政工程设施的安全。如1951年8月,雷坛河暴发泥石流,冲毁桥梁,中断交通;1984年6月、1988年7月,兰州市徐家湾一带,暴发泥石流,淤塞公路,致使交通中断;2006年6月16日老虎沟发生泥石流,致使大量的泥沙堆积在北滨河路上,交通中断。

(3)毁坏耕地农田。区内泥石流、滑坡、崩塌灾害对耕地、农田的危害十分突出,并且点多面广。如1966年7月8日,大砂沟暴发的泥石流冲毁土地2 300亩,粮食1万斤❶,淤埋面积4 km²。

5.2 沟道泥石流形成条件及其特征

综上所述,沟道区地质危害尤以泥石流灾害发生频繁,且危害大,本节专门论述。

5.2.1 沟道泥石流形成条件

泥石流的形成受多种因素的制约和影响,主要有地质构造、沟谷地形、暴雨洪水、沟谷内松散固体物质条件、植被覆盖和人类工程活动等。

5.2.1.1 地质构造

兰州地区位于祁连山褶皱带的东延部分,经历了加里东、印支、燕山、喜马拉雅山等各期造山运动,构造形态十分复杂,尤其受青藏高原强烈隆升的影响,使地形高差抬升200~250 m,区域地质构造控制了泥石流的分布。兰州市大部分地区被厚层黄土所覆盖,基岩也以岩性较软的泥质岩石为主,有泥岩、砂砾岩和砂页岩等,其次为变质岩和少量花岗岩体。这些岩石受多次构造运动的影响,节理、片理、断裂发育,极易风化破碎,造成沟谷内滑坡、坍塌等不良地质现象分布,加速了山洪—泥石流灾害的形成。

5.2.1.2 沟谷地形

地形地貌对泥石流灾害的影响主要表现在沟床比降、沟坡坡度、流域形态、面积、相对高差等方面。

沟床比降既表现沟谷坡面侵蚀与沟道侵蚀的相互关系,又反映出泥石流沟的发育状

---

❶ 1斤=0.5 kg,余同。

况。通过对区内泥石流沟谷的沟床比降进行统计发现,流域面积小于 30 km² 的沟道沟床比降一般大于 50‰,平均比降为 110‰,其中比降大于 150‰ 的沟道占 25.3%;流域面积大于 30 km² 的沟道沟床比降一般为 10‰~30‰。沟床比降特别是流域面积较小的沟道的沟床比降对泥石流的形成和运动非常有利。

各单沟沟谷横断面大部分呈 V 形,沟谷坡度一般为 35°~55°。V 形断面以及较陡的谷坡有利于泥石流固体物质的补给,且沟坡坡度越大,坡面流速和沟道汇流速度越快,降雨形成洪峰所需的时间越短。

流域面积、形态和沟道的发育密度也是泥石流发育的重要地形因素。研究区沟道流域形态以长条状和勺状最为典型,如前所述,流域面积与主沟道长度呈正比,而与主沟道比降呈反比,流域面积较小的沟道往往沟床比降较大。另外,黄河南岸共发育山洪沟道 37 条,平均发育密度为 0.93 条/km;北岸共发育山洪沟道 68 条,平均发育密度为 1.58 条/km,北岸沟道较南岸发育密集,尤其在北岸城关区徐家湾一带沟道发育最为密集。兰州市城区沟道以面积小于 10 km² 的小型沟道为主,总数达 85 条,占总沟道的 81%。地形切割破碎程度高,对该区地质灾害的产生及地表径流的快速形成非常有利。

总体而言,大多数沟道均利于洪水的迅速汇集,形成山洪—泥石流灾害。地形地貌是泥石流发生的基础条件。

5.2.1.3 暴雨洪水

根据气象资料,兰州市区多年平均降水量为 293.9 mm,降水年内分配不均,8 月最多,平均降水量为 64.7 mm,占年降水量的 22%。兰州市短历时高强度降水较多,降水集中,实测日最大降水量为 56.9 mm(1990 年 8 月 1 日),小时最大暴雨量为 51.9 mm,10 min 最大降水量为 18.6mm。本区大暴雨较多,降水的年际变化较大,降水历时短,强度大,为山洪—泥石流灾害的形成提供了气象条件。

依据《泥石流灾害防治工程勘查规范》(DZ/T 0220—2006)附录 B 计算该区暴雨强度指标 R,计算公式为

$$R = K\left[H_{24}/H_{24(D)} + H_1/H_{1(D)} + H_{1/6}/H_{1/6(D)}\right]$$

式中　　K——前期降雨量修正系数,现阶段可假定 $K = 1.1 \sim 1.2$;

　　　　H_{24}——24 h 最大降雨量,mm;

　　　　H_1——1 h 最大降雨量,mm;

　　　　$H_{1/6}$——10 min 最大降雨量,mm;

　　　　$H_{24(D)}$、$H_{1(D)}$、$H_{1/6(D)}$——该地区可能发生泥石流的 24 h、1 h、10 min 的降雨量界限值,见表 5.2-1。

表 5.2-1　可能发生泥石流的降雨量界限值　　　　　　　　　　(单位:mm)

年均降雨分区	$H_{24(D)}$	$H_{1(D)}$	$H_{1/6(D)}$	代表地区(以当地统计结果为准)
<500	25	15	5	青海、新疆、西藏及甘肃、宁夏两省区的黄河以西地区

根据《甘肃泥石流》(1981 年)等当地研究统计资料,兰州地区小时降雨量为 20~35 mm 时,一般沟道就会产生山洪—泥石流灾害。沟谷短浅、固体物质丰富的徐家湾一带,

每小时降水 15 ~20 mm 时就有泥石流发生。

依据上述计算公式并结合当地研究统计资料,徐家湾一带暴雨强度指标(R)为 8.5 ~ 11.3,发生泥石流的概率大于 0.65,其他区域暴雨强度(R)为 4.8~8.5,发生泥石流的概率为 0.21~0.65。计算结果表明,强降水是泥石流发生的触发条件,兰州市区的泥石流属于典型的暴雨型泥石流。

5.2.1.4　沟谷内松散固体物质条件

沟道松散堆积固体物质主要来源于坡残积松散堆积、沟道冲洪积物堆积、滑坡体、崩塌体等。研究区出露地层以第四系黄土、新近系和白垩系泥岩、砂岩为主,局部沟道出露前寒武系皋兰群变质岩。岩性松软、破碎和结构稳定性差为其主要特征。软弱地层不仅表层松软破碎,而且在沟谷陡坡地带易形成滑坡体、崩塌体,为泥石流的形成提供了充分的物质条件。

根据调查统计,各沟道中固体物质储量大于 50 万 m³/km² 的占 2.9%,10 万 ~ 50 万 m³/km² 的占 26.7%,5 万~10 万 m³/km² 的占 17.1%,1 万~5 万 m³/km² 的占 36.2%,小于 1 万 m³/km² 的占 17.1%。

5.2.1.5　植被覆盖

植被对防治水土流失具有十分重要的意义。繁茂的地表植物可以积蓄部分雨洪,减缓山坡雨水流速,阻止侵蚀,保护山坡,抑制泥石流的发生。受气候和地形影响,兰州地区植被覆盖率差,平均覆盖率为 15%~20%,对控制坡面松散固体物质的作用弱。近年来南北两山绿化工作初见成效,但主要集中在城区前缘山坡,对有效抑制沟道山洪—泥石流灾害的发生作用较小。

5.2.1.6　人类工程活动

随着人口的增加和开发力度的加大,兰州市区南北两山沟谷内人类活动强度越来越大,为沟道泥石流的产生提供了大量的松散物质来源。具体表现为:

(1)挖山填沟。随着城市扩张,城区向南北两山的一些沟谷中扩展,土地平整、拓展建筑用地活动在沟道中常见,人工造成大量松散堆积高边坡。在暴雨条件下,松散土体达到饱和状态可能触发滑动破坏,为泥石流的产生提供大量松散物源。

(2)沟口处建筑物挤占和沟道内随意倾倒垃圾。工业、建筑和生活垃圾的堆弃,以及居民和工业厂房对沟道的挤占,不仅压缩了沟槽行洪断面,而且增加了泥石流固体物质的来源。

(3)公路和隧道等工程弃渣弃土。目前南北两山均有在建公路,公路沿黄河走向,几乎与每条沟道都有交叉,施工过程中坡面或隧道开挖造成大量松散土体在沟道或坡面堆积。另外,南北环城高速的修建阻断了部分沟道与河洪道的连接。

因此,日益活跃的人类工程活动会进一步加剧沟道泥石流灾害的暴发强度和频率。

5.2.2　沟道泥石流易发程度及其基本特征

5.2.2.1　易发程度判别

通过野外单沟地质调查,对 105 条沟道泥石流易发程度进行判别,主要依据有《泥石流灾害防治工程勘查规范》(DZ/T 0220—2006)附录 G.1、沟道泥石流历史灾情和暴发频率以及人类活动对沟道的改造现状等。

依据《泥石流灾害防治工程勘查规范》(DZ/T 0220—2006)附录 G.1(见表 5.2-2),根据反映泥石流活动条件的各种要素,选择 15 项代表因素进行数量化处理(见表 5.2-3),15项因素评分后,得分之和在 44 分以上的均可视为泥石流沟,在 44 分以下的则为非泥石流沟。

同时,兰州市城区近 80 年来发生的有记载的历史山洪—泥石流灾害情况(见 5.1.3)也作为判别各沟道泥石流易发程度的重要依据。此外,由于沟道区域毗邻城区,近年来人类活动诸如挖山填沟、松散物质人工堆积、建筑物挤占沟道等日益严重,很大程度上改变了某些沟道的地形条件、松散物质堆积情况等泥石流形成条件,也应作为判别沟道泥石流易发程度的依据之一。

表 5.2-2　泥石流沟易发程度数量化综合评判等级标准

是与非的判别界限值		划分易发程度等级的界限值	
		等级	按标准得分 N 的范围自判
是	44~130	极易发	116~130
		易发	87~115
		轻度易发	44~86
非	15~43	不发生	15~43

表 5.2-3　泥石流沟易发程度数量化评分

序号	影响因素	量级划分							
		极易发(A)	得分	中等易发(B)	得分	轻度易发(C)	得分	不易发生(D)	得分
1	崩塌、滑坡及水土流失(自然和人为活动的)严重程度	崩塌滑坡等重力侵蚀严重,多层滑坡和大型崩塌,表土疏松,冲沟十分发育	21	崩塌、滑坡发育,多层滑坡和中小型崩坍,有零星植被覆盖,冲沟发育	16	有零星崩塌、滑坡和冲沟存在	12	无崩塌、滑坡、冲沟或发育轻微	1
2	泥沙沿程补给长度比	>60%	16	60%~30%	12	30%~10%	8	<10%	1
3	沟口泥石流堆积活动	主河河形弯曲或堵塞,大河主流受挤压偏移	14	主河河形无较大变化,仅大河主流受迫偏移	11	主河河形无变化,大河主流只在高水偏,低水不偏	7	主河无河形变化,主流不偏	1

续表 5.2-3

序号	影响因素	量级划分							
		极易发（A）	得分	中等易发（B）	得分	轻度易发（C）	得分	不易发生（D）	得分
4	河沟纵坡	>21.3%	12	21.3%~10.5%	9	10.5%~5.2%	6	<5.2%	1
5	区域构造影响程度	强抬升区，6级以上地震区，断层破碎带	9	抬升区，4~6级地震区，有中小支断层	7	相对稳定区，4级以下地震区，有小断层	5	沉降区，构造影响小或无影响	1
6	流域植被覆盖率	<10%	9	10%~30%	7	30%~60%	5	>60%	1
7	河沟近期一次变幅(m)	>2	8	1~2	6	1~0.2	4	<0.2	1
8	岩性影响	软岩、黄土	6	软硬相间	5	风化强烈和节理发育的硬岩	4	硬岩	1
9	沿沟松散物储量（万 m³/km²）	>10	6	5~10	5	1~5	4	<1	1
10	沟岸山坡坡度	>32°	6	25°~32°	5	15°~25°	4	<15°	1
11	产沙区沟槽横断面	V形谷、U形谷、谷中谷	5	拓宽U形谷	4	复式断面	3	平坦型	1
12	产沙区松散物平均厚度(m)	>10	5	5~10	4	1~5	3	<1	1
13	流域面积(km²)	0.2~5	5	5~10	4	10~100	3	>100	1
14	流域相对高差(m)	>500	4	300~500	3	100~300	3	<100	1
15	河沟堵塞程度	严重	4	中等	3	轻微	2	无	1

5.2.2.2 沟道泥石流灾害特征

根据调查分析,兰州市沟道泥石流灾害具有以下特征(见表 5.2-4):

(1)易发程度,在调查的 105 条沟道中,泥石流活动程度为易发的有 36 条,占 34.3%;轻度易发的有 56 条,占 53.3%;不发生的有 13 条,占 12.4%。沟道泥石流活动程度以轻度易发为主。

(2)暴雨型泥石流,本区大暴雨较多,降水的年际变化较大,降水历时短,强度大,为山洪—泥石流灾害的形成提供了气象条件。计算结果表明,强降水是泥石流发生的触发条件,泥石流属于典型的暴雨型泥石流。

(3)低频泥石流,根据兰州泥石流历史灾情记录,兰州沟道泥石流一般为低频泥石流。

(4)物质组成以泥流为主,根据泥石流物质组成,泥流占 56.5%,泥石流占 43.5%。

(5)流体性质以稀性为主,根据计算结果,重度小于 1.60 t/m^3 的稀性泥石流占60.8%,而所有泥石流重度均小于 1.80 t/m^3。

(6)受人类活动影响较大,近年来人类活动诸如挖山填沟、松散物质人工堆积、建筑物挤占沟道等日益严重,很大程度上改变了某些沟道的地形条件、松散物质堆积情况等泥石流形成条件,部分沟道某种程度可能造成人工泥石流。泥石流灾害危害程度有逐年增大的趋势。

(7)沟道出山口直接面向兰州市城区,泥石流灾害发生后如不能顺利通过城区河洪道排导入黄河,将对城区居民和财产产生重大威胁。

表 5.2-4 沟道泥石流类型统计

分类依据	类型	分类指标及特征	数量(条)	占总数的比例(%)
物质组成	泥流	粉砂、黏粒为主,粒度均匀,98%的小于 2.0 mm,重度≥1.30 t/m^3	52	56.5
	泥石流	可含黏、粉、砂、砾、卵、漂各级粒度,很不均匀,重度≥1.30 t/m^3	40	43.5
流体性质	稀性	浆体由不含或少含黏性物质组成,黏度值<0.3 Pa·s,不形成网格结构,不会产生屈服应力,为牛顿体,容重 1.30～1.60 t/m^3	56	60.8
	黏性	浆体由富含黏性物质(黏土、<0.01mm 的粉砂)组成,黏度值>0.3 Pa·s,形成网格结构,产生屈服应力,为非牛顿体,容重1.60～2.30 t/m^3	36	39.2
易发程度	极易发	崩坍、滑坡等重力侵蚀严重,表土疏松,冲沟十分发育;泥沙沿程补给长度比大于 60%;河沟纵坡>12°,流域植被覆盖率小于 10%,沿沟松散物储量大于 10 万 m^3/km^2;沟岸山坡度大于 32°,产砂区沟槽横断面呈 V 形、U 形或谷中谷,河沟堵塞程度严重。泥石流沟易发程度数量化评分≥116 分	0	0

续表 5.2-4

分类依据	类型	分类指标及特征	数量（条）	占总数的比例（%）
易发程度	易发	崩坍、滑坡发育，有零星植被覆盖，冲沟发育；泥沙沿程补给长度比 30%～60%；河沟纵坡 6°～12°，流域植被覆盖率 10%～30%，沿沟松散物储量 5 万～10 万 m³/km²；沟岸山坡坡度 25°～32°，产砂区沟槽横断面呈宽 U 形谷，河沟堵塞程度中等。泥石流沟易发程度数量化评分 87～115 分	36	34.3
	轻度易发	有零星崩坍、滑坡和冲沟存在；泥沙沿程补给长度比 10%～30%；河沟纵坡 3°～6°，流域植被覆盖率 30%～60%，沿沟松散物储量 1 万～5 万 m³/km²；沟岸山坡坡度 15°～25°，产砂区沟槽横断面呈复式断面，河沟堵塞程度轻微。泥石流沟易发程度数量化评分 44～86 分	56	53.3
	不发生	无零星崩坍、滑坡、冲沟或发育轻微；泥沙沿程补给长度比小于 10%；河沟纵坡<3°，流域植被覆盖率>60%，沿沟松散物储量<1 万 m³/km²；沟岸山坡坡度<15°，产砂区沟槽横断面呈复式断面平坦型，河沟无堵塞情况。泥石流沟易发程度数量化评分<43 分	13	12.4
规模	特大型	泥石流一次堆积总量>100 万 m³	2	2.2
	大型	泥石流一次堆积总量 10 万～100 万 m³	9	9.8
	中型	泥石流一次堆积总量 1 万～10 万 m³	28	30.4
	小型	泥石流一次堆积总量<1 万 m³	53	57.6

5.2.3　沟道泥石流流量参数

5.2.3.1　泥石流重度

泥石流重度取值常用的方法有以下几种：

（1）经验判断法（体积比法）。计算公式为

$$\gamma_c = S_V \gamma_H + (1 - S_V) \gamma_B$$

式中　γ_c——泥石流重度，kN/m^3；

　　　γ_H——固体颗粒重度，kN/m^3，取 26 kN/m^3；

　　　γ_B——水的重度，kN/m^3，取 10 kN/m^3；

　　　S_V——泥石流中固体物质的体积百分比含量。

（2）固体物质储备量计算法。按陇南地区的经验公式计算：

$$r_c = 11.0 A^{0.11}$$

式中　r_c——泥石流容重，kN/m^3；

　　　A——单位面积可补给泥石流的固体物质储量，万 m^3/km^2。

（3）根据规范泥石流量化评分（N）与重度、$(1+\varPhi)$关系对照表取值。

根据现场沟道调查与泥石流易发程度量化评分成果，查询《泥石流灾害防治工程勘查规范》（DZ/T 0220—2006）表 G.2，对照表取值。

本次沟道泥石流重度取值主要参考规范泥石流量化评分（N）与重度关系对照表取值，同时采用体积比法和固体物质储备量计算法加以对比和验证。

5.2.3.2　泥石流流量参数

由于泥石流形成条件复杂，泥石流影响因素多，流量计算十分困难，形态调查法和雨洪法计算是较为常见的方法。

形态调查法是在泥石流沟道中选择 2~3 个测流断面，仔细查找泥石流过境后留下的痕迹，然后确定泥位。最后测量这些断面上的泥石流流面比降、泥位高度和泥石流过流断面面积等参数。用相应的泥石流流速计算公式，求出断面平均流速后计算泥石流断面峰值流量。该计算方法能根据泥位较好地推测历史灾情中泥石流峰值流量，但在本项目沟道现场调查中，沟道断面少见清晰泥痕，用该方法计算泥石流峰值流量较为困难。

根据本地区多年来的实践，雨洪法计算比较符合兰州地区的实际情况。在泥石流与暴雨同频率且同步发生、计算断面的暴雨洪水设计流量全部转变成泥石流流量的假设下建立计算方法，其计算步骤是先按水文方法计算出断面不同频率下的小流域暴雨洪峰流量。然后选用堵塞系数和泥石流泥沙修正系数，按下列公式计算泥石流峰值流量。

$$Q_{\mathrm{c}} = (1+\varPhi)Q_{\mathrm{p}} \cdot D_{\mathrm{c}}$$

式中　Q_{c}——频率为 P 的泥石流洪峰值流量，m^3/s；

　　　Q_{p}——频率为 P 的暴雨洪水设计流量，m^3/s；

　　　D_{c}——泥石流堵塞系数；

　　　$\varPhi$——泥石流泥沙修正系数，计算公式为

$$\varPhi = (\gamma_{\mathrm{c}} - \gamma_{\mathrm{w}})/(\gamma_{\mathrm{h}} - \gamma_{\mathrm{c}})$$

式中　γ_{c}——泥石流重度，t/m^3；

　　　γ_{w}——清水的比重，t/m^3；

　　　γ_{h}——泥石流中固体物质比重，t/m^3。

（1）暴雨洪水设计流量（Q_{p}）和泥沙修正系数（$\varPhi$）取值。

百年一遇暴雨洪水设计流量（Q_{p}）直接采用本项目水文专业计算成果。泥沙修正系数（$\varPhi$）主要参考《泥石流灾害防治工程勘查规范》（DZ/T 0220—2006）表 G.2 取值。与此同时，本项目地质灾害危险性评估专题承担单位甘肃省科学院地质自然灾害防治研究所也对沟道泥石流进行了独立调查评价工作。在综合对比分析其评价成果和本次调查评价成果基础上，提出沟道泥石流增加系数（$1+\varPhi$）取值，见表 5.2-6。

（2）堵塞系数（D_{c}）取值。

《泥石流灾害防治工程勘查规范》（DZ/T 0220—2006）附录 I 中对堵塞系数的取值给出了经验判别表（见表 5.2-5）。表中将泥石流堵塞程度分为严重、中等和轻微三类，其判别特征主要从泥石流沟地形条件、泥石流流体稠度及泥石流阵流间隔时间等三方面考虑，堵塞系数的取值从 1.0 至 2.5，幅度较大。结合本工程沟道实际情况，大部分沟道河槽顺直，基本无卡口或陡坎，形成区分散。沟谷山坡一般陡峻、比降大，形成的洪水—泥石流集

流快、来势猛,陡涨陡落,具有明显的突发性、短历时和强度大的特点。因此,可以判断大部分沟道堵塞程度为轻微,堵塞系数小于1.5。

表 5.2-5 规范中泥石流堵塞系数(D_c)取值经验表

堵塞程度	特征	堵塞系数 D_c
严重	河槽弯曲,河段宽窄不均,卡口、陡坎多。大部分支沟交汇角度大,形成区集中。物质组成黏性大,稠度高,河槽堵塞严重,阵流间隔时间长	>2.5
中等	河槽较顺直,沟段宽窄较均匀,陡坎、卡口不多。主支沟交汇角多小于60°,形成区不太集中。河床堵塞情况一般。流体多呈稠浆—稀粥状	1.5~2.5
轻微	沟槽顺直均匀,主支沟交汇角小,基本无卡口、陡坎,形成区分散。物质组成黏度小,阵流的间隔时间短而少	<1.5

从表5.2-5可以看出,相同堵塞程度其堵塞系数的大小相差较大。为客观确定堵塞系数,使之更加符合工程实际,便于工程应用,本次确定堵塞系数时,也充分考虑了影响堵塞系数的其他因素,具体如下。

(1)沟床植被发育程度、沟床粗糙程度。黄土地区沟床平坦,流体中大块石较少,沟床植被不发育。因此,树木、植被、巨石阻河床现象少见。

(2)滑坡、崩塌体及堆积体发育程度及位置。滑坡、崩塌体的集中发育,在暴雨条件下发生破坏造成沟床的堵塞,会增大泥石流的峰值流量。

(3)泥石流流体性质。稀性泥石流一般较黏性泥石流堵塞程度小。

(4)泥石流物质组成、粒度及物源堆积物密度等因素。

(5)人类活动影响。沟槽中由于人类活动造成松散物大量堆积或建筑物挤占沟槽,从而造成沟槽堵塞。

(6)历史灾情。对于历史上泥石流灾害严重的沟道,堵塞系数在规范取值区间取大值。

另外,当地前期已有的研究成果对其沟道堵塞系数的取值也是一个重要的参考。《兰州市城区河洪道山洪灾害调查评价报告》(2012年)兰州市城区沟道堵塞系数均取值1.0;《安宁北山泥石流大型地质灾害综合防治可行性研究》(2009年)报告中对泥马沙沟、大青沟、大沙沟、咸水沟、关山沟、深沟等6条沟道泥石流堵塞系数取值为1.2~1.5;《兰州市南山路沿线城市地质灾害治理方案》(2010年)对南山寺儿沟、黄峪沟、烂泥沟等20条沟道泥石流堵塞系数取值为1.0~1.5。《兰州市寺儿沟、元托峁沟等5条特大型泥石流灾害综合治理可行性研究报告》(2009年)中对寺儿沟、元托峁沟等5条沟道泥石流堵塞系数取值均为1.1。需要说明的是,上述调查研究成果均未就堵塞系数取值的依据进行阐述。

综合考虑以上因素,提出沟道泥石流堵塞系数综合取值(见表5.2-6)。

针对上述泥石流流量参数调查取值,收集了丰富的相关资料,经内外部研究讨论后,

进行了必要的修正,提出沟道泥石流特征简表以及泥石流流量参数建议值,见表 5.2-7~
表 5.2-10。

表 5.2-6　单沟泥石流流量参数取值

序号	沟名	易发程度量化评分	泥石流增加系数($1+\Phi$)	沟道堵塞特征	堵塞程度	其他影响因素	综合取值(D_c)
X1	宣家沟	77~92	1.492~1.637	沟槽顺直,无卡口、陡坎,形成区分散,阵流间隔时间短而少	轻微	沟床较平坦,阻床现象少,流体为稀性	1.1~1.2
X2	柳泉沟	86~88	1.565~1.586	沟槽顺直,中上游段狭窄,下游段由于人工填埋存在卡口	中等	流体为黏性	1.5~1.6
X3	白崖沟	64~69	1.386~1.426	沟槽顺直,无卡口、陡坎,形成区分散,阵流间隔时间短而少	轻微	沟道现为垃圾填埋场,松散堆积较多	1.0~1.2
X4	红石崖沟	62~76	1.370~1.483	沟槽顺直,无卡口、陡坎,形成区分散,阵流间隔时间短而少	轻微	下游沟槽受建筑物或人为松散堆积物挤占	1.0~1.3
X5	寺儿沟	92~94	1.637~1.663	沟槽较顺直,基本无卡口、陡坎,形成区分散,阵流间隔时间短而少	轻微	沟道中建筑工地分布多,沟槽临时厂房和松散堆积物较多	1.3
X6	元托峁沟	65~72	1.394~1.451	沟槽较顺直,无卡口、陡坎,形成区分散,阵流间隔时间短而少	轻微	沟口沟槽已被废品收购站挤占	1.0~1.1
X7	来家沟	65~75	1.394~1.475	沟槽较顺直,无卡口、陡坎,形成区分散,阵流间隔时间短而少	轻微	沟口沟槽建筑物挤占	1.0~1.1
X8	野狐沟	76~78	1.483~1.500	沟槽较顺直,无卡口、陡坎,形成区分散,阵流间隔时间短而少	轻微	沟槽被房屋挤占较严重	1.1~1.2
X9	洪水沟	77~96	1.492~1.565	沟槽较顺直,基本无卡口、陡坎,形成区分散,阵流间隔时间短而少	轻微	稀性,大量弃土弃渣在左岸小支沟中堆积	1.2

续表 5.2-6

序号	沟名	易发程度量化评分	泥石流增加系数(1+$\varPhi$)	沟道堵塞特征	堵塞程度	其他影响因素	综合取值(D_c)
X10	马耳山沟	不发生		沟槽顺直,无卡口、陡坎,阵流间隔时间短而少	轻微	沟槽建筑已拆除并清理	1.0
X11	脑地沟	97	1.701	沟槽顺直,阵流间隔时间短而少。中下游沟床深切,沟槽在建垃圾填埋场,阻碍行洪	中等	中下游处黄土滑坡发育	1.5~1.6
X12	小坪子西沟	不发生					
X13	小坪子沟	41~56	1.0~1.321	沟槽顺直,无卡口、陡坎,阵流间隔时间短而少	轻微	泥石流为稀性,沟口存在民房挤占	1.0~1.1
X14	白也沟	88~95	1.586~1.676	沟槽较顺直,基本无卡口、陡坎,阵流间隔时间短而少	轻微	中下游沟槽内厂房及其堆积物挤占严重	1.3~1.4
X15	黄胶泥沟	87~92	1.577~1.637	沟槽较顺直,基本无卡口、陡坎,阵流间隔时间短而少	轻微	沟道下游被厂房挤占严重	1.2~1.3
X16	八面沟	92~99	1.637~1.727	沟道呈蛇形,弯曲曲折,卡口不多,堵塞情况一般	中等	谷坡发育塌、滑坡,泥石流黏性	1.5~1.6
X17	萨拉坪东沟	101~104	1.753~1.791	沟槽较顺直,基本无卡口、陡坎,阵流间隔时间短而少	轻微	沟道断面呈深V形,谷底狭窄,崩滑体较多,泥石流为黏性	1.2~1.4
X18	盐西沟	107~112	1.830~1.894	沟槽顺直,无卡口、陡坎,阵流间隔时间短而少	轻微	滑坡、崩塌及堆积体发育较集中	1.2~1.3
Q1	供热站西沟	不发生					
Q2	供热站东沟	43~60	1.0~1.353	沟槽顺直,无卡口、陡坎,形成区分散,阵流间隔时间短而少	轻微	沟床较平坦,植被稀少,流体呈稀性	1.0~1.1

续表 5.2-6

序号	沟名	易发程度量化评分	泥石流增加系数(1+Φ)	沟道堵塞特征	堵塞程度	其他影响因素	综合取值(D_c)
Q3	大金沟	82~90	1.532~1.611	沟槽顺直,主支沟交汇角小,无陡坎,形成区分散,阵流间隔时间短而少	轻微	植被稀少,无大块石,崩塌、滑坡不发育,流体呈稀性	1.1~1.2
Q4	小金沟	87~92	1.577~1.637	中游沟槽较曲折,其他部位顺直,基本无卡口、陡坎,形成区不太集中,河床堵塞一般	轻微~中等	植被稀少,崩塌、滑坡一般发育,流体呈黏性	1.3~1.5
Q5	石板沟	86	1.565	沟槽顺直,沟谷深切,主支沟交汇角小,基本无陡坎,形成区分散,阵流间隔时间短而少	轻微	植被较发育,崩塌、滑坡发育,流体呈稀性	1.2~1.3
Q6	李家沟			不发生			
Q7	路家咀沟			不发生			
Q8	狸子沟	80~87	1.516~1.577	沟槽顺直,主支沟交汇角小,基本无陡坎、卡口,形成区分散	轻微	崩塌、滑坡一般发育,流体呈黏性	1.1~1.2
Q9	黄峪沟	86~88	1.565~1.586	沟槽顺直,主支沟交汇角小,基本无陡坎、卡口,形成区分散	轻微	崩塌、滑坡一般发育,流体呈黏性	1.1~1.2
Q10	深沟	81~86	1.524~1.565	沟槽顺直,主支沟交汇角小,基本无陡坎、卡口,形成区分散	轻微	崩塌、滑坡一般发育,流体呈黏性	1.2~1.3
Q11	园子沟			不发生			
Q12	韩家河	71~82	1.443~1.532	沟槽顺直,主支沟交汇角小,无陡坎、卡口,形成区分散	轻微	植被稀少,无大块石,崩塌、滑坡不发育,流体呈稀性	1.0
Q13	硷沟	88~89	1.586~1.599	沟槽顺直,主支沟交汇角小,无陡坎,形成区分散,阵流间隔时间短而少	轻微	崩塌、滑坡一般发育,流体呈黏性	1.2

续表 5.2-6

序号	沟名	易发程度量化评分	泥石流增加系数(1+Φ)	沟道堵塞特征	堵塞程度	其他影响因素	综合取值(D_c)
Q14	雷坛河	82~86	1.532~1.565	主沟槽顺直,无陡坎、卡口。其支沟较多,阿干镇段泥石流发育,存在河床堵塞情况	轻微	崩塌、滑坡一般发育,流体呈黏性	1.1
A1	盐沟	95~103	1.676~1.778	沟槽较顺直,无卡口、陡坎,形成区分散,阵流间隔时间短而少	轻微	沟槽人类活动强烈,流体为黏性	1.1~1.2
A2	泥马沙沟	80~82	1.516~1.532	主沟槽顺直,无卡口、陡坎,形成区分散,阵流间隔时间短而少	轻微	流域面积大,支沟较多,流体为稀性	1.1~1.2
A3	凤凰山沟	79~86	1.508~1.565	沟槽顺直,无卡口、陡坎,形成区分散,阵流间隔时间短而少	轻微	泥石流流体为稀性	1.0
A4	元台子沟	77~85	1.492~1.557	流域呈斗状,无卡口、陡坎,形成区分散,阵流间隔时间短而少	轻微		1.0
A5	李黄沟	84~87	1.549~1.577	沟槽顺直,基本无卡口、陡坎,形成区分散,阵流间隔时间短而少	轻微	坡面侵蚀严重,泥石流为黏性	1.2~1.3
A6	咸水沟	78~80	1.500~1.516	沟槽顺直,基本无卡口、陡坎,形成区分散,阵流间隔时间短而少	轻微	支沟较多,沟槽存在挤占现象,稀性	1.2
A7	骟马沟	82~87	1.532~1.577	沟槽顺直,基本无卡口、陡坎,形成区分散,阵流间隔时间短而少	轻微	支沟较多,沟槽采砂场等人类活动强烈	1.2
A8	仁寿山西沟、						
A9	仁寿山东沟	不发生					
A10	大沙沟	70~80	1.435~1.516	沟槽顺直,基本无卡口、陡坎,形成区分散,阵流间隔时间短而少	轻微	流域面积大,支沟多,主沟沟口人类活动强烈,稀性	1.1~1.2

续表 5.2-6

序号	沟名	易发程度量化评分	泥石流增加系数(1+Φ)	沟道堵塞特征	堵塞程度	其他影响因素	综合取值(D_c)
A12	施家湾三号沟	76~84	1.483~1.549	沟槽顺直,基本无卡口、陡坎,形成区分散,阵流间隔时间短而少	轻微	沟槽存在大量堆渣	1.0~1.1
A13	施家湾二号沟	不发生					
A14	施家湾一号沟	74~80	1.467~1.516	沟槽顺直,基本无卡口、陡坎,形成区分散,阵流间隔时间短而少	轻微	上游沟槽狭窄	1.0~1.1
A15	楼梯沟	81~84	1.524~1.549	沟槽顺直,基本无卡口、陡坎,形成区分散,阵流间隔时间短而少	轻微	稀性	1.1~1.2
A16	盐池沟	76~82	1.483~1.532	沟槽顺直,基本无卡口、陡坎,形成区分散,阵流间隔时间短而少	轻微	稀性	1.0~1.2
A17	蚂蚁沟	75~79	1.475~1.508	沟槽下游弯曲,存在陡坎,形成区分散,阵流间隔时间短而少	中等	黏性,中游存在较大不稳定堆积边坡,沟口被建筑物挤占	1.5~1.6
A18	大青沟	82~92	1.532~1.637	沟槽顺直,基本无卡口、陡坎,形成区分散,阵流间隔时间短而少	轻微	沟道上游被人工平整,下游沟槽较宽	1.1
A19	红道坡沟	73~79	1.459~1.508	沟槽顺直,无卡口、陡坎,形成区分散,阵流间隔时间短而少	轻微	稀性	1.0
A20	石槽沟	不发生					
A21	贼沟	81~84	1.524~1.549	沟槽顺直,基本无卡口、陡坎,形成区分散,阵流间隔时间短而少	轻微	沟口堆放有建筑、生活垃圾,部分堵塞沟道。稀性	1.1~1.3
A22	小青沟	81~82	1.524~1.532	沟槽顺直,基本无卡口、陡坎,形成区分散,阵流间隔时间短而少	轻微	稀性	1.1~1.2

续表 5.2-6

序号	沟名	易发程度量化评分	泥石流增加系数(1+Φ)	沟道堵塞特征	堵塞程度	其他影响因素	综合取值(D_c)
A23	山平子西沟	72~85	1.451~1.557	沟槽顺直,基本无卡口、陡坎,形成区分散,阵流间隔时间短而少	轻微	黄土谷坡侵蚀较严重,稀性	1.1~1.2
A24	山平子东沟	70~82	1.435~1.532	沟槽顺直,基本无卡口、陡坎,形成区分散,阵流间隔时间短而少	轻微	黄土谷坡侵蚀较严重,稀性	1.1~1.2
A25	深沟	78~79	1.500~1.508	沟槽顺直,无卡口、陡坎,形成区分散,阵流间隔时间短而少	轻微	稀性	1.1~1.2
A26	里程西沟	75~86	1.475~1.565	主沟槽顺直,无卡口、陡坎,形成区分散,阵流间隔时间短而少	轻微	支沟存在人工堆积阻断沟槽现象,稀性	1.1~1.2
A27	里程沟	80~89	1.516~1.599	沟槽顺直,无卡口、陡坎,形成区分散,阵流间隔时间短而少	轻微	沟槽堆积大量碎石,稀性	1.2
A28	小关山沟	67~86	1.410~1.565	沟槽顺直,无卡口、陡坎,形成区分散,阵流间隔时间短而少	轻微	沟槽存在建筑及堆渣挤占,下游沟道收窄,黏性	1.1~1.3
A29	关山沟	82~87	1.532~1.577	沟槽顺直,无卡口、陡坎,形成区分散,阵流间隔时间短而少	轻微	沟槽存在建筑及采石场堆渣挤占,稀性	1.2~1.3
A30	枣树西沟	75~87	1.475~1.577	沟槽顺直,无卡口、陡坎,沟槽宽窄不均,形成区分散,阵流间隔时间短而少	轻微	采石场挤占沟槽,黏性	1.2~1.3
A31	枣树沟	87~91	1.577~1.624	沟槽顺直,无卡口、陡坎,形成区分散,阵流间隔时间短而少	轻微	支沟较多,采石场挤占沟槽,稀性	1.2
A32	半截岔沟	79~91	1.508~1.624	沟槽顺直,无卡口、陡坎,形成区分散,阵流间隔时间短而少	轻微	黏性	1.1~1.2

续表 5.2-6

序号	沟名	易发程度量化评分	泥石流增加系数(1+Φ)	沟道堵塞特征	堵塞程度	其他影响因素	综合取值(D_c)
A33	咸马沟	86~92	1.565~1.637	沟槽顺直,无卡口、陡坎,形成区分散,阵流间隔时间短而少	轻微	黏性	1.1
A34	洄水湾沟	71~76	1.443~1.483	沟槽顺直,无卡口、陡坎,形成区分散,阵流间隔时间短而少	轻微	稀性	1.1~1.2
A35	圈沟	83~91	1.540~1.624	沟槽顺直,无卡口、陡坎,形成区分散,阵流间隔时间短而少	轻微	沟口处大量堆渣,黏性	1.1~1.3
A36	马槽沟	86~89	1.565~1.599	沟槽顺直,无卡口、陡坎,形成区分散,阵流间隔时间短而少	轻微	沟道受到挤占,过水断面收窄	1.2~1.3
C1	老虎西梁沟	80~88	1.516~1.586	沟槽顺直,无卡口、陡坎,形成区分散,阵流间隔时间短而少	轻微	上游谷坡崩坡积物发育,流体呈黏性	1.1~1.3
C2	老虎沟	81~91	1.524~1.624	沟槽较顺直,宽窄均匀,卡口、陡坎不多,主支沟交汇角较大,形成区不集中	轻微	流体呈黏性	1.2~1.4
C3	半截沟	87~92	1.577~1.637	沟槽顺直,无卡口、陡坎,形成区分散,阵流间隔时间短而少	轻微	植被较发育,崩塌、滑坡不发育,流体呈黏性	1.1~1.2
C4	单家沟	81~86	1.524~1.565	沟槽顺直,无卡口、陡坎,形成区分散,阵流间隔时间短而少	轻微	植被较发育,崩塌、滑坡不发育,流体呈黏性	1.2
C5	庙洼沟	71~86	1.443~1.565	沟槽顺直均匀,无卡口、陡坎,形成区分散,阵流间隔时间短	轻微	植被较发育,沟床较粗糙,流体呈黏性	1.1~1.3
C6	拱北沟	88~92	1.586~1.637	沟槽较顺直,基本无卡口、陡坎,主支沟交汇角较大,形成区不太集中	轻微	崩塌、滑坡发育,流体呈黏性	1.2~1.3

续表 5.2-6

序号	沟名	易发程度量化评分	泥石流增加系数(1+Φ)	沟道堵塞特征	堵塞程度	其他影响因素	综合取值(Dc)
C7	马家石沟	60~70	1.353~1.435	沟槽顺直均匀,无卡口、陡坎,形成区分散,阵流间隔时间短	轻微	植被较发育,西侧小支沟存在人工堵塞,流体呈稀性	1.0~1.2
C8	烧盐沟	79	1.508	沟槽顺直,无卡口、陡坎,形成区分散,阵流间隔时间短而少	轻微	崩塌、滑坡不发育,流体呈黏性	1.1
C9	罗锅沟	61~67	1.361~1.410	沟槽顺直,无卡口、陡坎,形成区分散,阵流间隔时间短而少	轻微		1.0~1.1
C10	东李家湾沟	78~83	1.500~1.540	沟槽顺直均匀,无卡口、陡坎,形成区分散,阵流间隔时间短	轻微	崩塌、滑坡不发育,沟口存在建筑物挤占,流体呈稀性	1.1
C11	大破沟			不发生			
C12	大砂沟	78~84	1.500~1.549	沟槽顺直均匀,无卡口、陡坎,形成区分散,阵流间隔时间短	轻微	支沟较多,主沟槽新建排洪渠道,流体呈稀性	1.2
C13	小沟	88~92	1.586~1.637	沟槽较顺直,存在卡口,形成区分散,河床局部堵塞	轻微~中等	植被较发育,沟槽人类活动强烈,建筑、弃土弃渣堆积普遍,流体呈黏性	1.3~1.5
C14	石门沟	75~77	1.475~1.492	沟槽顺直均匀,无卡口、陡坎,形成区分散,阵流间隔时间短	轻微	植被不发育,沟槽人类活动强烈,建筑、弃土弃渣堆积普遍,流体呈稀性	1.2~1.3
C15	枣树沟	80~82	1.516~1.532	沟槽顺直均匀,无卡口、陡坎,形成区分散,阵流间隔时间短	轻微	植被不发育,沟槽人类活动强烈,流体呈黏性	1.2~1.3
C16	叉不叉沟	69~77	1.426~1.492	沟槽顺直均匀,无卡口、陡坎,形成区分散,阵流间隔时间短	轻微	植被不发育,沟槽人类活动强烈,流体呈黏性	1.2~1.3
C17	交达沟	43~50	1.0~1.272	沟槽顺直均匀,无卡口、陡坎,阵流间隔时间短	轻微	两侧植被较发育,崩塌、滑坡不发育,流体呈稀性	1.0

续表 5.2-6

序号	沟名	易发程度量化评分	泥石流增加系数($1+\Phi$)	沟道堵塞特征	堵塞程度	其他影响因素	综合取值（D_c）
C18	小砂沟	80~83	1.516~1.540	沟槽顺直,无卡口、陡坎,形成区分散,阵流间隔时间短	轻微	植被较发育,崩塌、滑坡一般发育,流体呈稀性	1.2
C19	石沟	79	1.508	沟槽较顺直,基本无卡口、陡坎,形成区不太集中,河床堵塞	中等	植被较发育,沟床粗糙,沟槽存在多个在建施工项目,弃土弃渣堆积普遍,流体呈黏性	1.5
C20	上沟	43~59	1.0~1.345				1.0
C21	大浪沟	84~88	1.579~1.586	沟槽顺直,无卡口、陡坎,形成区分散,阵流间隔时间短	轻微	植被不发育,沟槽大量临时建筑、弃土弃渣挤占,流体呈黏性	1.2~1.3
C22	碱水沟	76~77	1.483~1.492	沟槽顺直,无卡口、陡坎,形成区分散,阵流间隔时间短	轻微	植被不发育,崩塌、滑坡一般发育,流体呈稀性	1.2
C23	神子沟	87~90	1.577~1.611	沟槽顺直,无卡口、陡坎,沟谷深切,形成区分散,阵流间隔时间短	轻微	植被不发育,崩塌、滑坡发育,流体呈黏性	1.1~1.3
C24	台湾沟	70~80	1.435~1.516	沟槽顺直,无明显卡口、陡坎,形成区分散,阵流间隔时间短	轻微	植被不发育,流体呈稀性	1.2
C25	小红沟	80~82	1.516~1.532	沟槽顺直,少见有陡坎,沟谷深切,形成区分散,阵流间隔时间短	轻微	植被不发育,崩塌、滑坡一般发育,河床轻微堵塞,流体呈黏性	1.2
C26	大红沟	77~85	1.492~1.557	沟槽顺直,基本无卡口、陡坎,形成区分散,阵流间隔时间短	轻微	植被不发育,崩塌、滑坡一般发育,流体呈黏性	1.2~1.3
C27	水源沟	76~77	1.483~1.492	沟槽顺直,无卡口、陡坎,形成区分散,阵流间隔时间短	轻微	植被不发育,崩塌、滑坡一般发育,流体呈稀性	1.1

续表 5.2-6

序号	沟名	易发程度量化评分	泥石流增加系数($1+\Phi$)	沟道堵塞特征	堵塞程度	其他影响因素	综合取值(D_c)
C28	大牛圈沟	79~86	1.508~1.565	沟槽顺直,基本无卡口、陡坎,形成区分散,阵流间隔时间短	轻微	植被不发育,崩塌、滑坡一般发育,流体呈黏性	1.2~1.3
C29	砂金坪沟	73~82	1.459~1.532	沟槽顺直,无卡口、陡坎,形成区分散,阵流间隔时间短	轻微	植被不发育,崩塌、滑坡一般发育,流体呈稀性	1.1
C30	琵琶林沟	72~84	1.451~1.549	沟槽顺直,无卡口、陡坎,形成区分散,阵流间隔时间短	轻微	植被不发育,崩塌、滑坡不发育,流体呈稀性	1.0~1.1
C31	老狼沟	90~100	1.611~1.740	沟槽较顺直,存在卡口、陡坎,形成区不太集中,河床堵塞一般	中等	植被不发育,崩塌、滑坡一般发育,流体呈黏性	1.8
C32	大洪沟	89	1.599	沟槽顺直,无卡口、陡坎,形成区分散,阵流间隔时间短	轻微	植被不发育,崩塌、滑坡发育,流体呈黏性	1.2~1.3
C33	小洪沟	91~93	1.624~1.650	沟槽顺直,无卡口、陡坎,形成区分散,阵流间隔时间短	轻微	植被不发育,沟谷深切,崩滑现象发育,流体呈黏性	1.3
C34	烂泥沟	82~88	1.532~1.586	沟槽顺直,无卡口、陡坎,形成区分散,阵流间隔时间短	轻微	植被不发育,崩塌、滑坡不发育,流体呈稀性	1.1~1.2
C35	鱼儿沟	81~93	1.524~1.650	沟槽顺直,无卡口、陡坎,形成区分散,阵流间隔时间短	轻微	植被不发育,崩塌、滑坡不发育,流体呈稀性	1.1
C36	阳洼沟	84	1.549	沟槽顺直,基本无卡口、陡坎,形成区分散,阵流间隔时间短	轻微	植被不发育,崩塌、滑坡一般发育,流体呈稀性	1.2
C37	左家沟	47~57	1.247~1.329	沟槽顺直,基本无卡口、陡坎,形成区分散,阵流间隔时间短			1.0~1.1

表5.2-7 安宁区沟道泥石流特征参数简表

编号	沟名	泥石流易发程度				泥石流类型划分				泥石流流量参数建议值		
		流域面积（km²）	松散物质储量（万m³/km²）	泥石流易发程度量化评分	易发程度等级	泥石流物质组成	流体性质	泥石流一次固体冲出量（万m³）	泥石流暴发规模	泥石流重度（t/m³）	泥石流流量增加系数（1+Φ）	堵塞系数 D_c
A1	盐沟	0.89	17.08	95~103	易发	泥流型	黏性	0.53	小型	1.66~1.71	1.66~1.76	1.1~1.2
A2	泥马沙沟	581.90	1.49	80~82	轻度易发	泥流型	稀性	227.96	特大型	1.55~1.57	1.50~1.52	1.1~1.2
A3	凤凰山沟	0.30	4.43	79~86	轻度易发	泥流型	稀性	0.15	小型	1.54~1.59	1.49~1.56	1.0
A4	元台子沟	0.13	23.58	77~85	轻度易发	泥流型	稀性	0.06	小型	1.53~1.59	1.47~1.55	1.0
A5	李黄沟	2.40	12.00	84~87	轻度易发	泥流型	稀性	1.01	中型	1.58~1.60	1.54~1.57	1.2~1.3
A6	咸水沟	5.69	1.28	78~80	轻度易发	泥流型	稀性	2.16	中型	1.54~1.55	1.48~1.50	1.2
A7	骗马沟	4.13	8.11	82~87	易发	泥流型	黏性	1.81	中型	1.57~1.60	1.52~1.57	1.2
A8	仁寿山西沟	0.12			不发生							
A9	仁寿山东沟	0.28			不发生							
A10	大沙沟	79.38	1.32	70~80	轻度易发	泥流型	稀性	26.22	大型	1.48~1.55	1.41~1.50	1.1~1.2
A11	施家湾四号沟	0.08			不发生							
A12	施家湾三号沟	0.14	22.0	76~84	轻度易发	泥石型	稀性	0.06	小型	1.52~1.58	1.46~1.54	1.0~1.1
A13	施家湾二号沟	0.15			不发生							

续表 5.2-7

编号	沟名	泥石流易发程度				泥石流类型划分				泥石流流量参数建议值		
		流域面积（km²）	松散物质储量（万 m³/km²）	泥石流易发程度量化评分	易发程度等级	泥石流物质组成	流体性质	泥石流最大一次固体冲出量（万 m³）	泥石流暴发规模	泥石流重度（t/m³）	泥石流流量增加系数（1+Φ）	堵塞系数 D_c
A14	施家湾一号沟	0.10	8.30	74~80	轻度易发	泥石型	稀性	0.04	小型	1.51~1.55	1.45~1.50	1.0~1.1
A15	楼梯沟	1.50	1.73	81~84	轻度易发	泥石型	稀性	0.52	小型	1.56~1.58	1.51~1.54	1.1~1.2
A16	盐池沟	0.24	2.05	76~82	轻度易发	泥石型	稀性	0.10	小型	1.52~1.57	1.46~1.52	1.0~1.2
A17	蚂蚁沟	0.60	7.52	75~79	轻度易发	泥石型	稀性	0.23	小型	1.52~1.54	1.46~1.49	1.5~1.6
A18	大青沟	7.05	14.70	82~92	轻度易发~易发	泥石型		3.41	小型	1.57~1.63	1.52~1.62	1.1
A19	红道坡沟	0.91	0.95	73~79	轻度易发	泥流型	稀性	0.35	小型	1.50~1.54	1.44~1.49	1.0
A20	石槽沟	1.05	0.41		不发生							
A21	陂沟	0.21	8.05	81~84	轻度易发	泥石型	稀性	0.09	小型	1.56~1.58	1.51~1.54	1.1~1.3
A22	小青沟	0.43	3.00	81~82	轻度易发	泥石型	稀性	0.17	小型	1.56~1.57	1.51~1.52	1.1~1.2
A23	山平子西沟	0.12	2.00	72~85	轻度易发	泥石型	稀性	0.05	小型	1.50~1.59	1.43~1.55	1.1~1.2
A24	山平子东沟	0.06	1.67	70~82	轻度易发	泥石型	稀性	0.02	小型	1.48~1.57	1.41~1.52	1.1~1.2
A25	深沟	65.58	0.96	78~79	轻度易发	泥石型	稀性	25.29	大型	1.54~1.54	1.48~1.49	1.1~1.2

续表 5.2-7

编号	沟名	泥石流易发程度				泥石流类型划分				泥石流流量参数建议值		
		流域面积（km²）	松散物质储量（万 m³/km²）	泥石流易发程度量化评分	易发程度等级	泥石流物质组成	流体性质	泥石流最大一次固体冲出量（万 m³）	泥石流暴发规模	泥石流重度（t/m³）	泥石流流量增加系数（1+Φ）	堵塞系数 D_c
A26	里程西沟	0.20	2.50	75~86	轻度易发	泥流型	稀性	0.09	小型	1.52~1.59	1.46~1.56	1.1~1.2
A27	里程沟	2.20	6.36	80~89	轻度易发~易发	泥石型	稀性	0.86	小型	1.55~1.61	1.50~1.59	1.2
A28	小关山沟	0.26	29.73	67~86	轻度易发	泥石型	稀性	0.13	小型	1.46~1.59	1.39~1.56	1.1~1.3
A29	关山沟	3.02	11.74	82~86	轻度易发	泥流型	稀性	1.22	中型	1.57~1.59	1.52~1.56	1.2~1.3
A30	枣树西沟	0.47	7.02	75~86	轻度易发	泥石型	稀性	0.21	小型	1.52~1.59	1.46~1.56	1.2~1.3
A31	枣树沟	0.94	14.45	87~91	易发	泥石型	黏性	0.40	小型	1.60~1.63	1.57~1.61	1.2
A32	半截岔沟	0.24	23.33	79~91	轻度易发~易发	泥石型		0.11	小型	1.54~1.63	1.49~1.61	1.1~1.2
A33	咸马沟	0.48	31.67	86~92	轻度易发~易发	泥石型	稀性	0.23	小型	1.59~1.63	1.56~1.62	1.1
A34	洞水湾沟	0.09	35.56	71~76	轻度易发	泥石型	稀性	0.03	小型	1.49~1.52	1.42~1.46	1.1~1.2
A35	圈沟	0.52	27.31	83~91	轻度易发~易发	泥石型		0.25	小型	1.57~1.63	1.53~1.61	1.1~1.3
A36	马槽沟	0.72	11.01	86~89	轻度易发~易发	泥石型		0.33	小型	1.59~1.61	1.56~1.59	1.2~1.3

表 5.2-8　西固区沟道泥石流特征参数简表

编号	沟名	泥石流易发程度				泥石流类型划分				泥石流参数建议值		
		流域面积（km²）	松散物质储量（万 m³/km²）	泥石流易发程度量化评分	易发程度等级	泥石流物质组成	流体性质	泥石流最大一次固体冲出量（万 m³）	泥石流暴发规模	泥石流重度（t/m³）	泥石流增加系数（1+Φ）	堵塞系数 D_c
X1	宣家沟	95.96	1.39	77~92	轻度易发~易发	泥石型		35.84	大型	1.53~1.63	1.47~1.62	1.1~1.2
X2	柳泉沟	2.51	11.38	86~88	轻度易发~易发	泥流型		1.12	中型	1.59~1.61	1.56~1.58	1.5~1.6
X3	白崖沟	0.37	3.11	64~69	轻度易发	泥流型	稀性	0.13	小型	1.44~1.47	1.36~1.40	1.0~1.2
X4	红石崖沟	0.63	0.93	62~76	易发	泥流型	稀性	0.23	小型	1.43~1.52	1.35~1.46	1.0~1.3
X5	寺儿沟	26.92	12.26	92~94	易发	泥石型	黏性	13.02	大型	1.63~1.65	1.62~1.65	1.3
X6	元托峁沟	0.15	1.45	65~72	轻度易发	泥流型	稀性	0.05	小型	1.45~1.50	1.37~1.43	1.0~1.1
X7	来家沟	0.47	1.36	65~75	易发	泥流型	稀性	0.17	小型	1.45~1.52	1.37~1.46	1.0~1.1
X8	野狐沟	2.62	3.21	76~78	易发	泥流型	稀性	0.99	小型	1.52~1.54	1.46~1.48	1.1~1.2
X9	洪水沟	10.50	1.68	77~86	易发	泥流型	稀性	3.92	中型	1.53~1.59	1.47~1.56	1.2
X10	马耳山沟	1.33	0.49		不发生							
X11	脑地沟	6.43	3.45	97	易发		黏性	3.42	中型	1.67	1.70	1.5~1.6
X12	小坪子西沟	0.03			不发生							
X13	小坪子沟	0.64	0.86	41~56	不发生~轻度易发	泥流型	稀性	0.23	小型	1.00~1.38	1.00~1.30	1.0~1.1

续表 5.2-8

编号	沟名	泥石流易发程度				泥石流类型划分				泥石流流量参数建议值		
		流域面积（km²）	松散物质储量（万 m³/km²）	泥石流易发程度量化评分	易发程度等级	泥石流物质组成	流体性质	泥石流最大一次固体冲出量（万 m³）	泥石流暴发规模	泥石流重度（t/m³）	泥石流增加系数（1+Φ）	堵塞系数 D_c
X14	白也沟	2.36	9.68	88~95	易发	泥石型	黏性	0.98	小型	1.61~1.66	1.58~1.66	1.3~1.4
X15	黄胶泥沟	6.19	2.19	87~92	易发	泥流型	黏性	2.39	中型	1.60~1.63	1.57~1.62	1.2~1.3
X16	八面沟	4.09	6.66	92~99	易发	泥石型	黏性	1.98	中型	1.63~1.68	1.62~1.71	1.5~1.6
X17	萨拉坪东沟	0.63	55.52	101~104	易发	泥石型	黏性	0.36	小型	1.70~1.72	1.73~1.77	1.2~1.4
X18	盐西沟	0.29	70.69	107~112	易发	泥石型	黏性	0.20	小型	1.74~1.77	1.81~1.88	1.2~1.3

表 5.2-9　七里河区沟道泥石流特征参数简表

编号	沟名	泥石流易发程度				泥石流类型划分				泥石流流量参数建议值		
		流域面积（km²）	松散物质储量（万 m³/km²）	泥石流易发程度量化评分	易发程度等级	泥石流物质组成	流体性质	泥石流最大一次固体冲出量（万 m³）	泥石流暴发规模	泥石流重度（t/m³）	泥石流增加系数（1+Φ）	堵塞系数 D_c
Q1	供热站西沟	0.17			不发生							
Q2	供热站东沟	0.62	3.32	43~60	不发生~轻度易发	泥流型	稀性	0.23	小型	1.00~1.41	1.00~1.33	1.0~1.1

续表 5.2-9

编号	沟名	泥石流易发程度			泥石流类型划分				泥石流流量参数建议值			
		流域面积（km²）	松散物质储量（万 m³/km²）	泥石流易发程度量化评分	易发程度等级	泥石流物质组成	流体性质	泥石流最大一次固体冲出量（万 m³）	泥石流暴发规模	泥石流重度（t/m³）	泥石流增加系数（1+Φ）	堵塞系数 D_c
Q3	大金沟	24.3	1.55	82~90	轻度易发~易发	泥流型	稀性	9.81	中型	1.57~1.62	1.52~1.60	1.1~1.2
Q4	小金沟	14.8	2.04	87~92	易发	泥流型	黏性	7.18	中型	1.60~1.64	1.57~1.63	1.3~1.5
Q5	石板沟	6.0	6.81	86	轻度易发	泥流型	稀性	2.58	中型	1.59	1.56	1.2~1.3
Q6	李家沟	1.12			不发生							
Q7	路家咀沟	1.13			不发生							
Q8	裡子沟	9	9.67	80~87	轻度易发~易发	泥流型		3.94	中型	1.55~1.60	1.50~1.57	1.1~1.2
Q9	黄峪沟	42.24	3.36	86~88	轻度易发~易发	泥石型		18.12	大型	1.59~1.61	1.56~1.58	1.1~1.2
Q10	深沟	2.44	8.55	81~86	轻度易发	泥流型	稀性	0.97	小型	1.56~1.59	1.51~1.56	1.2~1.3
Q11	园子沟	0.49			不发生							
Q12	韩家河	102.2	1.70	71~82	轻度易发	泥流型	稀性	34.37	大型	1.49~1.57	1.42~1.52	1.0
Q13	硪沟	14.2	20.44	88~89	易发	泥流型	黏性	6.46	中型	1.61~1.67	1.58~1.59	1.2
Q14	雷坛河	259.3	4.07	82~86	轻度易发	泥石型	稀性	111.23	特大型	1.57~1.59	1.52~1.56	1.1

表 5.2-10　城关区沟道泥石流特征参数简表

编号	沟名	泥石流易发程度				泥石流类型划分				泥石流流量参数建议值		
		流域面积（km²）	松散物质储量（万 m³/km²）	泥石流易发程度量化评分	易发程度等级	泥石流物质组成	流体性质	泥石流最大一次固体冲出量（万 m³）	泥石流暴发规模	泥石流重度（t/m³）	泥石流增加系数（1+Φ）	堵塞系数 D_c
C1	老虎西梁沟	0.26	11.15	80~88	轻度易发~易发	泥石型		0.12	小型	1.55~1.61	1.50~1.58	1.1~1.3
C2	老虎沟	0.83	30.17	81~91	轻度易发~易发	泥石型		0.39	小型	1.56~1.63	1.51~1.61	1.2~1.4
C3	半截沟	0.18	49.17	87~92	易发	泥石型	黏性	0.09	小型	1.60~1.63	1.57~1.62	1.1~1.2
C4	单家沟	0.32	37.97	81~86	轻度易发	泥石型	稀性	0.14	小型	1.56~1.59	1.51~1.56	1.2
C5	庙洼沟	0.07	92.57	71~86	轻度易发	泥石型	稀性	0.03	小型	1.49~1.59	1.42~1.56	1.1~1.3
C6	拱北沟	0.51	49.39	88~92	易发	泥石型	黏性	0.25	小型	1.61~1.63	1.58~1.62	1.2~1.3
C7	马家石沟	0.19	20.53	60~70	轻度易发	泥石型	稀性	0.07	小型	1.41~1.48	1.33~1.41	1.0~1.2
C8	烧盐沟	0.56	22.41	79	轻度易发	泥流型	稀性	0.22	小型	1.54	1.49	1.1
C9	罗锅沟	38.03	11.8	61~67	轻度易发	泥流型	稀性	10.42	大型	1.42~1.46	1.34~1.39	1.0~1.1
C10	东李家湾沟	0.31	1.85	78~83	轻度易发	泥流型	稀性	0.13	小型	1.54~1.57	1.48~1.53	1.1
C11	大破沟	2.15	0.30		不发生							
C12	大砂沟	93.00	1.27	78~84	轻度易发	泥流型	稀性	35.30	大型	1.54~1.58	1.48~1.54	1.2
C13	小沟	9.88	9.41	88~92	易发	泥流型	黏性	4.78	中型	1.61~1.63	1.58~1.62	1.3~1.5
C14	石门沟	8.89	1.93	75~77	轻度易发	泥流型	稀性	3.32	中型	1.52~1.53	1.46~1.47	1.2~1.3

续表 5.2-10

编号	沟名	泥石流易发程度				泥石流类型划分					泥石流流量参数建议值		
		流域面积（km²）	松散物质储量（万 m³/km²）	泥石流易发程度量化评分	易发程度等级	泥石流物质组成	流体性质	泥石流最大一次固体冲出量（万 m³）	泥石流暴发规模	泥石流重度（t/m³）	泥石流增加系数（1+Φ）	堵塞系数 D_c
C15	枣树沟	4.19	4.31	80~82	轻度易发	泥流型	稀性	1.64	中型	1.55~1.57	1.50~1.52	1.2~1.3
C16	叉不叉沟	1.24	20.39	69~77	轻度易发	泥流型	稀性	0.46	小型	1.47~1.53	1.40~1.47	1.2~1.3
C17	交达沟	0.45	5.78	43~50	不发生~轻度易发	泥流型	稀性	0.14		1.00~1.34	1.00~1.26	1.0
C18	小砂沟	87.95	1.25	80~83	轻度易发	泥石型	稀性	34.45	大型	1.55~1.57	1.50~1.53	1.2
C19	石沟	6.68	10.67	79	轻度易发	泥石型	稀性	2.58	中型	1.54	1.49	1.5
C20	上沟	2.12	0.30	43~59	不发生~轻度易发		稀性			1.00~1.41	1.00~1.33	1.0
C21	大浪沟	14.50	4.33	81~84	轻度易发	泥流型	稀性	6.45	中型	1.56~1.58	1.51~1.54	1.2~1.3
C22	碱水沟	1.20	1.28	81~82	轻度易发	泥流型	稀性	0.44	小型	1.56~1.57	1.51~1.52	1.2
C23	神子沟	0.40	6.50	72~85	易发	泥石型	黏性	0.19	小型	1.50~1.59	1.43~1.55	1.1~1.3
C24	台湾沟	13.09	1.02	64~82	轻度易发	泥石型	稀性	5.13	小型	1.44~1.57	1.36~1.52	1.2
C25	小红沟	0.49	13.40	78~79	轻度易发	泥石型	黏性	0.20	中型	1.54~1.54	1.48~1.49	1.2

续表 5.2-10

编号	沟名	泥石流易发程度					泥石流类型划分					泥石流流量参数建议值			
		流域面积（km²）	松散物质储量（万 m³/km²）	泥石流易发程度量化评分	易发程度等级	泥石流物质组成	流体性质	泥石流最大一次固体冲出量（万 m³）	泥石流暴发规模	泥石流重度（t/m³）	泥石流增加系数（1+Φ）	堵塞系数 D_c
C26	大红沟	0.89	4.32	69~86	轻度易发	泥石型	黏性	0.38	小型	1.47~1.59	1.40~1.56	1.2~1.3
C27	水源沟	1.58	1.34	76~77	轻度易发	泥流型	稀性	0.58	小型	1.52~1.53	1.46~1.47	1.1
C28	大牛圈沟	0.70	16.07	79~86	轻度易发	泥流型	稀性	0.31	小型	1.54~1.59	1.49~1.56	1.2~1.3
C29	砂金坪沟	0.47	1.28	73~82	轻度易发	泥流型	稀性	0.19	小型	1.50~1.57	1.44~1.52	1.1
C30	琵琶林沟	0.11	3.03	72~84	轻度易发	泥石型	稀性	0.05	小型	1.50~1.58	1.43~1.54	1.0~1.1
C31	老狼沟	1.84	5.01	90~100	易发	泥石型	黏性	0.85	小型	1.60~1.69	1.60~1.72	1.8
C32	大洪沟	7.81	9.65	89	易发	泥流型	黏性	3.55	中型	1.61	1.59	1.2~1.3
C33	小洪沟	1.92	5.71	91~93	易发	泥流型	黏性	0.91	小型	1.63~1.64	1.61~1.64	1.3
C34	烂泥沟	21.93	1.13	82~88	轻度易发~易发	泥流型		8.86	中型	1.57~1.61	1.52~1.58	1.1~1.2
C35	鱼儿沟	3.09	2.14	81~93	轻度易发~易发	泥流型		1.23	中型	1.56~1.64	1.51~1.64	1.1
C36	阳洼沟	15.50	5.53	84	轻度易发	泥流型	稀性	6.46	中型	1.58	1.54	1.2
C37	左家沟	0.91	0.30	47~57	轻度易发	泥流型	稀性	0.21	小型	1.32~1.39	1.24~1.31	1.0~1.1

5.2.4　治理现状及防治建议

5.2.4.1　已有防治工程概况

从已有的治理工程方案看,山洪沟道的防护工程主要采取:中上游拦挡+下游排导固床的治理方式,主要包括铅丝笼干砌块石拦挡坝、小型谷坊、挡土墙等。但通过本次野外调查发现,多数拦挡工程经过长期的淤积、沟道洪水以及泥流的冲刷已遭到不同程度的破坏,局部工程布置存在一定的不合理性,即现有的沟道治理工程在本次治理工程建设过程中需要进行进一步改造。

现有的防治工程,按不同的工程措施类型以及调查结果,主要分为如下几类。

1.工程措施

1)拦挡坝

根据调查结果,沟道中现有的泥石流防护措施主要为拦挡工程,如铅丝笼拦挡坝、谷坊坝等。

(1)铅丝笼拦挡坝。

沟道中的铅丝笼拦挡坝一般分布于主沟的中下游和支沟的下游段,为铅丝笼加干砌块石组成,用来阻挡泥流及块石等物质,水流则穿过块石排入下游与沟道连接的河洪道中。如城关区的拱北沟(C6):在主沟沟道下游可见两处铅丝笼拦挡坝,拦挡坝垂直于沟道修建,坝顶长度为 10~15 m,高度为 2~4 m,顶宽为 1~3 m,两道拦挡坝均已淤满,坝上游为土夹块石淤积形成的平坦地带,多数为荒草,局部有林木种植。受沟道洪水以及泥流的冲刷影响,坝体中部有破损的地方:铅丝笼损坏,块石被冲开;城关区的半截沟(C3):沟道下游可见有 1 座铅丝笼拦挡坝,坝顶长度约 10 m,高度约 2 m,顶宽约 2 m,该拦挡坝基本淤满,受沟道洪水以及泥流的冲刷,坝体中部局部有破损的地方。

(2)谷坊坝。

沟道中的谷坊坝一般分布于主沟的下游段,垂直于沟道修建,多为浆砌石谷坊坝。如安宁区凤凰山沟(A3):西支沟与中间支沟内各有 1 座谷坊,东支沟内有一大一小 2 座谷坊。其中东支沟内小谷坊已淤满,其他谷坊均处于空库状态。3 座大谷坊长一般为 20~30 m,厚为 3~4 m,高约 5 m。此类浆砌石谷坊坝在安宁区蚂蚁沟(A17)、安宁区小青沟(A22)、城关区庙洼沟(C5)、城关区拱北沟(C6)、城关区老狼沟(C31)、西固区宣家沟(X1)等沟道中均有分布。多数坝内经过常年的淤积已淤满,且坝体有不同程度的损毁,已不能满足泥石流防护需求。

2)坡脚挡墙、护坡

在沟道两侧有居民、工厂和仓库等人类活动的地段,一般均有人工修建的挡土墙或护坡,用以保证边坡的稳定。如城关区的交达沟(C17):沟口、沟道、沟源附近的地面已经过水泥硬化,从沟道中部到沟口两侧的边坡均修建有浆砌挡土墙,高度为 3~5 m,坡脚为排水沟;城关区的大浪沟(C21):沟道中部为公路施工项目部所在地,办公区及营地紧靠着大浪沟左侧,沟道左岸的边坡均有浆砌挡土墙以及人工格构护坡工程修建,高度为 3~8 m不等。

此类坡脚挡墙、护坡工程在安宁区凤凰山沟(A3)、安宁区大沙沟(A10)、安宁区盐池沟(A16)、安宁区深沟(A25)、七里河区路家咀沟(Q7)、城关区老虎西梁沟(C1)、城关区的半截沟(C3)、城关区大砂沟(C12)等沟道中均有不同程度的分布。

3)排导工程

黄河北岸的部分沟道内有已建或在建的排导工程,如排导沟、排河洪道等。一般沿沟道的一侧修建,排导工程宽窄不一,3~20 m不等,深为2~5 m,渠道两侧为浆砌石护岸,局部护岸上部有格构梁护坡。如安宁区深沟(A25):沟道下游及沟口处较宽阔,向上游变窄,人类活动频繁。沟道修建有柏油路,路宽5~20 m,沟道内沿路修建有排水渠,渠道宽窄不一,3~10 m不等,沟口附近宽约10 m,深约2.5 m,两岸为浆砌石护岸,沟内及两旁堆满垃圾或弃土;西固区宣家沟(X1):沟道内沿公路修有排水渠,渠道宽窄不一,0.3~1 m不等,深为0.5~0.8 m;依公路沟道左侧谷坡坡脚修建规模不等的浆砌石挡墙;城关区大砂沟(C12):沟道中有原有排洪沟和新修建的排洪沟道两种,两侧岸坡有格构支护、护坡及排水措施。

2.非工程措施

非工程措施主要以生态工程措施为主。生态工程措施主要为恢复植被、植树造林等,用以调节地表径流,减小水土流失。在人类活动较强烈的沟道中均有生态工程的存在,多分布在坡顶及半坡位置,为人工种植的乔木、果林等树木,总体植被覆盖较低,为10%~20%。如安宁区蚂蚁沟(A17):山顶种植有少量乔木,主要为柏树。沟道中上游两侧山坡种植有稀疏的草丛、灌木丛和少量乔木,覆盖率约10%;安宁区枣树沟(A31):沟道左岸岸坡有少量人工种植乔木。沟道中上游山坡与山顶处有大量人工植被(松树),植被覆盖良好,覆盖率50%。总体来看,近年来南北两山绿化工作初见成效,但主要集中在城区前缘山坡,对沟道泥石流灾害防治作用有限。

5.2.4.2 泥石流灾害防治工程建议

根据调查结果以及参考相应的资料,泥石流的防治工程可以依据泥石流的物质组成、流域形态、流域规模等特征,有针对性地采取相应的防治措施。从削弱或消除可能发生泥石流的条件、改变或控制泥石流的活动规律及性质、减轻或消除泥石流的危害等方面采取一系列相应的对策与措施,全方位、多层次地防治泥石流。

对于流域范围内泥石流活动频繁,形成条件复杂,居民点多,耕地分布广,又有重要建筑物(铁路、工厂、矿山等)的地区,可采用全面综合治理方案。在泥石流流域内,采用蓄水、拦挡、固土、排导和造林等多种措施,全面地进行山、水、林、田综合治理,以制止泥石流的形成,控制泥石流灾害的发生。

对于由水起主导作用的稀性泥石流沟和某些小型黏性泥石流沟,可采用以治水为主的综合治理方案。主要采取引水、蓄水、截水等工程措施,用以减小地表径流,引排洪水,调节水量,削减洪峰,控制形成泥石流的水动力,制止或减轻泥石流灾害;其次是修建少量拦排工程和大面积营造森林,用来稳定部分土体,减小地表径流。

对于某些土力类黏性泥石流沟、无条件引水或无蓄水工程的水力类稀性泥石流沟、土体由少量滑坡提供的稀性泥石流沟,可采用以治土为主的综合治理方案。主要以谷坊、拦砂坝、挡土墙、护岸和潜坝等拦挡和固床固沟工程为主,拦蓄泥沙,稳定滑坡,固定沟床,保护岸坡,控制或削减松散土体补给量;并辅以排导工程,引、蓄水工程和植树造林,以进一步控制泥石流或减轻泥石流灾害。

对于中上游修建工程难度大或效果不明显,而下游受害对象分布较集中的泥石流流域,可采用以排导为主的综合治理方案。以排导沟、导流堤、急流槽等排导工程为主,控制泥石流对流通区或堆积区农田和各种建筑物的危害;也可以在中上游修建拦挡工程和植树造林,以减小泥石流的规模和发生频率。

对于坡度较为平缓,崩塌、滑坡相对较少,以片蚀为主,局部沟蚀提供泥石流土源的水力类泥石流以及一般的坡面泥石流,可采用以生态工程措施为主的综合治理方案。采用恢复草被和植被造林等生态措施,以恢复生态系统功能,调节地表径流,减小水土流失,逐渐控制泥石流的发生或削减泥石流规模。

针对兰州城区泥石流沟道的地形地质情况,泥石流灾害防治措施及建议见表5.2-11。

表 5.2-11　泥石流灾害防治措施及建议

沟道类别	沟道特征		防治措施及建议
A 类 (10 条)	流域面积大于 30 km²,主沟长大于 10 km,纵坡比降小于 50‰,主沟谷横断面呈 U 形,支沟呈 V 形。沟谷较宽,坐落有村庄和城镇,沿主沟有排河洪道,常年有水流。历史上均发生过山洪—泥石流灾害。以大砂沟、罗锅沟、雷坛河、泥马沙沟等为代表的沟道		以排导工程为主,采用排导沟、排河洪道等排导工程,辅以生态工程措施,大面积进行植树造林
B 类 (24 条)	处于黄河南岸,流域面积小于 30 km²,沟谷大多呈 V 形。流域大面积覆盖黄土,沟道下游和沟口处见有新近系砂岩、黏土岩出露	B1:沟谷岸坡较陡,黄土坡面侵蚀程度高,坡面较不完整,泥石流灾害活动程度高。以老狼沟、大洪沟、狸子沟、深沟为代表的沟道	以治水为主,采取引水、截水等措施减小地表径流。修建少量的谷坊坝、拦砂坝、挡土墙等拦挡工程。辅以排导及生态工程措施,大面积植树造林,以稳定土体减小物源供给
		B2:沟谷岸坡较陡,黄土坡面侵蚀程度较低,坡面较完整,泥石流灾害活动程度较低。以烂泥沟、鱼儿沟、阳洼沟等为代表的沟道	

续表 5.2-11

沟道类别	沟道特征		防治措施及建议
C 类 （4 条）	处于兰州城区最西侧黄河北岸，白垩系砂岩、黏土岩以及新近系砂岩广泛分布。流域面积小于 5.0 km²，主沟谷横断面呈 V 形，两个谷坡较陡，基岩风化强烈，崩塌、滑坡现象发育，泥石流灾害活动程度高。盐沟、盐西沟、萨拉坪东沟、八面沟等沟道		主要以固床固沟工程为主。少量谷坊坝配合拦砂坝拦截泥沙块石，同时加强两侧谷坡护岸，并辅以排导工程，引、蓄水工程和植树造林生态工程，以进一步控制泥石流或减轻泥石流灾害
D 类 （18 条）	处于黄河北岸十里店至白塔山一带，沟道密集发育，单沟流域面积一般小于 1.0 km²，沟谷呈 V 形，主沟坡降一般大于 200‰。沟道大面积出露前寒武系皋兰群（An∈gl）变质岩，基岩表层破碎，崩坡积松散堆积物发育	D1：徐家湾一带沟道由于历史灾情较重，出沟口即为城区，沟道已经过不同程度治理或正在新建泥石流拦挡、护坡工程。部分年代已久拦挡工程坝前已淤满	主要以拦挡工程为主。沿主、支沟沟道修建多级谷坊坝配合拦砂坝拦截泥沙块石，同时加强两侧谷坡护岸，并辅以排导工程和植树造林生态工程，以进一步控制泥石流或减轻泥石流灾害
		D2：未见泥石流治理工程，沟道中下游多见采石场，碎石大量在沟道中堆积	
E 类 （13 条）	处于安宁区黄河北岸，流域面积小于 10.0 km²，沟谷多呈 V 形，主沟坡降较大。沟道中上游大面积黄土覆盖，下游出露前寒武系皋兰群（An∈gl）变质岩，基岩表层破碎	E1：沟谷岸坡较陡，岸坡崩塌、滑坡现象发育，泥石流灾害活动程度高	以排导工程为主，采用沟道排洪或者排导沟等排导工程，在主支沟中上游建设少量谷坊坝用以削减泥石流洪峰流量，同时辅以生态工程措施，大面积进行植树造林
		E2：沟谷岸坡较陡，黄土坡面侵蚀程度较低，坡面较完整，泥石流灾害活动程度较低	
F 类 （15 条）	处于城关区黄河北岸，流域面积一般小于 10.0 km²，沟谷多呈 V 形。沟道中上游大面积黄土覆盖，中下游出露新近系砂岩、黏土岩，以及花岗岩侵入岩体	流域坡面侵蚀较重，黄土滑塌现象常见，泥石流灾害活动程度高	以排导工程为主，采用沟道排洪或者排导沟等排导工程，在主支沟中上游建设少量谷坊坝用以削减泥石流洪峰流量，加强两侧谷坡护岸，同时辅以生态工程措施，大面积进行植树造林
		流域坡面侵蚀较轻，松散堆积物较少，泥石流灾害活动程度低	

续表 5.2-11

沟道类别	沟道特征		防治措施及建议
G 类 (21 条)	流域面积一般小于 1.0 km²，个别为 1.0~2.0 km²。人类工程活动强烈，部分沟道由于挖山填沟，沟道原有地貌完全改变；部分沟道经过整治，泥石流灾害危害程度低	G1：由于人类工程活动，挖山填沟，沟道原有地形地貌已改变，部分主沟道已不复存在	以生态工程措施为主。采用恢复草被和植树造林等生态措施，以恢复生态系统功能，调节地表径流，减小水土流失
		G2：沟道经过整治（沟底硬化、护坡、排导槽等措施），泥石流灾害危害程度低	

5.3　沟道末端治理工程地质条件及评价

（1）治理工程方案。

根据设计方案，本次沟道末端治理以洪水防治为主，兼顾由降雨诱发的泥石流及护坡治理，但不作为重点考虑。治理方案主要包括：

①谷坊。谷坊地基为土质的，谷坊采用铅丝笼，高度 3~5 m；谷坊地基为岩石的，谷坊采用混凝土，谷坊高 5 m，谷坊底部埋入基础 1 m。

②排导工程。在沟道下游修建排洪沟道，排洪渠尽量利用原有天然沟道。排洪渠两侧采用浆砌石挡墙或护坡形式。排洪渠底部采用浆砌石或格宾石笼。

③坡脚防护。防止洪水冲刷或淘刷坡脚，对沟道两侧设护脚，采用混凝土或浆砌石，护脚以上为生态护坡。

④沟底防冲。为防止由于洪水或泥石流冲刷使沟底下切，根据沟底纵坡设置防冲肋板。

（2）各沟道治理工程地质条件。

沟道治理研究区地质条件见第 5.1.2 部分总体论述以及表 5.3-1~表 5.3-4。

（3）沟道末端治理工程地质初步评价。

①谷坊工程主要布置于中上游沟道，地基土以冲洪积粉土、碎石土为主，较松散，部分工程位置基岩出露。谷坊研究区地下水埋深一般为 5 m 以上。根据设计方案，谷坊地基为土质的采用铅丝笼谷坊，高度 3~5 m。谷坊地基为岩石的采用混凝土，谷坊高 5 m。建议谷坊基础进入持力层一定深度，保证地基基础稳定性，并对承载力或沉降变形达不到要求的地基土进行地基处理，同时根据沟道泥石流特征，验算其抗滑（冲击）、抗倾覆等稳定性。

②排导工程主要布置于下游沟道，沟道表层地层以冲洪积碎石土、砂卵砾石为主，松散~稍密状，地下水埋深一般大于 5 m。排导渠两侧挡墙基础可采用稍密状碎石土或砂卵砾石层，并保证一定埋深，必要时对槽底进行碾压密实或分层夯实。同时对两岸不稳定岸坡进行护坡或削坡处理。

③其他治理工程宜因地制宜，合理利用地形地质条件（见沟道工程地质平、剖面图及工程地质评价）。

表 5.3-1　安宁区沟道环境地质条件简表

编号	沟名	地形地貌	地层岩性	土壤与植被	人类工程活动
A1	盐沟	流域呈叶片状，流域面积为 0.89 km²，主沟长约 2.0 km，由一条主沟和 3 条较大的支沟组成，支沟长 500～1 300 m。主沟沟床比降约为 55‰，沟谷中上段坡度约为 110 m，沟谷中上段坡度约 110 m，沟谷呈 V 形，两侧谷坡坡度约 50°～60°，沟源处坡度近直立，约 70°～80°。主沟在两侧支沟交汇后沟谷呈 U 形，两侧坡度约 35°～45°，坡面崩塌较多。最南侧的支沟发育，沟谷开阔，距离河道约 100 m。最南侧的支沟长约 1 300 m，沟谷断面呈 U 形	①Q₄ 第四系全新统人工堆积物，堆积于主沟主沟上段左侧山坡和沟道，主沟沟道出口段，南侧支沟沟道沉渣池和污水处理厂等地段。②Q₄$^{al+pl}$ 第四系全新统沟道冲积、坡积物，主要分布在沟谷沟道内及两侧零星分布。③Q₃^{eol} 第四系上更新统黄土，在半山坡及山坡顶有零星分布。④N₁x 新近系砂岩，泥质砂岩，棕红色，表层呈全强风化，产状 55°∠65°，在流域内分布广泛	主沟及支沟沟谷植被稀少，由于沟内人工开挖平整造地，植被破坏严重，总体覆盖率 10%，黄土在坡顶及坡面零星覆盖，厚度为 0.5～2.0 m	主沟及支沟沟谷沟道人类活动剧烈，主沟中上段有大规模的人工造地开挖地活动，长度约 1 500 m，宽 50～300 m，主沟出口近 400 m 段为水泥加工厂。最南侧支沟为沉渣填埋场和污水处理厂，沉渣场长约 700 m，宽约 150 m；污水处理厂长约 500 m，宽约 50 m。主沟目前均无针对泥石流的防治措施与工程
A2	泥马沙沟	流域呈条带状，流域面积为 581.9 km²，主沟长约 97 km，沟床比降约为 12.2%，流域高差约为 900 m，谷坡坡度一般为 30°～60°，部分基岩岸坡近直立，谷坡横断面多为 U 形或复合型(沟道一侧或两侧有公路、铁路、村庄等)	①Q₄ 第四系全新统人工堆积物，主要为杂填土，包括黄土、砂、碎石、块石等，较分散的分布于干沟道内。②Q₄$^{al+pl}$ 第四系全新统冲、洪积物，广泛分布于干沟道内，主要为碎石土、含砂，碎石多呈球状，磨圆度较好，碎石含量为 30%～40%，粒径一般为 2～20 cm，冲洪积物厚度一般为 2～5 m。③Q₃^{eol} 第四系上更新统马兰黄土，浅黄色，主要分布于干沟道中上游两侧山坡，最大发育厚度为 80～100 m。④N₁x 新近系中新统咸水河组岩，棕红色，半胶结成岩，呈细砂岩，呈细砂状，广泛分布于干沟道两侧山坡。可见最大厚度为 90～110 m	山坡植被覆盖较少，只有零星杂草，中上游两侧山坡存在少量乔木，中上游沟道内部分区域存在耕地，流域内植被覆盖率为 5%～25%。沟道中上游两侧有黄土，黄土中上部发育疏松，土表层疏松，可见雨水冲刷侵蚀痕迹，最大发育厚度为 100 m	沟道下游靠近黄河段有较多生活、建筑垃圾，下游沟道内有较多采砂厂和砖厂，车辆较多，污水均直接排放至沟道内，垃圾随意倾倒在坡脚。沟道两侧均有省道、高速公路和铁路，两侧多分布有乡镇、村庄、工厂等

续表 5.3-1

编号	沟名	地形地貌	地层岩性	土壤与植被	人类工程活动
A3	凤凰山沟	流域呈叶片状,流域面积为0.30 km²,由三条支沟组成,原沟道下游已建成工厂厂平台,西支沟长约0.27 km,沟床比降约为337‰,中间支沟长约0.29 km,东支沟长约0.64 km,东支沟床比降约为224‰,流域高差约为310 m,谷坡坡度一般为45°~75°,谷坡横断面呈V形。	①Q_4,第四系全新统人工堆积石,主要为土,含少量砂和碎石,主要分布于沟口边坡,沟道两侧边坡。一般厚度为1~3 m,各处厚度不等。②Q_3^m,第四系上更新统马兰黄土,主要分布于山脊,主要分布于左两侧山脊上部和顶部,厚度为3~10 m,还分布于两侧山坡中上部和顶部,厚度为10~30 m。③N_{1x},新近系中新统中,细砂岩,棕红色,半胶结成岩,表层强风化,呈细砂状。广泛分布于沟道两侧山坡。可见厚度为30~70 m。	山坡植被覆盖极少,只有零星杂草,仅分布于坡脚局部和山脊处。西支沟两侧山脊上发育有少量乔木林,沟道两侧乔木覆盖率不足5%。流域内沟头高程以上多发育有茂生草丛,分水岭处多生长有乔木。	沟口处为工厂厂房,从西支沟到东支沟下游已被厂房挤占。西支沟与中间支沟内各有1座谷坊,东支沟内有一大一小2座谷坊。其中东支沟内小谷坊均处于空库状态,其他谷坊大谷坊长一般为20~30 m,厚为3~4 m,高为5 m。沟口处有排导槽和挡土墙。
A4	元台子沟	流域呈簸箕状,流域面积为0.13 km²,主沟长度为420 m,发育不明显,沟床比降约为300.5‰,流域高差约为175 m,谷坡坡度一般为45°~70°,谷坡坡面地形切割强烈,形成密集小冲沟(沿山坡面而下,并未汇入主沟)	①Q_4人工堆积土由于修建高压输电线塔架,西侧支沟坡面人工开挖堆积土层,厚度一般为1.0~2.0 m,松散状。②Q_4^{col+dl}坡面崩塌积土在坡面堆积,以细粒土为主,土体松散,在坡面分布较广,厚度一般为0.5~1.5 m。③Q_4^{pl}洪积物,在暴雨条件下坡口堆积,沿冲沟被搬运至主沟及沟口呈扇状分布,厚度一般为5.0~10.0 m。④Q_3^m马兰黄土,浅黄色,表层疏松,仅在山顶分布,厚度为3.0~5.0 m。⑤N_{1x}新近系砂岩,泥质砂岩,大部分呈褐红色,局部为灰白色,半胶结状,表层风化强烈,在坡面及沟床分布广泛,上覆岩层为马兰黄土	山顶自然生长稀疏草本植物,坡面植被覆盖率为零。坡顶黄土及坡面风化砂岩岩侵蚀严重	西侧支沟山顶以及主沟沟口已建数个输电线塔架,由于基础施工开挖导致大量松散风化岩体在坡面及沟口堆积,未见泥石流防治工程;主沟沟口下游约70 m即为新建城绕高速,未见洪道连接

续表 5.3-1

编号	沟名	地形地貌	地层岩性	土壤与植被	人类工程活动
A5	李黄沟	流域呈叶片状，流域面积为 2.40 km²，主沟长约 2.7 km，整个沟谷由 5~6 条较大的支沟组成，支沟长为 200~800 m，主沟沟床比降为 36‰，流域高差约 100 m，呈 V 形，在近出口段沟谷呈宽 U 形	①Q_4 第四系全新统人工堆积物，主要分布在沟口处，主要为施工弃土，坡脚开挖堆积而成，方量较小。②Q_3^m 第四系上更新统马兰黄土，浅黄色，表层疏松，厚度为 5~20 m，岩性为粉土、粉质壤土，主要分布在山坡顶部。③N_{1x} 新近系砂岩，棕红色，泥质砂岩，该处砂岩、泥岩两支沟交汇处有一断层通过，产状 55°∠65°，为表层全强风化，在该处可见厚约 0.3 m 的断层泥	该处沟谷坡面冲蚀严重，坡面不完整，表层基本为全强风化砂岩，山顶及坡脚覆盖有黄土，土体疏松，水土流失严重，坡面植被覆盖率低于 5%	两支沟沟谷沟道内无人类活动，沟口处有高压线塔，在建公路等建筑施工，且有少量弃土弃渣，规模较小，方量在 200 m³ 以内，沟道出口堆积区在建公路有人工护坡、高度约 20 m，主要为格构护坡、人工马道
A6	咸水沟	流域呈叶片状，流域面积为 5.69 km²，整个沟谷由一条主沟和四条较大的支沟组成，主沟长约 4.37 km，支沟长一般为 600~1 000 m，主沟沟床比降约为 20‰，流域高差约 90 m。沟源处两侧坡度较陡，坡度一般为 30~40°，沟底处边坡多呈直立，为 30~40°，沟道断面呈 V 形；沟源与支沟交汇处断面呈 V 形，两侧坡度一般为 20~30°，沟道底部宽约 10~20 m，沟口处地形宽阔，呈扇形，沟道宽约 300 m，两侧坡度 10°~20°，沟源到沟口的沟道内有水体分布	①Q_4 第四系全新统人工堆积物，在主沟与下游支沟交叉口向下游沟道内以及沟口附近均分布较多，主要为人工板房等，主要为村庄、采沙场及人工板房等，堆积的弃土弃渣等。②Q_3^m 第四系上更新统马兰黄土，浅黄色，表层疏松，发育厚度 5~10 m，在沟源山坡坡脚，粉质壤土夹卵石。③N_{1x} 新近系中新统砂岩，棕红色，无明显层理，整个流域均有出露，出露厚度一般为 20~100 m，产状 25°∠30°，表层强风化，呈细砂状，一掰即碎	流域植被多为矮草，沟底局部有芦苇，坡面多崩塌，植被破坏严重，植被覆盖率约 20%，土地大多为荒地，局部有果树林种植。沟源处山坡零星分布有黄土，厚为 2~5 m，多沿基岩坡面流失，土质较疏松；沟口处多为采沙场，植被被破坏严重，覆盖率低于 10%。总体流域植被覆盖率约 15%，多为矮草和果树林地	沟源处主要为居民区，主要为沟与支沟交叉处向下游方向直至沟口处沟道内均分布有居民房等，挤占沟槽约 1/3 的沟道，支沟沟道多为果树林地，土壤疏松；沟口为采沙、公路以及铁路，泥石流在沟口处经涵洞（长约 30 m，宽约 6 m，高约 5 m）向外排泄，严重影响行洪。沟内无防治工程措施

续表 5.3-1

编号	沟名	地形地貌	地层岩性	土壤与植被	人类工程活动
A7	骗马沟	流域呈叶片状，流域面积为 4.13 km²，整个沟谷由一条主沟和 9 条较大的支沟组成，主沟长约为 6.2 km，支沟长度为 400～1 000 m，流域高差约为 180 m。两侧沟谷坡度一般为 30°～40°，沟底处边坡多呈直立，在沟底断面多呈深 V 形，在沟谷中段为人工堆积砂砾石加工场地呈 U 形；沟道中段到沟口的沟道内均有地下水出露	①Q₄ 第四系全新统人工堆积物，主要分布在主沟道中下段的弃土弃渣和砂砾石堆积场及左右侧山坡山顶人工采沙场。②Q₃ᵐ 第四系上更新统马兰黄土，浅黄色，表层疏松，在沟谷山坡山顶零星分布。③N₁ₓ 新近系中新统砂岩，棕红色，整个流域均有呈块状，无明显层理，出露厚度一般为 10～80 m，表层全强风化，一般即碎	沟道上段沟源附近受人为破坏较轻，山坡，沟道植被多为嫩草，覆盖率约在 30%，沟谷沟道中下段及左右堆积砂砾石堆积场及左右侧山坡山顶人工采砂开挖平整影响，植被破坏严重覆盖率低于 10%，沟道中段有长约 300 m 砂岩碎石堆积和约 200 m 长的砂砾石堆积场地。目前敝地开挖平整后的山坡山顶主要为全强风化砂岩松散体，厚度数米至几十米厚不等	沟道中下段人为活动剧烈，左右侧山坡山顶受人工采砂段目前为大规模人工采沙场，沟道中段有长约 300 m，宽 5～10 m 砂岩碎石施工出渣填筑和长 200 m，宽 150 m 的砂砾石堆积场地。沟口出处有民居及民工板房。整段沟道的中下段人类活动剧烈，弃土弃渣占据沟道，弃渣堆影响行洪，严重影响工程措施。目前目无防治工程措施
A8	仁寿山西沟	流域呈叶片状，流域面积分别为 0.12 km² 和 0.28 km²，两条沟长分别为 530 m 和 560 m 长，沟床比降分别为 94% 和 89%，流域高差约为 50 m，支沟沟谷呈 U 形，沟谷坡度为 40°～50°，坡面较完整，沟道两侧为人工种植的树林，沟道底部有水塘	①Q₄ 第四系全新统人工堆积物，主要分布在沟道及两侧，化用地以及建筑地基填为主。②Q₃ᵐ 第四系上更新统马兰黄土，浅黄色，表层疏松，厚度为 5～20 m，岩性为粉土、粉质壤土，厚度为 5～20 m，两支沟沟谷呈 U 形，沟谷坡度为之上，在坡面上残积黄土。③N₁ₓ 新近系残坡上残积砂岩，棕红色，出露砂岩，泥质砂岩，中厚度为 5～10 m，岩性为细砂岩，中砂岩	整个流域内植被多为乔木、松林、杨树林等人工种植的树林，植被保护的较好，土地均为林地，植被覆盖率为 69%～80%。坡面上多为人工种植的乔木、黄土覆盖，厚层场薄，厚为 2～5 m	沟口为居民密集居住区，多为砖混结构房屋、板房及库房等。沟道内及两侧为人工种植林地，沟道两侧道路均经过硬化，沟道流域内绿化工程较好，基本全部覆盖整个流域。沟内治山头分布有多座建筑物。沟内无泥石流防治工程
A9	仁寿山东沟				

续表 5.3-1

编号	沟名	地形地貌	地层岩性	土壤与植被	人类工程活动
A10	大沙沟	流域呈树枝状,流域面积约为79.38 km²,主沟长度约为15.52 km,沟床比降约为18.1‰,流域高差约为281 m,各坡坡度一般为20°~30°;沟道断面呈U形。沟口段沟道开阔,弯曲,谷坡坡面呈U形。韩家井附近,地形开阔,较平坦,呈开阔的U形,谷坡坡度为20°~30°,局部近直立。支沟沟道较开阔,呈U形谷	①Q_4人工堆积物,主要为人工堆积弃渣(土),分布在沟口上游及沟道中游韩家村庄附近,粒径一般在2~30 cm,最大约为2 m;弃渣堆积厚度一般为1~3 m,各处厚度不等。②Q_3m为第四系更新统马兰黄土,浅黄色,表层较疏松。③An∈gl,早寒武系武当系黑云角闪片岩,分布出露于沟口上游两侧沟谷坡。④N_1x新近系紫红色砂砾岩,中~强风化,广泛出露于沟道两侧沟谷坡中下部	沟口段沟道两侧坡面植被稀疏,覆盖率为5%~10%,主要是灌木丛,草,山顶有少量人工林;韩家井~朱家井段沟道两侧坡及山顶植被覆盖率为5%~15%,沟道两侧及谷坡均有少量人工种植林和农耕地。朱家井~三坪村段,上面种植人工果林;三坪村~头沟口段,沟道较开阔,覆盖率为5%~10%,及少量人工种植林,农耕地。支沟谷坡及山顶植被覆盖率为10%~20%	沟口左侧有民房,商业混凝土拌和站。沟口上游约100 m处,沟道左侧坡脚修有一人工浆砌石挡墙,长约100 m,高约2 m,宽约0.6 m。沟口上游约400 m处,沟道两侧坡脚均修建浆砌石挡墙,长约200 m,高约2 m,宽约0.6 m。沟口上游约500 m处,有一高架绕城公路,沟道内有12个圆柱形桥墩;约700 m处有一高架绕城公路,桥下游两侧沟谷坡已治理,岩性为基岩(片岩)。沟道内堆有大量工程弃渣。主沟段沟道内均有村庄(韩家井,朱家井,三坪村,头沟口),主沟内有双向绕城公路。主沟沟道内埋设有石油管道
A11	施家湾四号沟	流域呈窄腑状,流域面积约为0.08 km²,主沟沟长度约为0.74 km,原主沟沟道已人工填筑,填筑平台分两级,上游平台高程约为1 650 m,沟口平台高程约为1 630 m。沟口附近,主沟沟道填筑平台分两级,上游平台高程约1 650 m,沟口平台高程约1 630 m。上游坡度一般为25°~35°	①Q_4人工填筑土,以细粒土为主,沟道被填人工填平,分两级,填土平台高程约1 650 m 和1 630 m。②Q_3m马兰黄土,浅黄色,表层流疏松,发育在沟道山坡。③N_1x新近系砂岩,褐红色,成岩作用差,基本上覆马兰黄土,仅在坡脚开挖处出露,顶部高程约1 653 m	沟道两侧坡面人工植树造林,目前树苗成活率低于10%。山坡坡植被覆盖率低,坡面为黄土,厚度30~50 m,表层疏松	主沟沟道已人工填筑,填筑平台分两级,上游平台高程约1 650 m,沟口平台高程约1 630 m。两级填土边坡处理措施,未见夯实或护坡处理措施。未见泥石流防治工程以及山洪排导措施。沟口土边坡下游约30 m处即为绕城高速,未见与沟道相连

续表 5.3-1

编号	沟名	地形地貌	地层岩性	土壤与植被	人类工程活动
A12	施家湾三号沟	流域呈条带状，流域面积约为 0.14 km²，主沟长度约为 0.85 km，现沟床已经人工填埋改造，现沟床高比降约为 110‰，各坡坡度高差约为 108 m，流域高差一般为 40°~70°，各坡横断面为复合断面，上下游两个平台之间沟道呈 V 形，两平台处在沟道呈 U 形，形在沟道中上游和下游存在两个大的植树平台。上游植树平台高程为 1 647~1 649 m，下游植树平台高程为 1 601~1 699 m。沟道上游存在一跌水陡坎，深度为 6~8 m	①Q_4^{ml} 第四系全新统人工堆积物，主要为人工堆积块石、碎石和土，主要分布于沟口边坡，沟道中上游边右侧和左侧。一般厚度不等，上游约为 0.5~2 m，各处厚度不等，人工填土，宽为 50~70 m，高为 30~40 m。②Q_3^m 第四系上更新统马兰黄土，主要分布于沟道上更新统马兰黄土中上部与顶部，可见厚度为 30~50 m。③Q_2^{al} 第四系中更新统砂砾石层，局部青灰色胶结成岩，在沟口左侧山坡上部可见。④N_1x，新近系中细砂岩，棕红色，半胶结成岩，表层强风化，呈细砂状。干沟道中上游较多出露。可见厚度一般为 30~50 m。⑤$An∈gl$，分布于沟道中下游早寒武系寒武系群角闪片岩，灰绿色，局部出露，表层岩体破碎，强游左侧山坡中下部，局部出露于沟道中风化，节理发育。岩层产状:287∠65°	沟口两侧均发育有稀疏草丛，沟口处左侧有零星乔木，为人工种植枣树，沟口右侧存在一处枣树林。沟道中上游和下游存在两个大的植树平台。有较多新种植小树，下游植树平台南部围绕平台种有一圈植柏树。下游沟口处边坡多为人工堆积物，主要为块石、碎石与土沟道中上游右侧人工堆积物，主要为杂填土。中上游山坡中上部和顶部多为黄土覆盖，厚度为 30~50 m	沟口处有较多人工堆积物，主要为建筑垃圾、砂石料，空心砖等。沟口处右侧有一变电站，沟口处还可见右民居住房和环城公路。沟道下游右侧山坡上存在一高压电塔沟口两侧山坡上有几处人工堆积平台。下游沟口处有大量人工填埋。沟口上方填平，沟口人工堆积平台宽 50~70 m，高 30~40 m。沟道右侧有大量人工石料，左侧有人工开挖边坡痕迹，导致小范围山坡崩塌
A13	施家湾二号沟	流域呈条带状，由主沟和两条支沟组成，流域面积约为 0.15 km²，主沟长度约为 0.53 km，上游谷坡横断面为 V 形，在沟口及向上游 300 m 段，沟道被人工填筑，填土平台高程约 1 600 m，上段沟床高差约 45 m，流域高差平台以上流域高差约为 74%，合沟坡度一般为 35°~55°	①Q_4^{ml} 人工素填土（黄土为主），在沟口及向上游 300 m 段，沟道被人工填平，沟口处填土高程约 1 600 m，填土平台高程约 1 605 m。②Q_4^{col+dl} 崩坡积物，沿基岩坡广泛分布，岩性以碎石、块石夹土为主，厚度一般为 0.2~0.5 m。③Q_3^m 马兰黄土，浅黄色，表层疏松，发育厚度 20~30 m，分布在沟道山坡顶部。④N_1x 黄土，褐红色，半胶结，砂岩发育地层为马兰黄土，在山坡陡峭位置出露，底部高程为 1 605 m。⑤$An∈gl$，前寒武系黑云角闪片岩，灰黑色，表层破碎，风化严重，在沟道两侧山坡下部及沟床约为 1 605 m，岩多被坡积物覆盖，其顶部高程约 1 605 m，岩层产状 220°~235°∠70~78°	沟道两侧坡面上自然生长稀疏草本植物，山顶及上部工种植乔木苗，山坡上部发育马兰黄土，厚度为 20~30 m，表层疏松	在沟口处（从沟口至上游 300 m 段）人工填土，填土高程约 1 600 m。沟口处填土边坡高约 40 m，为进行护坡处理，其他未见泥石流防治工程

续表 5.3-1

编号	沟名	地形地貌	地层岩性	土壤与植被	人类工程活动
A14	施家湾一号沟	流域呈叶片状，流域面积约为 0.10 km²，主沟长度约为 0.50 km，沟床比降约为 159‰，流域高差约为 85 m，谷坡坡度一般为 45°~70°，谷坡黄断面为 V 形	①Q₄ˢ，第四系全新统人工堆积物，主要为杂土，各处不等厚，以局部堆积最为主。②Q₄ᶜᵒˡ⁺ᵖˡ，第四系全新统崩、坡、洪积物，崩、坡、洪积物主要为碎石夹土，在沟道道两侧山坡分布较广。洪积物主要为碎石土，分布于沟底。③Q₃ᵐ，第四系上更新统马兰黄土，灰黄色，分布于两侧山坡中上部与沟顶部，发育厚度为 10~20 m，表层较疏松。④Q₂ˡ，第四系中更新统黄土，干马兰黄土下部，表层黄土可见水平层理发育，可见垂直节理，本层底部 0~2 m 多为砂砾卵石，砂砾厚度为 5~10 m。⑤N₁ˣ，新近系中新统砂岩，棕红色，半胶结成岩，表层强风化，一搬即碎。干沟道中上游出露较多出露。⑥An∈gl，早寒武系皋兰群角闪片岩，灰绿色，分布于沟道两侧山坡中下部，表层岩体破碎，强风化，节理发育，节理风化，多处岩体出现明显塌现象	山坡发育稀疏草丛，山坡中上部和山顶山坡有少量乔木，主要为柏树。沟道下游两侧山坡植被覆盖情况略好，其两侧山坡中上部新种植小树。边坡中上部被黄土覆盖，黄土植被平台。 山坡多为荒坡，未开垦。山坡中上部被黄土覆盖，黄土表层较疏松，水土流失严重，黄土发育厚度为 40~50 m	沟道两侧山坡中部有人工开凿土路和开挖平台，同时造成人工堆积杂土较多，造成大量的砂卵石堆积于沟道中下游的两侧坡面。沟道下游接近沟口处右侧存在两处庭院式楼房，并未堵塞沟道，沟口处有较多建筑垃圾。沟口左侧有破旧砖房，沟口外有公路和居民住房区。可见生物治理工程，两侧山坡有新植小树，待长大后可防治水土流失

续表 5.3-1

编号	沟名	地形地貌	地层岩性	土壤与植被	人类工程活动
A15	楼梯沟	流域呈树枝状,流域面积约为 1.50 km²,主沟长约为 2.32 km,沟床比降约为 69.8‰,流域高差约为 162 m,各谷坡坡度一般为 25°~30°,谷坡断面呈 V 形,沟道中上游谷坡断面呈 U 形。谷坡较缓,坡面呈约 30°	①Q_4,人工堆积物,主要为人工堆积弃渣(碎石夹土),分布在沟口及上游,碎石粒径一般在 2~10 cm,弃渣堆积厚度一般为 1~3 m,各处厚度不等。②Q_4^{dl},第四系全新统坡积物,分布于沟道下游两侧谷坡,主要是碎石夹土,粒径一般在 5~15 cm,最大直径约 50 cm。堆积厚度为 0.5~2 m,各处不等厚。③Q_3m,第四系上更新统马兰黄土,浅黄色,发育厚度为 10~30 m,表层马兰疏松,主要分布在沟道两侧谷坡及山顶。④$An\in gl$,早寒武系皋兰群黑云角闪片岩,分布出露于沟道下游两侧谷坡中下部,岩体风化严重	沟口植被覆盖率约为 5%,谷坡上部、山顶有人工种植松柏、灌木丛;沟道下游两侧谷坡植被覆盖率约为 15%~25%,主要是灌木丛、草;沟道中上游两侧谷坡植被覆盖率为 10%~30%,主要是灌木覆盖率约为 30%,草。山顶及谷坡均以黄土覆盖,黄土表层疏松	从沟口至上游约 300 m 处,有一人工混凝土砌石挡土墙,谷坡两侧均有,其高约 3 m,长约 9 m,宽约 0.6 m,左侧挡土墙上部安装有泥石流灾害监测仪等设备;位于沟道中部至上游沟道内堆积人工弃渣,主要以碎石为主,碎石直径为 2~30 cm,最大约为 1 m;弃渣厚度约为 6 m。支沟有人工弃渣及生活垃圾,沟道已成为上山道路
A16	盐池沟	流域呈叶片状,由主沟和三条支沟组成,流域面积约为 0.24 km²,主沟长度约为 0.77 km,流域高差一般为 110 m,谷坡坡度一般为 35°~50°,谷坡断面为 V 形	①Q_4^{col+dl}崩坡积物,岩性以碎石、块石夹土为主,沿基岩坡广泛分布,厚度一般为 0.5~1.0 m,最厚可达 2~3 m。②Q_4^{pl}洪积物夹碎石,在沟道中堆积厚度不大,一般为 0.5~2.0 m,沟口处由于存在厂房建筑,以及洪水排导槽等建筑,未能见洪积堆积。③Q_3m马兰黄土,发育厚度 20~30 m,分布在沟道山坡顶部。④N_2x新近系砂岩,褐红色,半胶结状,上覆地层为马兰黄土,在山坡发育厚度 10~15 m。⑤$An\in gl$ 前寒武系黑云闪片岩,灰黑色,表层破碎,风化严重,在沟道两侧山坡下部及沟床出露,岩层产状 220°~235°∠70°~78°	沟道两侧坡面上自然生长稀疏草木植物,山顶上部人工种植乔木苗。山坡 20~30 m,厚度 20~30 m,表层疏松黄土,由于人工种树开挖造成部分坡面水土流失	沟口处已建工业厂房,完全挤占沟口。在沟口往上游建造了山洪排导槽(断面面积 0.5~1.0 m²),以及部分重力式挡墙护坡工程(高度一般为 2~3 m)。厂房建筑地下见一暗涵,将沟道上游来水排出沟口,涵道断面面积约 2 m²

续表 5.3-1

编号	沟名	地形地貌	地层岩性	土壤与植被	人类工程活动
A17	鹦鸽沟	流域呈条带状,流域面积约为 0.6 km²,主沟长度约为 1.5 km,沟床比降约为 93‰,流域高差约为 140 m,谷坡坡度一般为 45°~70°,谷坡横断面为 V 形	① Q_4^r,第四系全新统人工堆积物,主要为黄土或黄土夹杂填土,各处不等厚,以局部堆积为主。② Q_4^{col+pl},第四系全新统崩、坡、洪积物,崩、坡积物主要为碎石夹土,在沟道两侧山坡分布较广,厚度一般为 0.2~2 m,各处不等厚。洪积物主要为碎石土,分布于沟底不等厚。③ Q_3^m,第四系上更新统马兰黄土,灰黄色,分布于两侧山坡中上部与顶部,发育厚度 20~30 m,表层较疏松,局部有滑塌至坡脚。④ Q_2^l,第四系中更新统离石黄土,马兰黄土下部局部出露,棕红色,质硬,水平层理发育,可见垂直节理。⑤ N_1^x,新近系中新统砂岩,棕红色,呈细砂状,半胶结成岩,表层强风化,一捏即碎。⑥ $An\in gl$,早寒武系皋兰群角闪片岩,灰绿色,分布于干沟道两侧山坡中下部,表层岩体破碎,强风化,节理发育	山坡发育稀疏草丛,山顶种植有少量乔木,主要为柏树。上游坡边上部有少量人工植树平台,占比约 10%。山坡皆为荒坡,未开垦。山坡中上部被黄土覆盖。黄土表层较疏松,水土流失较严重,黄土发育厚度为 20~40 m。安宁滑雪场支沟沟底有大量人工堆积黄土,安宁滑雪场支沟下游左侧坡面堆积有大量人工杂填土	东支沟上游为安宁滑雪场,有大量人工开挖边坡和人工堆积黄土、杂填土,安宁滑雪场东侧支沟内有一小型水库,建有土坝 1 座。沟口为振兴化工厂,支沟下游可见合坊房及设施,沟口完全被厂房塔占。沟口右侧建有混凝土格构护坡,沟口有在建公路,存在少量人工筑路弃渣

续表 5.3-1

编号	沟名	地形地貌	地层岩性	土壤与植被	人类工程活动
A18	大青沟	流域呈树枝状，流域面积约为 1.01 km²，主沟长度约为 1.88 km，沟床比降约为 55.3‰，流域高差约为 104 m，谷坡坡度一般为 35°～40°，谷坡断面呈 V 形。沟口谷坡断面呈 U 形谷，谷坡坡度一般为 30°～35°。支沟谷坡断面呈 V 形，谷坡断面面积为 40°～50°	①Q₄，人工堆积物，主要堆积大量的人工砂石料，砂，碎石粒径一般在 2～5 cm，堆积厚度为 5～15 m，各处厚度不等；在支沟沟道内堆积大量的人工碎石、块石及弃渣，直径一般在 5～60 cm，最大直径约 2 m。②Q₄ᵈˡ，第四系全更新统坡积物，分布于沟道下游右侧坡积物，主要是碎石夹土及少量块石，粒径一般在 2～15 cm，最大直径约 1 m。堆积厚度约 0.5～1 m，各处厚度不等厚。③Q₃ᵐˡ，第四系上更新统马兰黄土，浅黄色，发育厚度约 30 m，表层较疏松，主要分布在沟道两侧谷坡及山顶。④An∈gl，早寒武系皋兰群黑云角闪片岩，出露于沟道下游两侧谷坡及沟口处，沟口岩体风化严重，岩石较破碎，中～强风化	沟口植被覆盖率为 10%～15%，谷坡面主要是灌木林，草，山顶有人工种植被覆盖率为 15%。沟道两侧谷坡植被覆盖率为 15%～20%；谷坡及山顶均以黄土覆盖，厚度为 10～30 m，黄土表层较疏松。支沟谷坡及山顶植被覆盖率为 20%～25%，主要是灌木丛，草，谷坡及山顶均以黄土覆盖及沟口黄土表层流松	沟口沟道内大部分被民房、厂房挤占；沟口前方有一新建东西向高架绕城公路。沟口上游约 300 m 处沟道内有一商品混凝土搅拌和公司，搅拌站上游是其公司砂石料生产厂。位于主沟与支沟交叉处有两同库房，在主沟内堆积有大量的人工弃土、弃渣及生活垃圾，废弃的活动板房。其左侧谷坡有一隧道口，但已被封住。支沟与主沟交叉处均被人工拐弯上游两侧谷坡均被人工开采石料，基岩裸露

续表 5.3-1

编号	沟名	地形地貌	地层岩性	土壤与植被	人类工程活动
A19	红道坡沟	流域呈树枝状，流域面积约为 0.70 km²，主沟长度约为 1.53 km，沟床比降约为73.8‰，流域高差约为 113 m，谷坡坡度一般为 40°～50°，由于沟道被保利地产公司用黄土填至谷坡中下部位置，沟口至上游约 300 m 范围内谷坡断面呈 U 形、V 形，其以上谷坡断面呈 V 形。支沟沟头及上坝以上段有一人工土坝，土坝以上谷坡断面呈 U 形；坡度较缓，坡度一般为 30°左右，土坝以下，谷坡断面呈 V 形，坡度一般为 40°左右	① Q₄^ml，人工堆积物，主要为人工堆积少量块石，分布在支沟沟道上游，粒径一般在 0.2～0.8 m，堆积厚度 0.5～1 m，各处厚度不等。② Q₄^dl，第四系全更新统坡积物，分布于沟道下游谷坡两侧碎石夹土，主要是碎石夹土等厚。③ Q₃^m，第四系上更新统马兰黄土，浅黄色，表层较疏松，主要分布在沟道两侧谷坡及山顶。④ An∈gl，早寒武系皋兰群黑云角闪片岩，分布出露于谷坡中下游，中～强风化，岩体较破碎	沟谷、谷坡、坡顶植被覆盖率约为 30%，谷坡上部主要以人工阶梯式种植林为主，山顶及谷坡均以黄土及灌木丛，黄土厚度一般为 10～30 m，黄土表层疏松。支沟谷坡及山顶植被覆盖率约为 25%，以灌木丛、草为主，山顶多以人工种植林为主	从沟口至上游约 300 m 处沟道内有一人工填土（黄土）平台，延伸至沟头。整个沟道已被黄土填至谷坡的中下部位。出沟头外约 400 m 处有一条东西向通往市区的双向道公路，公路北侧有一正建生活居民小区。经工区访问，此沟道将被房地产商修建为通往市区公路。支沟沟道内铺设水管道，出露于地面。沟口处有一厂房，民房及正在施工中的高架桥墩绕城公路。沟谷左侧山坡上部有一公路，沿途有人工弃土。沟口有工程弃渣，主要是碎石夹土

第 5 章 沟道工程地质条件及泥石流灾害

续表 5.3-1

编号	沟名	地形地貌	地层岩性	土壤与植被	人类工程活动
A20	石槽沟	流域呈长条状，流域面积约为 0.99 km²，主沟长度约为 1.96 km，沟床比降约为87.2‰，流域高差约为 170 m，谷坡坡度一般为 30°~55°，谷坡横断面为 V 形	①Q_4^{ml}，第四系全新统人工堆积物，主要为杂填土和块石，各处不等厚，以局部堆积为主。②Q_4^{col+dl}，第四系全新统崩坡积物，主要为碎石土，分布于两侧山坡，占坡面面积的30%~40%，各处不等厚，一般为0.2~1.5 m。③$Q_3 m$，第四系上更新统马兰黄土，浅黄色，主要分布于沟道中下游两侧山坡的中上部和顶部，与沟道上游两侧山坡 中下游两侧山坡上部和顶部黄土厚度一般为 10~30 m，上游沟道两侧黄土层较厚，厚度为 20~50 m。④$An \in gl$，早寒武系秦岭群黑云角闪片岩，黑云绢云母片岩夹薄层石英岩，在沟道下游两侧山坡出露，厚度一般为 30~60 m。⑤γ_3^1，加里东早期花岗岩，在沟道中上游山坡局部出露。表层风化程度较高，岩体较破碎，部分岩体边坡已做削坡处理。其可见厚度各处不等，随沟道底部高程的增加厚度逐渐变小，最大可见厚度为 40~50 m	沟道两侧山坡发育稀疏灌木丛，山顶种植有少量乔木，主要为柏树。中下游两侧山坡中上部和顶部多被黄土覆盖，黄土层较疏松，黄土厚度一般为 10~30 m，上游黄土厚度一般为 10~30 m，上土层厚度随着沟底高程的增加，沟道两侧黄土层较厚，厚度为 20~50 m	此沟道底部已修成两车道上山公路，沟道两侧山坡多已经削坡处理，沟道下游一处正在打桩，经询问为建造桥梁，造成部分杂土块石堆积。沟道中下游山坡已修建挡土墙和渠道（渠道底宽 0.6 m 左右）。 沟口存在环城公路，沟口 500 m 侧有居民小区和甘肃政法学院

· 101 ·

续表 5.3-1

编号	沟名	地形地貌	地层岩性	土壤与植被	人类工程活动
A21	贼沟	流域呈长条状，流域面积约为 0.23 km²，主沟长度约为 0.84 km，沟床比降约为 227‰，流域高差约为 175 m，各坡坡度一般为 35°～60°，谷坡横断面为 V 形	①Q_4^{col+dl}，第四系全更新统崩坡积物，两侧山坡分布较广，主要为碎石土，各处不等厚，一般为 0.2～2 m。②Q_4^{pl+al}，第四系全新统洪积物和人工堆积物，主要为碎石土和杂填土，块石粒径一般为 2～50 cm，厚度一般为 0.2～2 m，各处不等厚，以局部堆积为主。③$Q_3 m$，第四系上更新统马兰黄土，浅黄色，主要分布于山坡中上部和顶部，厚度一般为 3～6 m。④$An\in gl$，早寒武系皋兰群云母片岩，黑云绢云母片岩夹薄层石英岩，在沟道两侧片岩，黑云绢云母片岩泛出露，表层强风化，较破碎。⑤γ_3^1，加里东早期花岗岩，主要为花岗岩岩人体，在山坡局部出露	山顶及两侧山坡中上部表层被黄土覆盖，黄顶部表层被黄土覆盖，黄顶黄土表层较疏松，山顶黄土厚度一般为 3～6 m，坡面表层松散黄土厚度约 0.2 m	人类活动主要位于沟口处，沟口堆放有建筑、生活垃圾，部分堵塞沟道。沟口处建有环城公路，沟口外 100 m 左右为西北师范大学。沟口还可见较大量人工素填土，方量约为 5 000 m³。未见泥石流防治工程

续表 5.3-1

编号	沟名	地形地貌	地层岩性	土壤与植被	人类工程活动
A22	小青沟	流域呈树枝状，流域面积约为 0.58 km²，主沟长度约为 1.54 km，沟床比降约为97.4‰，流域高差约为 150 m，谷坡坡度一般为 35°左右，谷坡横断面为 V 形。 主沟道已修成上山道路，中下游至沟口谷坡坡度一般为 40°～50°；支沟①：中上游处有一人工堆石坝，坝长约 40 m，坝宽为 1.5～3.0 m，最大坝高约 30 m	①Q₄，人工堆积物，主要为人工堆积碎石夹土及杂填土，粒径一般在 2～15 cm，堆积厚度为0.2～1 m，各处厚度不等。②Q₄^{col+dl}，更新统崩坡积物，分布于沟道下游两侧崩坡积谷坡，主要是碎石夹土和块石，粒径一般在 2～50 cm，最大直径约 2 m，各处不等厚。③Q₃m，第四系全上更新统马兰黄土，浅黄色，发育厚度 5～10 m，表层较疏松，主要分布在沟道两侧山坡。④γ₃¹，加里东早期花岗岩，在沟道中下游右侧山坡局部出露，表层风化程度较高，强风化，岩体较破碎。⑤An∈gl，早寒武系皋兰群黑云角闪片岩，分布于沟道中下游两侧山坡出露，至沟口。坝以下谷坡断面呈 V 形，谷坡坡度为 40°～50°，由于人工堆积原因，两侧人工堆积黄土，与坝相平，两侧谷坡较缓，坡度为 30°左右；由于人工土坝原因，地形呈 U 形；支沟②谷坡断面呈 V 形谷，坡度较陡，坡度一般为 40°～50°	沟谷植被主要是草，覆盖率为 10%～15%，山顶及谷坡均以黄土覆盖，黄土厚度一般为 5～10 m，黄土表层疏松；沟谷中下游左侧有人工种植林（松柏）；下游沟谷两侧及山脊均有人工种植山坡上部及山脊有人工种植林及灌木丛。 支沟①堆石坝上游谷坡两侧植被覆盖及沟底植被覆盖率约 30%，植被约为人工林，灌木丛及草；支沟②一般在山脊顶部有黄土覆盖，厚度为 10～20 m，黄土表层覆盖松，有少量林木；支沟②黄土表层覆盖率约 30%，有少量林地，其他植被为灌木丛、草	人为活动轻微，山坡建有墓地；沟道已修成上山道路，沟道口约 50 m 外有一厂房，厂房围墙把沟道堵塞，沟道口外正有一高架桥修建中；出沟口约 50 m 外有居民居住；支沟①中上游有一人工堆石坝，堆石坝上游约 1 000 m 处有一黄土堆积坝；支沟②下游右侧谷坡有人工修建高压线塔堆积黄土，方量约 1 200 m³，主沟与支沟②沟口处堆有生活垃圾

续表 5.3-1

编号	沟名	地形地貌	地层岩性	土壤与植被	人类工程活动
A23	山平子西沟	流域呈条带状，流域面积约为 0.13 km²，主沟长度约为 0.55 km，沟床比降约为 245‰，流域高差约为 130 m，各坡坡度一般为 35°~55°，谷坡横断面为 V 形	①Q_4^{el+dl}，第四系全新统残坡积物，主要为碎石夹土，在沟谷两侧山坡分布较厂，厚度一般为 0.3~1 m。②Q_4^{pl}，第四系全更新统洪积物，碎石土，主要在沟道底部和沟口堆积，沟口堆积厚度为 2~3 m，在中上游沟道存在基岩崩坡积物，最大块径可达 1 m。③Q_3，第四系上更新统马兰黄土，浅黄色，发育厚度 20~30 m，表层较疏松，局部有滑塌至坡脚，黄土底部高程为 1 625~1 640 m。④$An\in gl$，早寒武系群黑系群云角闪片岩，分布于沟道两侧山坡，表层岩体破碎，强风化，可见厚度为 20~30 m，其顶部为马兰黄土，延伸至沟底	山坡发育稀疏灌木丛，山顶种植有少量乔木，主要为柏树。山坡皆为荒坡，未开垦，山坡中上部被黄土覆盖，黄土疏松，水土流失较严重，黄土发育厚度为 20~30 m	人为活动主要在沟口处，沟口堆放少量板材类建筑、生活垃圾，出沟口 5~20 m 外有群众居住和工厂，民房和厂房堵塞沟口河洪道。未见泥石流防治工程
A24	山平子东沟	流域呈条带状，流域面积约为 0.07 km²，主沟长度约为 0.40 km，流域高差约为 330‰，流域高差约为 125 m，各坡坡度一般为 35°~55°，谷坡横断面为 V 形	①Q_4^{el+dl}，第四系全新统残坡积物，主要为碎石土，在两侧山坡分布较厂，厚度一般为 0.5 m 左右。②Q_4^{pl}，第四系全更新统洪积物，碎石土，主要在沟道底部和沟口堆积，沟口堆积厚度为 3~4 m，在中上游沟道存在基岩崩坡积物，块径一般为 20~80 cm。③Q_3，第四系上更新统马兰黄土，浅黄色，发育厚度 20~30 m，表层较疏松，在沟道东侧坡面可见雨水冲刷滑塌痕迹，黄土底部高程为 1 625~1 640 m。④$An\in gl$，早寒武系群黑系群云角闪片岩，分布于沟道西侧山坡，表层岩体破碎，强风化，可见厚度为 30~40 m，其顶部为马兰黄土，延伸至沟底	山坡发育稀疏灌木丛，山顶种植有乔木，主要为柏树。山坡中上部被黄土覆盖，土覆盖，山坡皆为荒坡，未开垦，黄土表层较疏松，水土流失较严重，黄土发育厚度为 20~30 m	人为活动主要在沟口处，沟口堆放少量板材类建筑垃圾，出沟口 50 m 外有群众居住和工厂，民房和厂房堵塞沟口河洪道。未见泥石流防治工程

续表 5.3-1

编号	沟名	地形地貌	地层岩性	土壤与植被	人类工程活动
A25	深沟	流域形状呈条形，流域面积 66.40 km²，主沟长 20.01 km，中下游基谷岩谷坡面比降 20.96‰，中上游黄土谷坡度 30°～50°，中上游黄土谷坡度 20°～30°。支沟发育，支沟长 0.3～0.6 km	①Q_4^{dl}，第四系全新统坡积物，多为碎石土，碎石粒径 5～10 cm。分布在沟道中、下游两岸在角谷坡较缓处和坡底，磨圆度较差。②Q_4，第四系全新统人工堆积物，主要为石料弃石以及建筑垃圾。分布下游沟道内。③$Q_3 m$，第四系上更新统马兰黄土，灰黄色，粉质壤土，土质均匀。主要分布于沟道上游两岸岸坡。④$An \in gl$，早寒武系阜岸群闪片岩，表层岩体多虫孔，中等风化，节理发育。⑤γ_3 加里东早期花岗岩，紫红色，多分布于沟道下游两侧山坡下部	沟道下游两岸坡被长有草本植物。沟道下游山顶处有少量人工植被（松树），植被覆盖率约 10%。沟道上左岸坡多被削平，用于耕种农作物。沟道上游两岸岸坡被侵蚀一般，有少量崩、坡积物，坡面自侵蚀则较轻，坡面自较为完整	沟口处人类活动频繁，沟道修建有柏油路，路宽为 5～20 m，下游及沟口处较宽阔，向上游变窄。沟道内沿路修有排水渠，渠道宽窄不一，3～10 m 不等；深约 2.5 m，两岸为浆砌石护岸，该段长约 1.5 km，向上游排水渠两岸行护岸处理，且被挤占，沟内及沟口右岸坡已经垃圾堆满或弃土。沟口部为格构构梁护坡。沟道中下游建有较多采石场，人工碎石弃土挤占沟道
A26	里程西沟	流域形状呈扇形，流域面积 0.23 km²，主沟长 0.34 km，沟床比降 0.23，支沟长度 230.4‰，流域高差 0.07 km，坡坡度大于 50°，沟床比降 230.4‰	①Q_4^{col+dl}，崩、坡积物，成分为碎石、碎石土，主要分布在谷坡下部或坡积缓处，厚度 0.2～0.5 m 不等。主要分布在沟道口上游口处近居民点有一坡积物堆积体。②Q_4，成分为碎石土，分布于主沟和支沟交汇处附近。③$Q_3 m$，第四系上更新统马兰黄土，灰黄色，土质均匀。主要分布于沟干沟口两岸坡及上游两岸坡坡顶。④γ_3 闪岩，主要分布于中上游两岸坡及谷底，局部为松散堆积物覆盖，岩体较为完整，岩体多等风化状	域内植被覆盖率较低，在沟口两岸黄土岸坡有少量人工植树。其他部位多为荒地，长有少量草本植物。基岩岸坡受水力侵蚀程度较轻，沟内松散堆积物较少	受人类活动的影响，原沟口地形发生很大变化，沟口处建有大量居民房。仅有一条宽 3～4 m 的柏油小路从居民区穿过与上游沟道相通，主沟与支沟交汇处有高架公路穿过，原地形已彻底破坏。支沟沟口上游紧邻原沟道路侧的北侧有一人工堆积体将原沟道载断，高出公路面约 20 m，堆积体呈长方形，成分以黄土为主夹少量碎石，总方量约 4 000 m³。支沟下游主沟道已不存在

续表 5.3-1

编号	沟名	地形地貌	地层岩性	土壤与植被	人类工程活动
A27	里程沟	流域形状呈树枝状，流域面积约为 2.15 km²，主沟长度约为 3.31 km，沟床比降约为 63.4‰，流域高差约为 210 m。谷坡断面呈 U 形谷。主沟上游沟道以上有谷坊，两侧谷坡低矮，谷坡较缓，坡度为 20°～30°；谷坡断面呈 U 形谷。主沟下游两侧谷坡基岩出露，均被人工开采石料，为采石场，坡面较陡	①Q₄，第四系人工堆积物，分布于沟道中下游沟道内以及谷坡面下部，主要为人工加工后的粗骨料，细骨料和少量人工弃渣，弃土，岩性为片岩，为片岩，粒径为 0.2～3 cm，最大块石直径约为 2 m，堆积厚度 1～30 m 左右，各处不等厚。②Q₄^(col+dl)，第四系全新统坡、崩积物，分布于沟道下游两侧谷坡坡面，主要为碎石夹土及块石，为片岩，直径为 2～20 cm，块石最大约 1 m，厚度约 1.5 m，各处不等厚。③Q₃^m，第四系上更新统马兰黄土，浅黄色，主要分布在沟道上游两侧谷坡及山顶，黄土表层较疏松。④An∈gl，早寒武系案兰群黑云角闪片岩，出露于沟道下游裸露两侧谷坡，被人工开采后基岩裸露于外表，岩体较破碎，主要是人为开采产生。⑤γ₃¹，加里东早期花岗岩，出露于沟道中上游谷坡两侧，出露较少	沟口段两侧谷坡及坡顶植被覆盖率约 10%，生长有稀疏灌木丛、草。沟道下游两侧谷坡基岩出露，均被人工开采石料，开采后坡面较陡，局部近直立。沟道中上游两侧谷坡及坡顶均以黄土覆盖，植被覆盖率为 30%～40%，坡面较完整，稳定	流域内人类生产活动中下游沟道，特别在沟道中下游地段，有石料生产加工厂（甘肃冶金矿产经济技术开发公司），两侧边坡已被严重开采，沿沟道两侧堆积大量生产好的粗骨料、细骨料和少量弃渣、弃土以及块石；局部有护砌。在沟口沟道两侧均有人工弃渣和生活垃圾。在沟口两侧均有民房及厂房，沟口前有高架绕城公路通过，高架公路前是小高层居民楼。沟口至沟道中游沟道内有上山道路

续表 5.3-1

编号	沟名	地形地貌	地层岩性	土壤与植被	人类工程活动
A28	小夫山沟	流域呈条带状，流域面积约为 0.35 km²，主沟长度约为 1.3 km，沟床比降度约为 215‰，流域高差约为 295 m，谷坡坡度一般为 35°~70°，局部基岩坡面近直立，可达 90° 甚至出现反坡，谷坡横断面为 V 形	①Q_4^{ml}，第四系全新统人工堆积物，主要为建筑垃圾、生活垃圾和碎石土，建筑垃圾、生活垃圾主要分布于沟口处，主要为砂石料、大的金属构件等。碎石土主要分布于山坡小路旁，为人工修筑山坡小路时的堆积物。②Q_4^{al+pl}，第四系全新统冲、洪积物，主要在沟道底部和沟道两侧山坡的部分冲沟内，碎石粒径一般为 2~30 cm，碎石含量为 30%~60%，厚度一般为 0.2~1 m。③Q_4^{col+dl}，第四系全新统崩、坡积物，广泛分布于沟道两侧山坡中下部和部分分流沟道内，主要为碎石土和块石，碎石粒径一般为 2~45 cm，最大巨石粒径可达 2 m×2 m×1.2 m，碎石含量为 40%~70%，厚度一般为 0.2~4 m 不等，坡脚处一般较厚。④Q_3m，第四系上更新统马兰黄土，浅黄色，主要分布于沟道两侧山坡上部至顶部，黄土表层较疏松，水土流失较严重，黄土表层存在雨水冲刷侵蚀和小规模黄土滑塌痕迹。沟道中上游下游黄土覆盖层较薄，沟道中上部黄土覆盖层较厚，黄土发育最大厚度为 40~50 m。⑤$An\in gl$，早寒武系兰紫黑云角闪片岩，分布于沟道两侧山坡，表层岩体破碎，强风化，可见厚度为 30~70 m	沟道两侧山坡发育有稀疏杂草，发育有极少量灌木，沟口处右侧山坡种植有乔木林，沟道内两侧山坡皆为荒坡，植被覆盖率不足 10%~15%。山坡中上部和顶部多被黄土覆盖，黄土表层较疏松，水土流失较严重，坡面黄土存在雨水冲刷侵蚀和小规模黄土滑塌痕迹。沟道下游黄土覆盖层较薄，沟道中上游上部黄土覆盖层较厚，黄土发育最大厚度为 40~50 m	人为活动主要分布于沟口处和沟道下游和沟口处，沟道下游两侧被十几间民房挤占，沟道只有一车道 3~5 m 宽。沟道下游两侧山顶有庙宇，为抱龙山七星庙。沟口处右侧存在少量建筑垃圾、生活垃圾，建筑垃圾主要为砂石、砂石料，大的金属构件等。沟口处存在高架公路，沟口下游左侧存在大量废弃房屋，右侧存在厂房和新建楼房。沟道内未见防治工程，沟口左侧沟上方坡面建有浆砌石挡墙和格构护坡以及钢丝柔性防护网，下游排导槽已破坏，且被建筑、生活垃圾堵塞

续表 5.3-1

编号	沟名	地形地貌	地层岩性	土壤与植被	人类工程活动
A29	关山沟	流域形状呈长条状,流域面积3.05 km²,主沟长3.50 km,沟床比降77.2‰,沟谷坡度35~45°,断面呈V形。沿主沟向上游发育多条支沟,沟长0.5~1.5 km。主沟沟口上游1.3 km发育一条较大支沟,与主沟呈45°相交,支沟流域面积0.18 km²,沟长0.2 km	①Q₄^col+dl+pl,第四系全新统崩、坡积及洪积物,多为碎石土,碎石粒径5~10 cm。广泛分布在沟道(支沟)中、下游两岸谷坡较缓处和坡底,磨圆度较差。②Q₃ᵐ,第四系上更新统马兰黄土,黄色,以粉质壤土为主,土质均匀,表层有较多虫孔,主要分布于主沟及支沟上游岸坡及坡顶。③An∈gl,早寒武系案兰群闪片岩,灰绿色,分布于主沟中下游沟道两侧山坡下部,表层岩体破碎,强风化,节理发育,呈块状,肉红色,中等风化,在中下游两岸岸坡有少量出露。④γ₃,花岗岩	主沟及支沟中下游两岸岸坡顶有少量人工种植乔木,岸坡多为荒山,有少量野生杂草。主沟及支沟大支沟的上游种植有果树林。沟内及沟上游植被覆盖率50%。在主沟及支沟沟底和两岸黄土岸坡。沟道下游两岸岸坡重力侵蚀严重,崩、坡积物较多;流域上游沟面以黄土为主,长有草等植物,坡面较为完整,岸坡底部常见小规模的塌滑体。黄土岸坡侵蚀程度相对较轻	沟道下游至沟口人类开发程度高,沟道下游沟道内建有工厂,民房,沿沟道下游修建有水泥及碎石路,路宽5~7 m,原沟道被全部挤占。支沟与主沟交汇处建有采石场。支沟沟口被人工堆积的弃渣完全堵塞,弃渣高出沟底约3.0 m。主沟沟道地形发生突变,原沟道地形发生变形。主沟及支沟中上游两岸坡有许多卵石采石掘点,沟内有人工堆积的卵石。主沟上游沟底及两岸黄土岸坡有大量的基地
A30	枣树西沟	流域形状呈长条状,流域面积0.45 km²,主沟长1.97 km,沟床比降185.6‰,谷坡坡度35~45°,断面呈V形。沟道中下游发育较多小支沟,支沟长0.3~0.5 km	①Q₄^col+dl+pl,第四系全新统崩、坡积物,多为碎石土,碎石粒径5~10 cm。广泛分布在沟道(支沟)中、下游两岸谷坡较缓处和坡底,磨圆度较差。②Q₃ᵐ,第四系上更新统马兰黄土,黄色,以粉质壤土为主,土质均匀,表层有较多虫孔,主要分布于主沟道上游岸坡及坡顶。③An∈gl,早寒武系案兰群闪片岩,灰绿色,分布于中下游沟道两侧山坡下部,表层岩体破碎,强风化,节理发育,肉红色,中等风化,在中下游两岸岸坡有少量出露。④γ₃,花岗岩	沟道中下游两岸坡顶有少量人工种植乔木,岸坡多为荒地,有少量野生杂草。流域的上游、沟道内及两岸人工种植的松树,植被覆盖良好,覆盖率约70%。沟道下游两岸岸坡重力侵蚀严重,崩、坡积物较多;流域上游沟面以黄土为主,坡面较为完整,侵蚀程度较轻	沟口原地形较为开阔,由于受人类开发地的影响现已收窄,沟道以上经过整治,沟道宽约2.0 m,护岸高约1.8 m,沟底及两岸均为浆砌石,该段长约80 m,向上游人工沟道变窄,宽1.2~1.6 m,两岸高约60 cm,该段长约100 m。沟口上游100 m处的人工堆积平台,侧有两个较大的人工堆积石台,成分为碎石,总方量约8 000 m³

续表 5.3-1

编号	沟名	地形地貌	地层岩性	土壤与植被	人类工程活动
A31	枣树沟	流域形状呈扇形，流域面积 0.98 km²，主沟长 2.72 km，沟床比降 206.2‰，流域高差 0.52 km，谷坡度 35°～45°，断面呈 V 形。有较多支沟发育，支沟长 0.5～1.0 km	①$Q_4^{col+dl+pl}$，第四系全新统崩积物，多为碎石土，碎石粒径 5～10 cm。广泛分布在沟道（支沟）中、下游两岸谷坡较缓处和坡底，磨圆度较差。②Q_3m，第四系上更新统马兰黄土，灰黄色，粉质壤土，主要分布于干沟道上游岸坡及坡顶。③$An\in gl$，早寒武系寨兰群角闪片岩，灰绿色，分布于干沟道两侧山坡与山顶处有大量人工种植，表层岩体破碎，强风化，节理发育，块状结构。④γ_3闪长岩，灰色，中等风化，出露于干沟道中游两岸岸坡	沟道下游沟道内杂草丛生伴有较多灌木、乔木。左岸岸坡有少量人工种植乔木（松树），植被覆盖率 50%。沟道下游两岸岸坡重力侵蚀严重，崩、坡积物较多；沟道上游为主，以黄土为主，坡面侵蚀则较轻，黄土岸坡坡面较为完整	沟道下游至沟口处人类活动频繁，将沟道及两侧平整填建、削坡填沟、修路建房。沟口处建有大量民房。下游沟道处建有柏油路，路面占严重，被挤占约 5 m，在沟内长约 800 m。沟口上游约 800 m 处沟道内建有一处石料加工场。场地呈正方形，长约 15 m。沟道中游建有一处人工平台，内堆积有大量碎石，粒径 5～20 cm。 未见人工防护工程
A32	半截岔沟	流域呈直条状，流域面积约为 0.23 km²，主沟长度约为 0.62 km，沟床比降为 345‰，流域高差 320 m，谷坡坡度 35°～45°，谷坡横断面为 V 形	①$An\in gl$，早寒武系寨兰群角闪片岩，灰绿色，分布于沟道两侧山坡中下部，表层岩体破碎，强风化，节理发育，见有少量大的闭合裂隙。②$An\in gl$，早寒武系砂岩，肉红色，钙、硅质胶结，中等风化。③Q_3m，第四系上更新统马兰黄土，灰黄色，含虫孔和白色网膜，分布于沟道两侧山坡中上部与顶部，发育厚度 20～30 m，表层较疏松，局部有滑塌至坡脚	大部分为荒山，仅局部山坡有少量人工植树，约占 8%。山坡皆为荒坡，未开垦。山坡中上部被黄土覆盖，黄土较疏松	1.沟口内外为民房和厂房，沟口处有大量泥石流堆积土碎石，可见厚度 4～10 m。2.沟口处有少量人工杂石渣和生活垃圾。3.沟口至沟中部共建有 4 座拦砂坝，其中沟口为格栅坝，下游为潜坝，上部 2 座为重力拦砂坝。①沟口建有格栅坝，高约 12 m。②沟口下游修有潜坝，局部已淤满。③沟上部建有重力坝，长约 10 m，宽约 1 m。④中游建有重力坝，长约 8 m

续表 5.3-1

编号	沟名	地形地貌	地层岩性	土壤与植被	人类工程活动
A33	咸马沟	流域呈直条状，流域面积约为 0.52 km²，主沟长度约为 1.31 km，沟床比降约为 265‰，流域高差约为 0.45 km，谷坡坡度 45°～55°，谷坡横断面为 U 形	①An∈gl，早寒武系皋兰群角闪片岩，灰绿色，分布于沟道两侧山坡中下部，表层岩体破碎，强风化，节理发育，见有少量大的闭合裂隙。②An∈gl，早寒武系砂岩，巨厚层状，肉红色，钙、硅质胶结，中等风化	大部分荒山，仅局部山坡育有大量人工植树，少量乔木为主（松树），约占10%。山坡中上部被黄土覆盖，黄土表层较疏松	1.沟口外大量民房及仓库，沟口有滑塌，泥石流堆积物，可见厚度 10～20 m。2.沟中部有一在建重力坝
A34	洞水湾沟	流域呈直条状，流域面积约为 0.11 km²，主沟长度为 0.38 km，沟床比降 405‰，沟域高差约为 0.23 km，谷坡坡度 40°～50°，谷坡纵横断面形状呈 U 形	①An∈gl，早寒武系皋兰群角闪片岩，灰绿色，分布于沟道两侧山坡中下部，表层岩体破碎，节理发育，中等风化。②γ₃¹，花岗岩，肉红色，中等风化。③Q₃m，第四系上更新统马兰黄土，灰黄色，分布于沟道两侧山坡中上部与顶部，发育厚度 10～30 m，表层较疏松，局部有滑塌至坡脚	植被以人工乔木幼林（松树）为主，覆盖程度 30%～40%。其余部分为开垦。山顶中上部被黄土覆盖，可见厚度 10～30 m，较疏松	1.沟口处有大量民房，沟槽挤占程度 95%左右。2.有少量零星人工弃渣

续表 5.3-1

编号	沟名	地形地貌	地层岩性	土壤与植被	人类工程活动
A35	圈沟	流域为直条状,流域面积为 0.55 km²,主沟长度 1.52 km,沟床比降约为 220‰,流域高差约为 0.39 km,谷坡坡度 40°~50°,呈 U 形	①An∈gl,早寒武系案兰群角闪片岩,灰绿色,分布于沟道两侧山坡中下部,表层岩体破碎,节理发育。②γ_3^1,花岗岩,肉红色,中等风化。③Q₃m,第四系上更新统马兰黄土,灰黄色,发育厚度 10~30 m,分布于沟道两侧山坡中上部与顶部,表层较疏松,局部有滑崩至坡脚	植被以人工乔木(松树)为主,覆盖程度 80%。其余部分未开垦。山顶中上部被黄土覆盖,可见厚度 10~30 m,较疏松	1.沟道内有旅游公路,山顶建筑较多,沟口有消防总队,泥石流沟槽挤占总 15% 左右。2.沟口右岸有人工堆积平台,宽约 20 m,长约 150 m,厚约 15 m,约有 4 万 m³ 弃土弃渣及生活垃圾。其余沟道内有少量弃渣。3.沟道内有浆砌石护坡,沟底有排水槽,公路侧有浆砌石护坡
A36	马槽沟	流域形状呈长条状,流域面积 0.75 km²,主沟长 1.71 km,沟床比降 168.59‰,谷坡坡度 35°~40°,断面呈 V 形。两岸支沟发育,多与主沟呈 45° 斜交	①Q₄$^{col+dl}$,第四系全新统坡崩,坡积物,主要为碎石夹土,碎石粒径 5~10 cm,最大块石 70 cm,广泛分布在沟道下游两岸谷坡较缓处和坡底。厚度 1.0~1.5 m,磨圆度较差。②Q₄$^{al+pl}$,第四系全新统冲,洪积物,成分为碎石土,少量磨圆度好,分布在下游沟道内。③Q₃m,第四系上更新统马兰黄土,灰黄色,粉质壤土,表层有较多虫孔,主要分布于沟道两侧山坡顶部。④An∈gl,早寒武系案兰群角闪片岩,灰绿色,分布于沟道两侧山坡下部,表层岩体破碎,强风化,节理发育	流域内随着旅游开发建设,泛进行大量人工造林,两岸岸坡及坡顶有人工种植的松树,沟道末端有人工栽培的果树林。沟道内局部地段杂草丛生伴有常年生灌木。整个流域内植被覆盖良好,覆盖率 50%~60%。下游基岩岸坡侵蚀较严重,上游黄土岸坡植被较为发育,侵蚀程度低,坡面较为完整	该沟道流域内人类活动频繁,正逐步建成旅游度假区。沟口两侧居民众多,房屋密集。沟道下游两岸已建有浆砌石护岸,由于左岸岸坡修建公路,削坡填方,沟道受到挤占,掩埋,过水断面收窄。下游沟道内有一拦挡坝,长约 10 m,高约 15 m,厚约 1 m,基本完好,目前其坝前堆积物与坝顶持平。沟下游右岸山坡处有木格构浆护坡,长约 20 m,宽约 34 m

表 5.3-2 西固区沟道环境地质条件简表

编号	沟名	地形地貌	地层岩性	土壤与植被	人类工程活动
X1	宣家沟	流域形状呈树枝状，流域面积约为 90.30 km²，主沟长度约为 20 km，沟床比降约为 35‰，流域高差约为 781 m，谷坡坡度一般为 25°～35°，沟口至上游约 2 km 内，谷坡断面呈 U 形谷，沟道较平直、平缓。以上流域谷坡断面面呈 V 形谷	①Q_4^{ml}，第四系全新统人工堆积物，主要为人工弃土和生活、建筑垃圾以及工厂堆放的砂料，分布在流域内村庄及工厂附近的沟道内。②Q_4^{pl}，第四系全新统洪积物，主要是砾石、碎石、砂及土，主要在沟道底部堆积，厚度为 1～2 m；在中下游沟道存在基岩崩积物，最大块径约 2 m。③Q_4^{dl}，第四系全新统坡积物，主要是碎石夹土，碎石含量约 30%，粒径一般在 2～8 cm，分布在两侧谷坡下部及坡脚，厚度为 1～2 m。④$Q_3 m$，第四系上更新统马兰黄土，浅黄色，砂及土，主要分布在沟道两侧谷坡及山顶，黄土表层较疏松，中、下游两侧谷坡及坡顶。⑤$K_1 hk$，白垩系紫红色、浅灰色砂岩、砾岩，杂色页岩，分布于沟道上，中、下游两侧谷坡及坡顶。⑥$O_{2-3} wx$，奥陶系变质安山岩、玄武岩，分布于徐顶乡下游沟道两侧谷坡及山顶	流域内植被覆盖率良好，两侧谷坡及山顶均被灌木丛、草覆盖，覆盖率为 30%～40%；沿流域内、公路边有人工种植树木；在村庄附近，沟道内及谷坡下部均有少量的农耕地。沟道中上游有村民居住，有少量崩、坡积物，坡侵蚀一般，沟道中上游两侧谷坡侵蚀轻微，坡面局部较为完整	流域内人类生产、生活频繁，沟道内修建有 G213 国道（柏油公路），路面宽为 5～8 m，沿公路修有排水渠。渠道宽窄不一，为 0.3～1 m 不等，深为 0.5～0.8 m；依公路沟道左侧谷坡坡脚不同地带修建规模大小不等的浆砌石挡墙。沟道内有流水，流量很小。沟上、中、下游内均有规模不等的村庄和农耕地。在沟口、沟道平直、平缓，较开阔，沟道内及谷坡下部均有村民居住，沟道几乎被挤占。在沟道中下游（中林村）附近，沟道内堆积大量的弃渣和砂料及生产好的成品砖。青坡沟村下游约 1 km 处，沟道及坡面堆积有人工弃土。青坡沟村上游左侧谷坡建一混凝土支沟，沟口修建 15 m，宽约 20 m，顶坝平台堆积有人工弃土。坝边缘修建有排水沟

续表 5.3-2

编号	沟名	地形地貌	地层岩性	土壤与植被	人类工程活动
X2	柳泉沟	流域呈长条形，流域面积约为 1.33 km²，沟谷呈树枝状，由一条主沟和两条支沟组成，主沟沟长约 2.1 km，支沟沟长约 320~400 m，沟床比降为 86‰，流域高差约为 190 m，沟谷两侧沟谷坡度为 30~40°。沟谷中上段断面呈 V 形，沟谷密度较大，宽为 2~3 m；下游段坡地以平整坡地、乡镇居民区及厂房等为主，沟道受人类活动影响，被填满，形成一道天然的拦挡坝	①Q₄ 人工杂填素土，分布于沟道区厂房两侧的平坦坡面等，出露于居民区沿沟道一侧有生活垃圾倾倒。②Q₃^eol 第四系上更新统马兰黄土，分布于整个流域，岩性为粉土、粉质壤土，出露厚度为 50~100 m，沿沟道底部冲沟、落水洞发育。③区内未见基岩出露	区内沟谷上段植被多为矮草、低矮灌木等，沟道右侧山坡上有人工种植的乔木，冲沟、落水洞及沟底冲蚀作用明显，沟道两侧坡地发育，落水洞直径一般为 2~4 m，深为 3~5 m，沟道左侧山坡受攻地开挖影响，植被覆盖率低，约 3%，右侧山坡植被发育良好，覆盖率为 10%~20%，总体上覆盖率为 10%，土地基本为荒地，黄土	沟道中下游两侧平坦坡面上为柳泉乡居民点、厂房、房屋以及加油站。沟道被人工填土及填实，占据整个沟道，严重影响行洪。沟口处坡上方为公路、公路一侧为居民小区，宽约 100 m，高约 30 m，坡下为环城公路、沟口无排河洪道，沟道行洪受阻，威胁人口约 5 000 人，财产约 10 亿元
X3	白崖沟	流域呈扇形，沟谷断面呈 U 形，流域面积约为 0.11 km²，由两条支沟在沟口交汇，两条支沟分别长约 320 m 和 382 m，沟床比降为 65%，流域高差约 25 m，沟谷两侧沟谷坡度为 30~40°，坡面完整性较好，沿基岩与覆盖层界面处有地下水出露	①Q₄ 第四系全新统人工堆积物，主要分布在沟道中及右侧支沟沟源处，沟源附近为机械平整开挖场地以人为堆积的松散黄土为主，沟道人以堆积的垃圾为主。②Q₂^al+pl 第四系冲洪积阶地成黄土，分布于砂岩及冲洪积阶地之上。③Q₂^eol 第四系冲洪积的砂土，厚为 3~5 m，底面高程为 1 610 m，出露于白垩系风化砂岩之上。④K₁h 白垩系褐红色砂岩，出露厚度 10~20 m，顶面高程 1 610 m，上覆 Q₂ 砂砾石层	区域内植被主要为矮草，坡面覆盖率小于 5%，沟道内为垃圾填埋场，基本无植被，坡顶现正处于大规模机械开挖、平整，土体现正为砂砾石上覆的黄土，基岩上覆的黄土层多松，黄土层厚为 20~30 m	沟道内现现为生活及建筑垃圾埋场，其中上部平台已被压实，宽约 50 m，长约 200 m，沟源处堆积厚度为 5~10 m，沟道内垃圾坡顶正在平整开挖，坡面土层流松，多处产生滑塌，坡面填满，宽约 30 m，高约 50 m，沟道出口处处为 2~5 m，厚为 2~5 m，沟道出口处处为公路便道，公路桥涵，行洪通道汉靠公路公路涵

续表 5.3-2

编号	沟名	地形地貌	地层岩性	土壤与植被	人类工程活动
X4	红石崖沟	流域呈长条形，主沟与支沟交叉口上游段断面呈V形，沟底狭窄，宽为2~3 m，向下游方向直至沟口沟谷断面呈U形，流域面积约为0.94 km²，由一条主沟组成，主沟长约1 500 m，沟床比降为102‰，流域高差约为155 m，沟谷两侧上段坡度为35°~45°，沟谷中下段坡面有小型冲沟、崩塌体发育	①Q4第四系全新统人工堆积物，主要分布在沟谷中下段沟道以及两侧沟底以及建筑施工填土、弃土以及场地平整区。②Q3^al第四系上更新统马兰黄土，分布于整个流域，岩性为粉土、粉质壤土，未见其底部，出露厚度为50~100 m，流域范围内未见基岩出露	流域内沟谷上段植被多为矮草，山顶及山脊为人工种植的乔木，坡面植被覆盖率约10%，沟谷上段植被覆盖松，坡面黄土较疏松，坡面植被覆盖较差，坡面黄土较疏松，沟谷中下段为较平坦地带为建筑施工用地，植被覆盖率极低，小于3%，坡面黄土较疏松	沟谷中下段为建筑施工开发用地，正在进行施工，局部弃渣弃土直接填满沟道，开发面积较大，基本占据整个流域的中下段沟谷和两侧岸坡，原有的中段沟道基本被填平，坡面明显被开挖整平，已无明显的沟道痕迹。沟口处约占有一半的沟道，约挤占为居民房屋，多处填房屋、砖混路基、堵塞沟口为公路路基、堵塞沟口
X5	专儿沟	流域呈长条形，流域面积约为26.5 km²，沟谷呈树枝状，由一条主沟和一条支沟组成，主沟长约14 km，支沟长约6.7 km，沟床比降为41‰，流域高差约为570 m，沟谷两侧坡度为35°~45°，主沟与支沟交叉口处至上游段断面呈V形，沟底狭窄，宽为2~4 m，沟底有水流，交叉口向下游段断面呈V形，填后沟道宽为10~50 m，两侧坡度为30°~40°	①Q4施工弃渣弃土，分布于居民点附近，主沟交叉口处到沟口开挖形成的渣土、石块，主要为人工填方等，沟口居民区一侧有人工填筑的小路，沿小路一侧有生活垃圾倾倒。②Q3^al第四系上更新统马兰黄土，分布于整个流域的山顶及半坡面，岩性为粉土、粉质壤土，床见3K，白垩系褐红色、灰色砂岩、细砂岩，主沟交叉口处出露基岩，出露厚度为50~70 m。主沟交叉口出露基岩顶面高程1 750 m，产状：①190° ∠15°~20°，100° ∠15°~20°，靠近沟口位置其顶部上覆砂账土，厚层埋约2 m，基岩出露高程为1 670 m，右侧出露左侧基岩出露高程为1 730 m；居民区顶面高程约1 620 m，右侧基岩顶面高程约1 585 m	区内植被多为矮草，坡面总体完整性较好，局部因修路切坡形成临空的边坡，流域坡面上偶见黄土坡面崩塌体，原有植被一般保存完好，覆盖率达到20%~30%，土地基本为荒地，主沟交叉处向下游沟道内为工程施工废弃的弃渣填土，黄土多见于工程顶部山半坡面，黄土坡面完整性较好	主沟与支沟交叉口附近至下游居民区附近为居民区，施工地工程区，涉及绕城铁路施工，速水源地工程以及工程横跨沟道为工程施工填筑的道路，沟道两侧筑为土填筑的道房，仓库以及施工营地板房，基本挤占整个沟道。沟口两侧均为居民区，建筑为板房、砖混瓦房等，道路两侧有弃土、弃渣以及生活垃圾，臭水等导向沟道内排泄

续表 5.3-2

编号	沟名	地形地貌	地层岩性	土壤与植被	人类工程活动
X6	元托峁沟	流域下游段呈扇形,流域面积约为 0.17 km²,合约为 0.81 km,沟床比降约为 144.4‰,流域高差约为 117 m,合坡坡度一般为 20°~30°,局部近直立。合坡断面呈 V 形。沟头左侧地形平坦	①Q_4,人工堆积物,主要为人工弃渣及生活垃圾,厚度为 0.2~0.5 m,堆积于沟道中下游沟道内。②Q_3m,第四系上更新统马兰黄土,浅黄色,主要分布在沟道两侧合坡及山顶,黄土表层较疏松	流域内沟道上游右侧合坡及坡顶植被茂盛,覆盖率约 90%,主要为人工种植松柏,杨树,灌木及草,左侧合坡以灌木和草为主,覆盖率约 30%;沟道中下游沟道两侧合坡及坡顶植被覆盖率约 25%,主要以灌木,草为主。沟道两侧合坡及坡顶均以黄土覆盖,表层较疏松	沟道中上游沟道内有人工修建上山楼梯,楼梯宽约 1.5 m,楼梯旁有排水沟。沟道内有输电线路。沟道中下游沟道内人工堆积有生活垃圾,无挡渣措施;无防治工程。沟口沟道已被废品收购站完全挤占;沟口前是桥涵高速公路,桥涵宽约 30 m,高约 3 m
X7	来家沟	流域下游段呈扇形,流域面积约为 0.49 km²,沟床长度约为 1.60 km,流域高差约为 240 m,主沟比降约为 150‰,合坡坡度一般为 20°~30°,局部近断面呈 U 形	①Q_4,人工堆积物,主要为人工弃土及生活垃圾,为细粒土,松散,厚度为 0.5~2 m 不等,堆积在沟口上游合坊之上,右侧坡面及沟道中上游。③Q_3m,第四系上更新统马兰黄土,浅黄色,主要分布在沟道两侧合坡及坡顶,黄土表层较疏松	流域内,沟口植被覆盖率为 10%,沟口两侧坡面生长稀疏灌木丛,草。沟道内有少许人工种植杨树;沟道中上游沟道两侧合坡坡顶覆盖率约为 40%,均种植松柏,杨树均在沟道两侧合坡表层,黄土表层较疏松	沟口沟道内已被建筑物挤占,出沟口前是桥涵绕城公路,桥涵宽约 5 m,高约 4 m。沟口上游两侧合坡坡顶均有建筑物。沟道中上游沟道内有一空厂房和一大合养殖场,沟道右侧坡顶有上山公路。沟道上游沟道内有多级合级谷防

续表 5.3-2

编号	沟名	地形地貌	地层岩性	土壤与植被	人类工程活动
X8	野狐沟	流域呈条带状,流域面积约为 1.4 km²,主沟长约为 1.28 km,主沟西支沟长约为 0.66 km,西支比降约为 53‰,流域高差约为 225 m,沟道下游局部坡度一般为 40°~70°,谷坡断面多为 U 形和宽 V 形,西支沟上游段呈 V 形	①Q_4,第四系全新统人工堆积物,主要为建筑垃圾、生活垃圾和人工填土,主要分布于西支沟道内和主沟道路两侧。②Q_4^{pl+dl},第四系全新统冲洪积物,碎石土,主要在西支沟道中上游底部,因主沟为水泥路面,主沟沟底无冲、洪积物。③Q_3^m,第四系上更新统风积黄土,浅黄色,广泛分布于沟两侧山坡,发育厚度一般为 30~80 m,中下游黄土厚度较薄,多为 30~40 m,上游黄土覆盖层较厚,为 40~80 m,沟道下游局部见有砂砾石层,可见厚度为 0.5~1 m	沟道中下游两侧山坡发育有稀疏杂草,上部生长有少量乔木,上游两侧坡面中上部和顶部多种植有灌木和乔木,流域内植被覆盖率为 30%~40%	人为活动分布于沟道下游,沟口和西支沟内,沟道下游侧房屋较多,沟道下游无河洪,但沟道被房屋挤占严重,仅沟道宽两车道(8~10 m),部分房屋已废弃。主沟口与沟交汇处(支沟沟口存在较多废弃房屋和建筑垃圾,多为砖石堆积,西支沟口已被填平,主要为黄土,其上为少量建筑垃圾
X9	洪水沟	流域形状呈条带状,流域面积 10.21 km²,主沟长 7.5 km,沟床比降 83‰,沟谷谷坡坡度 40°~75°,沟道断面呈 U 形(中下游沟道隧道开挖作为公路、水利工程隧道开挖、渣场被填筑平整)	①Q_4,第四系全新统人工素填黄土,浅黄色,土质均匀,源于铁道、公路、隧道开挖弃渣等石渣的碾压、平整过程。②Q_3^{al+pl},第四系上更新统碎石层,成分为夹砂卵石,主要在沟道中下游底部可见连续分布,厚度约为 20 m,卵石粒径一般为 3~10 cm,磨圆度中等。该层因原有沟道土夹砂卵石冲洪积物在沟道进一步下切作育因为地壳抬升残留的冲积物,下切在坡壁残留的冲积物。③Q_3^m,第四系上更新统马兰黄土,浅黄色,土质均匀,主要分布于沟道谷坡上部,厚度大于 50 m,表层较疏松	沟道两侧谷坡生长草本植物,覆盖率为 10%~20%,谷坡为荒坡,未被开垦,坡上黄土发育,厚度大于 50 m,黄土坡面较不完整,中等坡度,种植乔木,覆盖率约为 30%	在沟道中下游,由于铁道、公路、水利、隧道开挖的原因,有弃渣(黄土)在沟底堆积,经过一定程度的平整、碾压作用,部分坡脚松散堆积,沟道下游左岸山体顶部因平整的原因,有大量建筑垃圾堆积,在左岸小沟中堆积,沟口处大量建筑垃圾堆积,未见泥石流防护措施

续表 5.3-2

编号	沟名	地形地貌	地层岩性	土壤与植被	人类工程活动
X10	马耳山沟	流域形状呈扇形叶片状,流域面积 0.67 km²,主沟长 0.45 km,沟床比降 83‰,流域高差 38 m,由于人工削坡,沟合谷坡坡度 50°～75°,沟道断面呈 V 形。流域上游被建筑建平整用于村庄或耕地	①Q₄ᵣ,第四系全新统人工堆积物,主要为建筑和生活垃圾,主大量堆积,已被拆除,建筑垃圾已被清理。②Q₃ₘ,第四系上更新统马兰黄土,浅黄色,土质均匀,主要分布于主沟合谷坡及上游平台	流域上游筑填平台和主沟两侧坡顶种植果木,覆盖率约 40%。主沟谷坡较多草本植被。流域土体利用率较高,大部分面积平整,侵蚀程度低	流域上游被人为填平用作居民地或种植地(果木),主沟源头或各坡上生活垃圾大量堆积。沟底原有居民建筑已被拆除,建筑垃圾已被清理,未见泥石流防护措施
X11	脑地沟	流域形状呈香蕉叶片状,流域面积 6.2 km²,主沟长 6.4 km,沟床比降 71‰,流域高差 450 m。流域中上游沟道切割割很深,谷坡纵横断面呈 V 形,沟道底部宽 3～5 m,谷坡相对高差大于 200 m,沟合谷坡下游地势变缓,谷坡纵横断面呈 U 形	①Q₄ᵣ,第四系全新统人工堆积物,为建筑和生活垃圾,分布在下游沟道以及中游垃圾填埋场。②Q₄ᵖˡ⁺ᵃˡ,第四系全新统冲洪积,以粉土为主,夹卵砾石,主要在沟底堆积。③Q₃ᵃˡ,第四系上更新统冲积,土夹卵砾石,在沟道下部两侧露出,上游可见明显阶地,中游因沟道冲刷下切,阶地不明显,仅在沟道下部两侧夹杂卵石分布。④Q₃ₘ,第四系上更新统马兰黄土,浅黄色,土质均匀,硬塑性,广泛分布于干沟道两侧山坡,厚度大于 100 m。⑤K₁hh,白垩系下统砂岩夹黏土岩,褐红色,主要在流域上游沟道底部出露	流域植被覆盖率低,总体小于大多10%。流域上游和下游坡上大多开荒种地,中游坡度较陡峭,山体多见黄土滑塌,侵蚀严重	沟道上游沟床建有一处垃圾填埋场,规模顺沟口长约200 m,其上、下游筑土坝,填埋场上盖有土工膜防渗。填埋场右岸设置一导流渠,宽约 1 m,高约 2 m。填埋场下游 200 m、400 m 处各建有一处土坝,高度约 10 m 和 20 m,应为在建垃圾填埋场。两侧岸坡已人工削坡,岸坡较完整,稳定性较好。沟口段沟床多被居民建筑挤占。沟道中未见泥石流治工程

续表 5.3-2

编号	沟名	地形地貌	地层岩性	土壤与植被	人类工程活动
X12	小坪子西沟	该流域由于人类活动的影响,原沟道地形地貌已完全改变。由于修建高速公路,高速公路以下沟道已被填平,高速公路以上沟道几乎被生活垃圾填平;高速公路降水将排入高速公路的排水系统。因此该沟以上流域降水不会发生泥石流			
X13	小坪子沟	流域下游段呈扇形,流域面积约为0.025 km²,主沟长度约为0.35 km,沟床比降约为57.1‰,流域高差约为20m,谷坡坡度一般为20°~30°,局部近直立。谷坡断面呈U形	①Q_4,人工堆积物,主要为人工堆积黄土及大量的生活垃圾,含少量碎石。主要分布于沟道上游、沟头。②Q_3^m,第四系上更新统马兰黄土,浅黄色,主要发育厚度约30 m,主要分布在沟道下游两侧谷坡,表层较厚	流域内植被覆盖率约为5%,沟口两侧坡面生长稀疏灌木丛、生草。沟口段右侧坡面有人工种植松柏。沟道两侧谷坡顶均以黄土覆盖,厚度约30 m,黄土表层较疏松	由于修建高速公路,绕城公路该流域中游部位已无沟道,高速公路以上,已无明显沟道特征,沟头两侧坡面及沟道内堆积大量的生活垃圾,沟头平。沟道内正被人工填埋,沟头及黄土两侧均是后植种植树木,沟头山槽已被两户民村庄。沟道内沟槽已被两户民房挤占,出沟口有养牛场及废品收购站
X14	白虎沟	流域呈条带状,流域面积约为4.5 km²,主沟长约为4.26 km,沟床比降约为83‰,流域高差约为482 m,谷坡坡度一般为40°~75°,沟道局部坡度较陡,可达90°,谷坡横断面多为V形,下游至沟口口段呈U形	①Q_4,第四系建筑垃圾、生活垃圾、工填土,主要为建筑垃圾和人工填土,沟道下游沟道内,沟道中上游局部沟内和坡面也有少量堆积。②Q_4^{pl+dl},第四系全新统洪、冲积物,碎石土,广泛分布于沟道底部,厚度一般为0.5~2 m。③Q_3^m,第四系上更新风积黄土,浅黄色,广泛分布于沟道两侧山坡,发育厚度一般为30~90 m,中下游黄土层较薄,为30~50 m,中上游黄土覆盖层较厚,为40~90 m	沟道中上游两侧山坡多覆盖有杂草,两侧山坡顶部多植被覆盖,流域内植被覆盖率为20%~30%。沟道两侧黄土坡多被黄土覆盖,中下游黄土覆盖层较薄,多为30~50 m,中上游黄土覆盖层较厚,为40~90 m,黄土表层多较疏松,局部见有雨水冲刷的侵蚀痕迹和黄土滑塌现象	人为活动主要分布于沟口和中下游沟槽内,沟道上游工厂房和工厂的堆积物(铁管、钢管、木材,混凝土构件等)挤占严重。沟道下游右侧局部有大量建筑、生活垃圾。有高架公路和铁路横穿沟道,沟道上游存在人工堆积平台。沟道上游两侧山坡为小坪山塞区,两侧山坡下游右侧存在大量墓地。沟道下游右侧局部坡面(有浆砌石挡墙和护坡),高为10~12 m,顺沟长为100~120 m。主沟与支沟交汇处两侧部分坡面建有护坡,主支沟交汇处上游右侧坡面建有不连续挡墙

续表 5.3-2

编号	沟名	地形地貌	地层岩性	土壤与植被	人类工程活动
X15	黄胶泥沟	流域呈条带状,流域面积约为 4.48 km²,主沟长度约为 4.19 km,沟床比降约为 98‰,流域高差约为 408 m,坡度一般为 35°～70°,谷坡下游局部坡面较陡,可达 90°,沟道下游横断面多为 U 形和宽 U 形,上游段呈 V 形	① Q₄ᵐˡ,第四系全新统人工堆积物,主要为建筑垃圾、生活垃圾和人工填土,主要分布于沟道中游沟道内和局部沟道内以及两侧山坡。② Q₄ᵖˡ⁺ᵈˡ,第四系全新统冲、洪积物,碎石土,主要在沟道上游底部和中下游沟道底部,碎石粒径一般为 2～20 cm,碎石含量为 10%～25%,厚度一般为 0.5～2 m。③ Q₃ᵉᵒˡ,第四系上更新风积黄土,浅黄色,广泛分布于两侧山坡,发育厚度一般为 30～70 m,中下游黄土层较薄,黄土覆盖层较厚,多为 30～40 m,上游黄土层较厚,为 40～70 m,局部黄土下部见有砂砾石层,可见厚度为 0.5～2 m。④ K₂ₕₖ,白垩系下统甲群泥岩、砂质泥岩,紫红色或棕红色,干沟道下游右侧山坡局部出露,产状为 112°∠47°	沟道两侧山坡发育有稀疏杂草,沟道内和沟道两侧坡面顶部种植有少量果树和农田,流域内植被覆盖率为 10%～25%。沟道两侧山坡多被黄土覆盖,中下游黄土层较薄,黄土覆盖层较厚,土表层多较疏松,存在水土流失现象,局部见有雨水冲刷侵蚀痕迹和黄土滑塌现象	人为活动分布于沟口和整个中下游沟道内,沟道下游被工厂厂房挤占严重。沟道下游两侧坡面和坡脚分散的堆积有建筑、生活垃圾,下游沟道左侧山坡顶部建有庙宇,沟道下游道路左侧建有一水位监测桩。沟道中下游上方南山环城路横穿沟道,环城路附近左侧山坡建有工厂、高压电塔,下方沟道较宽阔,约 100 m,沟道中游,南山路沟道上游约 100 m 处存在人工堆积平台。中上游沟道内存在钢管厂、驾校和大型停车场(内有几千辆新车),还有一处已平整场地,四周有护栏网,已种树,已挖渠道

续表 5.3-2

编号	沟名	地形地貌	地层岩性	土壤与植被	人类工程活动
X16	八面沟	流域呈长条形,沟道呈蛇形,弯曲曲折,流域面积约为2.87 km²,整个沟谷由1条主沟和3条较大的支沟组成,主沟长约为2.87 km,支沟长度一般为400~1 000 m。主沟沟床比降约为40‰,流域高差约为115 m。两侧沟谷坡度一般为30°~40°,沟道断面多呈V形,谷底狭窄,沟底宽为2~3 m。沟谷中下段沟底有流水。主沟与下山坡沟交叉处,沟道变宽,为10~20 m,坡度为20°~30°;沟道下段呈U形,沟底宽为5~10 m,多见冲积堆块石、巨石等,块径为0.5~3 m;两侧沟底面及沟底局部有泉水出露,呈细流状	①Q_4^{pl+dl},第四系全新统洪冲积物,多分布在沟道,为上游及两侧谷坡冲积下来的堆积物,岩性为黄土夹碎石块。②Q_3m,第四系上更新统马兰黄土,浅黄色,表层疏松,多分布于山顶及半坡,厚为5~10 m,多沿坡面崩塌,厚为0.5~1 m。③K_1hk,白垩系黏土岩,砂岩,砂砾岩,岩性为紫红色细砂岩,流域内广泛分布,出露厚度一般为100~200 m,多呈层状分布,沟道处及半坡位置受雨水冲蚀严重,产状:①60°∠50°;②65°∠35°	流域总体植被稀少,植被多为草本植物,两侧谷坡多发育小型崩塌、滑坡,坡面冲蚀作用强烈,沟道冲蚀作用明显,植被破坏严重,覆盖率小于10%,黄土堆积厚度为5~10 m,坡体植被不发育,黄土体较疏松。 与下山坡沟交叉处沟道变宽,坡下山坡沟植被覆盖率约5%,坡面受雨水冲蚀及坡面径流影响,坡面完整性较差,植被破坏严重,沟道为荒草丛	沟口处200 m,为人类生活活动区,有修路形成的人工填土,民房及农田,沟口处堆土基本挤占沟道,坡脚受流水侵蚀,形成临空的陡壁,沟道宽为1~2 m。 沟口出山口排洪沟被小路填土填满,过水仅为一直径约1.5 m的涵管,沟道两侧生活及建筑垃圾堆积,过公路处为一宽约3 m,高约3 m,长约10 m的马蹄形涵洞。 目前无防治工程措施。

续表 5.3-2

编号	沟名	地形地貌	地层岩性	土壤与植被	人类工程活动
X17	萨拉坪东沟	流域呈长条形,流域面积约为 0.63 km²,整个沟谷由 1 条主沟和 1 条较大的支沟组成,主沟长约为 1 km,支沟长度约为 300 m,主沟沟床比降约为 119‰,流域高差约为 120 m。两侧沟谷坡度一般为 35°~55°,沟底处边坡多呈直立,沟道断面多呈 V 形,谷底狭窄,沟底宽约 1 m	①Q₄ᵐˡ 第四系全新统人工堆积物,主要分布在沟口位置的沟道内,粉质壤土夹碎块石,为人工填平并压实的堆积场地。②Q₃ᵐ,第四系上更新统马兰黄土,浅黄色,表层流松,在沟谷,山坡,山顶零星分布,厚为 5~10 m,在半坡及沟道内为冲积洪积物,厚为 0.5~1 m。③K₁hk,白垩系黏土岩,砂岩,砂砾岩,岩性为紫红色细砂岩,流域内广泛分布,出露厚度一般为 100~200 m,多呈受坡面状分布,产状:①45°∠43°;②35°∠36°;③45°∠55°;④55°∠23°	流域内植被多为草本植物,覆盖率约为 10%,坡面受雨水冲蚀及坡面径流影响,坡面完整性较差,植被破坏严重,土地基本为荒地,黄土零星分布于基岩坡面,厚度较薄,为 0.1~0.3 m,较疏松	沟道下段有人类生产活动,沟口处有农田,民居,人工板房及部分人为倾倒的垃圾。距沟口处约 200 m 处,为人工填土,岩性为粉质壤土夹碎块石,已经过压实,整平,基本挤占全部沟道,从沟底填起,长约 110 m,宽约 10 m,高度约 5 m。目前无防治工程措施
X18	盐西沟	流域呈带状,流域面积约为 0.33 km²,主沟长约 2.56 km,整个沟谷由 1 条主沟和 4 条较大的支沟组成,支沟长为 150~450 m,主沟沟床比降为 280‰,流域高差约为 280 m,整个主沟,支沟断面呈狭窄的 V 形,两侧沟谷坡度为 50°~60°,沟源处坡度近直立,为 70°~80°,坡面风化剥蚀严重	①Q₄ᵖˡ 第四系全新统人工堆积物,主要为沟道出口的公路路基,主支沟沟狭窄,无人类活动,未发现人工堆积物。②Q₄ᵖˡ⁺ᵈˡ 第四系全新统沟谷崩积,坡积物,在主沟,支沟沟谷沟道内及两侧山坡大量分布。③Q₃ᵐ,第四系残坡积黄土,在山顶有零星分布。④白垩系灰绿色砂岩,紫红色砂岩,表层多呈全强风化岩,在沟道内分布广泛	沟源处坡度近直立,坡面风化剥蚀严重,坡面植被盖率为 0,沟谷两侧边坡发育,坡面土体流松,疏松堆积体厚度在数米至几十米不等,植被覆盖率在 10%,坡面重力破坏作用强烈,遇水后易垮塌	沟道内基本无人类活动,在沟道出口南侧有公路,菜地及少量民居房

表 5.3-3 七里河区沟道环境地质条件简表

编号	沟名	地形地貌	地层岩性	土壤与植被	人类工程活动
Q1	供热站西沟	供热站西沟原流域面积 0.38 km²，主沟长 0.40 km。近年来，由于土地开发，原沟道地形地貌已完全改变，原沟道已被填平，仅在沟口剩余约有 30 m 未完全填平。因此，供热站西沟沟道已不复存在			
Q2	供热站东沟	流域形状呈扇形，流域面积约为 0.25 km²，沟长约为 1.1 km，沟床比降约为49.1‰，流域高差约为 54 m，谷坡坡度一般为 40°～50°，局部近直立。谷坡断面呈 U 形	①Q_4^{pl}，第四系全新统人工堆积物，主要为人工弃土，含少量砾石，堆积在沟口上游约 600 m 处左侧谷坡，堆积厚度为 1.5～2 m，各处不等厚。②Q_3^{al}，第四系上更新统砂卵砾石层，覆盖于两侧谷坡马兰黄土层之下，为河流冲积阶地，砾石磨圆度较好，砾径一般在 2～5 cm，厚度约 50 m，中间夹一层沙壤土，厚度约 10 m。③Q_3m，浅黄色，第四系上更新统马兰黄土，主要分布在沟道两侧谷坡山顶，表层较疏松	流域内植被覆盖率为 10%～20%，主要是灌木丛、草。沟口段右侧坡面有人工种植松柏。沟道两侧谷坡顶均以黄土覆盖，厚度为 5～10 m，黄土表层较疏松	沟口前是兰新铁路，沟道口已成一涵洞，宽约 4 m，高约 3 m。沟口上游约 200 m 处，左侧坡谷已被人工开采砾石，沟口至上大部分已被采开采。沟口内沟道左侧游约 500 m 范围内沟道左侧是一处化工厂，占地面积约 20 000 m²。沟口上游约 700 m 处，沟道左侧是一电厂，上游是村庄。沟道中部是公路

续表 5.3-3

编号	沟名	地形地貌	地层岩性	土壤与植被	人类工程活动
Q3	大金沟	流域形状呈扇形叶片状，流域面积 24.5 km²，主沟长度约 14 km，主沟道比降约 31‰，流域高差 430 m，沟谷谷坡坡度 30°~50°，中下游黄土区谷坡纵横断面呈 U 形，上游谷坡纵横断面呈 V 形	①Q4^r，第四系全新统人工堆积物，主要为建筑和生活垃圾，主要分布在下游沟道两侧阶地或岸坡上。②Q4^al+pl，第四系全新统冲洪积，成分为主要分布在沟道底部内。③Q3^al，第四系上更新统冲积，以土夹砂卵石为主，土质均匀，黄色，主要分布在沟道两侧平台阶地，平台一般高于沟底为 30~50 m。④Q3^eol，第四系上更新统马兰黄土，浅黄色，土质均匀，硬塑型，厚度为 50~80 m。⑤K1hk，白垩系下统粉砂岩，棕红色，岩石多为中等风化，主要分布在流域上游沟道两侧山坡	沟道中下游沟底见有少量灌木，岸坡两侧种有人工乔果树，其他皆坡涧平台上育有果树，为荒地。两侧坡均为黄土，黄土堆积厚度为 50~80 m，坡面较不完整，水土侵蚀较强。植被覆盖率小于 10%，侵蚀程度较轻	沟口上游约 200 m 处有一公路与沟道交叉，沟道以涵洞形式过流，过流能力小，目两侧大量生活垃圾堆积；公路住上游约 500 m 段沟床较宽，两岸冲积阶地发育，沟道内局部建有厂房及通往上下游土路。由于绕城公路隧道施工，该处沟道内临时堆积大量开挖松散土体

续表 5.3-3

编号	沟名	地形地貌	地层岩性	土壤与植被	人类工程活动
Q4	小金沟	小金沟沟道分为两段,上游段(上游、中游)为出山口以上段,下游段(下游)为出山口下游段(沟道冲刷切割黄河Ⅲ级阶地所形成)。流域面积约14.7 km²,主沟长度约11 km,主沟道比降约43.5‰。流域形态呈柳叶形,上游沟谷狭窄,呈V形,中游沟谷曲折,河曲发育,下游坪段沟谷宽浅,呈U形,宽约15 m,两岸地形平坦	①Q_4,第四系全新统人工堆积物,主要为建筑和生活垃圾以及松散堆土,其中建筑、生活垃圾集中在建山口下游段,松散堆土集中在绕城公路隧道开挖段。②Q_3^{al+pl},第四系上更新统冲洪积物,以砂卵石为主,含粉土层,其中砂卵石厚度为3~10 m,粒径2~10 cm,磨圆度中等,以阶地的形式分布于上游沟道底部和下游沟道两侧。③Q_3^{eol},第四系上更新统马兰黄土,在沟道上游段谷坡广泛分布,岩性为粉质黄土,出露厚度为50~100 m,多见冲沟和小型落水洞发育。④K_1hk,白垩系下统砂岩,褐红色,分布在沟道源头	上游段谷坡自然生长草本植物,坡地均为荒坡,植被覆盖率为10%~20%。黄土坡面侵蚀度中等。下游段两岸地形平坦,土地利用程度高,为工业厂房或果木林	上游段沟道干在建绕城公路隧道开挖处存在大量松散黄土在沟底和谷坡堆积;下游段出山口段见大量建筑和生活垃圾堆积。在下游段末端与铁道线交叉段,沟道底部见铁道浆砌石排导渠,并以涵洞的形式穿过铁路线,涵管直径约5 m,沟道经过清理,堆积物较少

续表 5.3-3

编号	沟名	地形地貌	地层岩性	土壤与植被	人类工程活动
Q5	石板沟	流域呈条带状，流域面积约为 5.64 km²，主沟长度约为 7.06 km，沟床比降约为 82.4‰，流域高差约为 800 m，谷坡坡度一般为 30°～75°，上游段有梯田处谷坡坡度较缓，有梯田处的边坡坡度为 10°～35°，沟道两侧局部坡面较陡，可达 90°。沟道下游段谷坡横断面多为 U 形，中上游段谷坡横断面多位复合型断面，中上部因两侧梯田山坡的存在而呈宽 U 形	① Q₄，第四系全新统人工堆积物，主要为建筑垃圾、生活垃圾和人工填土，主要分布于沟道下游沟道内，沟道中上游局部沟内和坡面也有少量堆积。② Q_4^{al+pl}，第四系全新统冲、洪积物，碎石土，广泛分布于沟道底部，厚度一般为 0.5～3 m。③ Q_3^{al}，第四系上更新统阶地黄土，浅黄色，分别分布于石板沟中上游沟道两侧山坡下部和沟道下游沟口处，其下部可见有 1～3 m 厚的砂卵石层，砂卵石粒径多为 5～20 cm。④ Q_3^{eol}，第四系上更新统风积黄土，浅黄色，广泛分布于两侧山坡，黄土覆盖层较厚，为 100～170 m	沟道下游近沟口处两侧山坡生长有较多乔木，山坡中上部和顶部覆盖有杂草，沟道中上游两侧山坡多生长灌木与乔木，中上游山坡中上部多为梯田，流域内植被覆盖率为 30%～40%。沟道两侧山坡多被黄土覆盖，黄土覆盖层较厚，为 100～170 m，黄土表层多较疏松，存在水土流失现象，局部见有落水洞、冲沟以及雨水冲刷侵蚀痕迹和黄土滑塌现象	沟口处修建有浆砌石排洪渠，沟口局部有分散的堆放有少量生活垃圾。沟道下游隧道在建（高约 15 m）拦截沟道上游山坡分散的石板山隧道上游用堆积土，拦截沟道作为通往隧洞的路基，在路基下建有涵洞，建成后将通过涵洞过水或通行。沟道两侧山坡分布有一些墓地，中上游沟道两侧山坡中上部多建有梯田

续表 5.3-3

编号	沟名	地形地貌	地层岩性	土壤与植被	人类工程活动
Q6	李家沟	原沟道地形地貌保存较好地段仅有100余m，位于沟口上游100m以上，该处沟道宽40~60m，两岸为黄土岸坡，岸坡坡度大于50°，沟道内分布大量民房，已将整个沟道侵占	①Q_4，第四系全新统人工堆积物，主要为建筑垃圾及弃土，分布在中游至沟头已被推平的人工平台处。②Q_3^{eol}，第四系上更新统马兰黄土，浅黄色，粉质黏土，土质均匀，主要分布于主沟下游两岸岸坡	沟道整体上人类活动强烈，原岸基本上被改造，周围坡顶及沟道顶及半坡有零星植被发育，覆盖率为5%~10%	原沟道上游已被整平，建起了高楼、企业仓库等。沟道的中游正在进行土方工程，原沟道将被填平。沟口附近有城市道路及多条铁路线穿过，沟口以下分布大量民房
Q7	路家咀沟	由于受人类活动的影响，原沟道面积和形态状已发生巨大变化。沟道中上游目前已被夷为平地，正在进行大规模开发建设，原地形地貌发生彻底改变	①Q_4，第四系全新统人工堆积物，主要为建筑垃圾及弃土，分布在中游至沟头已被推平的人工平台处。②Q_3^{eol}，第四系上更新统马兰黄土，浅黄色，粉质黏土，土质均匀，主要分布于主沟下游两岸岸坡	沟道下游两岸仅有少量岸坡、岸坡均为黄土岸坡，植被不发育	沟口上游附近有城市道路，铁路垂直穿过，沟口处建成城市立交，沟口下游人口密集，建有大量民房。沟口上游约100m处有一蔬菜批发市场，该处沟底宽30~50m。沟口两岸坡上有人工修建浆砌石护岸
Q8	狸子沟	流域呈长条形，流域面积约为6.25 km²，沟谷呈树枝状，主要由一条主沟和一条支沟组成，主沟沟长约9.12 km，支沟沟长约1.4 km，沟床比降为47%，流域高差约为430 m，沟谷两侧坡度较大，沟段呈中上坡坡度约30°~40°。沟谷断面呈V形，宽为2~3 m，沟底狭窄，两侧坡地为梯形式衣耕地，坡顶为山村及村间便道，坡面完整性较好，冲沟位置沟头发育	①Q_4，第四系全新统人工堆积物，分布于出山口到河洪道两侧，为居民地、建筑区，工厂及学校等，均为人工填土、工程填土，均为人工填土。工程建筑弃渣等为人工填土。沟道下游右侧为公路施工开挖成的弃土弃渣区。②Q_3，第四系上更新统马兰黄土，分布于流域，岩性为粉质黏土，粉质壤土，出露厚度为100~200 m。③区内未见基岩出露	流域内植被多为衣林，果树，经济作物等，衣林地覆盖于山坡两侧梯田式阶地，覆盖率约50%。受耕种影响坡面完整性较好，土地利用类型多为耕地、果林、黄土堆积于整个流域，厚度100~200 m，完整性较好，流域总体植被覆盖率为20%~30%	沟头处有居民建筑物、衣田、林地等，沿坡面多为梯形农田，沟道中段为公路隧洞、桥梁施工，弃土、弃渣堆弃到沟道中，沿沟道处挖的沟道内为山口至山洪冲积的黄土、砂，沟道两侧有生活、建筑垃圾堆弃，局部有施工弃土弃渣，沟道边坡及沟底无护工护坡等工程措施

续表 5.3-3

编号	沟名	地形地貌	地层岩性	土壤与植被	人类工程活动
Q9	黄峪沟	流域呈半世芭蕉叶片状，流域面积约为47.29 km²，主沟长度约为12.4 km，沟床比降约为64.7‰，流域高差约为930 m，中谷坡坡度一般为20°～70°，上游段有坡耕地处谷坡坡度较缓，无坡耕地处谷坡坡度较缓。主沟沟道上游横断面呈V形，中下游段谷坡横断面多为U形或中游宽U形。主沟沟道上游两侧沟道面常见有较大冲沟存在，冲沟纵比降较陡	①Q_4^s，第四系全新统人工堆积物，主要为建筑垃圾、生活垃圾和人工填土，主要分布于沟道下游沟道内。②Q_4^{al+pl}，第四系全新统冲、洪积物，碎石土，广泛分布于沟道底部，厚度一般为0.5～3 m。③Q_3^m，第四系上更新统风积黄土，分布于中下游两侧山坡和支沟两侧山坡，覆盖层厚为70～150 m。④K_1lh，白垩系下统河口群砂砾岩夹黏土岩及砂砾岩，灰褐色，分布于主沟沟道上游两侧坡，该层可见厚度为70～120 m。基岩产状:135°∠24°	主沟中下游现沟床两侧阶地多发育，存在农田。支沟内中上游多有荣草和少量乔木灌木，中上游为林场。流域内植被覆盖率为30%～45%。沟道中下游两侧山坡多被黄土覆盖，黄土覆盖层较厚，为70～150 m，黄土表层多见，局部见有落水洞，存在水土流失现象，冲沟以及雨水冲刷层蚀痕迹和黄土滑塌现象	人为活动主要分布于沟口、下游沟道以及中上游沟道下游侧山坡，主沟沟口和沟道下游侧存在较多建筑房屋，兰州工业学校位于沟口处，黄峪乡位于沟道下游，沟道下游两侧和沟道下游侧存在较多住房、工厂、农田、学校等基础设施
Q10	深沟	流域呈叶片状，流域面积约为2.03 km²，沟长约2.1 km，沟床比降为86%，流域高差为180 m。沟谷上段沟道呈V形，谷底狭窄，两侧顶部为耕地、梯田，沟道内局部发育有落水洞，两侧沟面坡度为40°～50°，冲沟较为发育	①Q_4^s，第四系全新统人工堆积物，在沟道上段右侧有一段宽约200 m的人工弃土、弃渣场，沟口附近右侧长约300 m的小支沟为垃圾埋场。②Q_3^m，第四系上更新统风积黄土，分布于整个流域。③流域内未见基岩出露	沟道两侧坡顶为梯田及果林，沟道两侧山坡植被为矮草覆盖，总体植被覆盖率为10%～20%，流域内为黄土覆盖，土层厚度为30～50 m	沟道上段右侧有两条短浅小支沟目前为人工填土场，填土已经局部填埋了主沟沟道，沟口附近有一支沟为一生活垃圾填埋场，该支沟也已填满，并有大量垃圾充填主沟行洪段。沟口附近及出口扇形区为居民区，学校等多层及高层建筑物

续表 5.3-3

编号	沟名	地形地貌	地层岩性	土壤与植被	人类工程活动
Q11	固子沟	流域呈斗状,流域面积约为 0.66 km²,主沟长约 913 m,支沟长约 554 m,沟床比降为 77‰,流域高差约为 70 m。沟谷沟道基本呈 U 形,沟道内现基本为居民区,沟源处公墓、陵园。沟道两侧坡度较缓,坡度为 20°~30°	①Q_4^{ml},第四系全新统人工填土,沟道及两侧坡段大部分区域为居民区平房所占据。②Q_3^{ml},第四系上更新统马兰黄土,主要分布于主沟及支沟及支沟沟源区域,厚 10~20 m。③流域内未见基岩出露	流域内植被极少分布,在主沟左侧谷坡上有人工乔木覆盖,植被覆盖率约为 3%,其余基本为居民居住地。在主沟及支沟沟源附近分布有黄土,土层厚 10~20 m,其他区域地面基本硬化及居民楼占据	沟道内为人类居住区,沿沟道及两侧坡面均有居民居住用平房、板房等,沟道道路及两侧坡谷地面大部分已经过固化、护坡。沟源附近以基地、菜地为主,沟口附近为学校板板房、厂房等
Q12	韩家河	流域面积约 103 km²,主沟长度约 22.7 km,主沟道比降约 33.94‰。流域形态呈楔形,支沟发育,上游沟谷呈 V 形,中下游沟谷呈 U 形,河谷宽为 70~200 m,坡度较缓,整体为 20°;右岸谷坡相对高程 150~200 m,谷坡坡度为 40°~70°,沟床较平坦、开阔,排洪渠道 10~15 m,深 2~5 m	①Q_4^{ml},第四系全新统人工堆积物,主要为建筑和生活垃圾,主要分布在中下游沟床或岸坡上。②Q_4^{al+pl},第四系全新统冲洪积,以细粒土为主,主要分布在现代沟床。③Q_3^{ml},第四系上更新统马兰黄土,浅黄色,主要分布于流域沟道两侧山坡。④$N_{1,x}$,新近系砂岩,褐红色,厚度为 50~200 m,成岩作用差,表层风化,主要在中下游沟谷脚局部出露。⑤K_1hk,白垩系下统粉砂岩,棕红色,分布在流域上游沟道哨谷或开挖公路边坡上出露	沟道上游谷坡自然生长草木植物,坡面较完整;中下游土地部分为建设用地,坡面较缓,坡面较完整,草本植物,右岸自然生长草本植物以及人工种植松树等乔木林。流域整体植被覆盖率小于 10%	流域上游沟道阶地上部分为耕地,无居民建筑,有国道通过;中下游沟道开阔,大部分面积被居民建筑或厂房挤占,兰临高速和国道沿山脚通过。沟道内有排洪渠道,宽 10~15 m,深 1~5 m,在桥梁或建筑物段见有水泥板或浆砌石衬砌

续表 5.3-3

编号	沟名	地形地貌	地层岩性	土壤与植被	人类工程活动
Q13	嶝沟	流域形状呈长条状，流域面积约为 13 km²，由一条主沟和多条支沟组成，主沟长约 9 km，沟床比降为 41‰，流域高差约为 372 m。沟谷断面呈 V 形，坡面冲沟一般发育，两侧谷坡坡度为 30~40°	① Q_4^s，第四系全新统人工堆积物，主要分布于沟道内及两侧，堆积大量的弃渣及生活垃圾。② Q_3m，第四系上更新统马兰黄土，流域内均有分布，厚度 50~100 m。③流域内未见基岩出露	流域内坡顶处多为耕地，梯田，沟道及两侧为缓草植植物，总体植被覆盖率为 20%~30%，土地多为荒地，黄土在流域内均有分布，厚度 50~100 m 不等，沿沟道及两侧坡脚较疏松	沟中段沟道中为公路隧洞施工地点，沟底为施工弃土，弃渣，厚度为 10~20 m，影响居行洪。沟口处沟道基本被居民建筑挤占，多数为板房，砖瓦房等，沟道内生活垃圾，建筑弃土堆积
Q14	雷坛河	流域呈带状，流域面积为 259.1 km²，主沟长度为 43.35 km，沟床比降为 20.02‰，流域高差约为 800 m，沟道中上游谷坡坡度较陡，一般为 25~70°，局部近直立，可达 80° 以上，沟道下游和上游段沟谷断面为敞开 U 形，中游段沟谷断面束窄，谷坡横断面呈 U 形	① Q_4，第四系全新统冲，洪积物砂卵石，建筑垃圾，主要为砂卵石，生活和建筑垃圾，厚度为 0.3~4 m。② Q_4^{al+pl}，第四系更新统冲，洪积物，砂卵石，砂和土，主要在沟道底部。冲，洪积物厚度为 0.5~4 m。③ Q_4^{col-dl}，第四系全新统崩坡积物，分布于沟道中上游两侧崩坡积山坡，主要为土夹碎石，厚度一般为 0.2~3 m。④ Q_3m，第四系上更新统马兰黄土，主要分布于两侧山坡中上部与顶部，厚度一般为 15~50 m。⑤ K_1hk，第四系上游中上沟道两侧干沟山坡，可见厚度为 50~90 m	沟道两侧山坡发育有稀疏荣草草丛。局部河滩地里存在小树林。沟道两侧植被覆盖率为 10%~20%。沟道下游两侧山坡均为黄土覆盖，沟道中上段两侧坡边坡中上部发育有黄土，黄土表层较疏松，局部存在雨水弱水侵蚀和局部小范围崩塌滑坡现象，黄土发育厚度为 15~50 m	沟(洪)道两侧多分布有城镇，村庄，农田，厂房，学校，住房等生活基础设施。沟道两侧生活存在生活垃圾或建筑垃圾，厚度一般为 0.2~3 m。既有防治工程主要为沟道两岸堤防，堤防多分布于沟道中下游两侧，仅局部存在。堤防为砌石或混凝土堤防，高度多为 2~4 m

表 5.3-4 城关区沟道环境地质条件简表

编号	沟名	地形地貌	地层岩性	土壤与植被	人类工程活动
C1	老虎西梁沟	流域形状呈斗状,流域面积 0.25 km²,主沟长度 0.75 km,沟床比降 326.1‰,流域高差 0.26 km,谷坡坡度 35°~50°,沟道内重力侵蚀强烈,支沟发育,坡面岩体破碎,谷坡不完整	①Q_4^l,第四系全新统人工堆积物,成分为碎石土,分布在沟道末端。②Q_4^{col+dl},第四系全新统崩、坡积物,分布在谷坡下部或较缓处,厚度为 0.5~5 m 不等。③Q_3m,第四系上更新统马兰黄土,灰黄色,粉质粘土,土质均匀,硬塑性,主要分布于沟道末端。④$An\in gl$,前寒武系皋兰系群,石英片岩,两岸谷坡均有发育,岩体破碎,多为强风化状	坡面局部植被较好,多为人工种植松树,其他为荒山,有少量草本植物,重力侵蚀严重,坡积、崩积物广泛分布在两岸草坡面	沟道下游至沟口,沟道已建成柏油路,路左侧有民房。沟道中部有规模较小的格构梁护坡,在沟道末端有一人工堆积体,成分为碎石土,总方量约 5 000 m³
C2	老虎沟	流域形状呈长条状,流域面积 0.80 km²,主沟长 2.51 km,沟床比降 132.50‰,流域高差 270 m,谷坡坡度 35°~50°,断面呈 V 形。支沟发育,与主沟几近于直交,切割较深,谷坡不完整,支沟破碎	①Q_4^{col+dl},第四系全新统崩、坡积物,多为碎石土,广泛分布在两岸谷坡,碎石粒径 2~10 cm,厚度处为 0.5~5.0 m,最厚处达 10 余 m。②Q_3m,第四系上更新统马兰黄土,灰黄色,粉质壤土,土质均匀,表层有较多虫孔,主要分布于沟道两侧山坡顶部。③$An\in gl$,前寒武系皋兰系群,石英片岩,灰绿色,产状 358°∠20°,岩石多呈中等风化-强风化,分布在两岸谷坡,少量出露	谷坡有少量草本植物,坡顶有少量人工乔木(松树),植被覆盖率 10%~20%,谷坡为荒地,无耕耘现象,侵蚀严重,谷坡松散堆积物多为坡积、崩积碎石土,较疏松。在沟道中游右岸谷坡有人工造林,面积 2 000~3 000 m²	沟道下游局部沟道被侵占,沟道乱搭乱建,沟道内有人工垃圾。沟道中游建有两座拦挡坝,为浆砌石坝,坝高约 10 m,宽 1.3 m,较完好,其上游已基本储满泥石流堆积物

续表5.3-4

编号	沟名	地形地貌	地层岩性	土壤与植被	人类工程活动
C3	半截沟	流域呈条带状，流域面积约为0.18 km²，主沟长约为0.68 km，沟床比降约为262‰，流域高差约为265 m，谷坡坡度一般为40°~75°，局部近直立，可达80°以上，谷坡横断面为V形	①Q_4^s，第四系全新统人工堆积物，主要位于沟口处，为正在施工的素填土，厚度为1~3 m。②Q_4^{al+pl}，第四系全新统冲洪积物碎石土，主要在沟道底部。③Q_4^{col+dl}，第四系全新统坡积物，厚度一般为0.5~5 m。④Q_3m，第四系上更新统马兰黄土，浅黄色，发育厚度一般为20~50 m，表层系黑云母片闪岩，前寒武系。⑤$An\in gl$，表层岩体较破碎，强风化，可见厚度为50~90 m，其顶部为马兰黄土，延伸至沟底	沟道中上游两侧山坡的中下部发育有稀疏杂草丛和少量灌木、乔木，上部和顶部发育较多乔木、灌木，植被茂密，主以乔木为主，半截沟总体植被覆盖率为40%~50%。沟道两侧发育有黄土，中上部和顶部较疏松，表层系黑云母片闪岩系，表层岩体较破碎，雨雨水弱侵蚀和局部小范围塌滑现象，黄土发育厚度为20~50 m	沟口处两侧山坡已修建钢筋混凝土格构梁护坡，高为24~30 m。护坡上方修建有导墙，高为5~8 m，导墙下连接排导槽，排导槽与单家沟河洪道相连。沟道下游可见有1座笼丝挡坝，另据资料，沟道内建有4座拦挡坝和两处挡墙
C4	单家沟	流域呈条带状，流域面积约为0.26 km²，主沟长度为870 m，沟床比降约为211‰，流域高差约为268 m，谷坡坡度一般为40°~70°，谷坡横断面为V形	①Q_4^s，第四系全新统人工堆积物，主要位于沟道下游，以土为主，少量碎石及生活垃圾，厚度为0.2~1.5 m。②Q_4^{al+pl}，第四系全新统冲洪积物，主要在沟道底部，粒径一般为2~30 cm，厚度为0.2~1.5 m。③Q_4^{col+dl}，第四系全新统坡积物，为碎石夹土，在两侧山坡分布，厚度一般为0.3~2 m，少量崩积物堆积于坡脚与沟道底部连接处。④Q_3m，第四系上更新统马兰黄土，浅黄色，分布于沟道两侧山坡中上部，厚度为10~40 m，表层较疏松。⑤$An\in gl$，前寒武系闪片岩，表层系黑云母片岩，厚度系30~60 m，其顶部为马兰黄土	沟道中上游两侧山坡的中下部发育有较多杂草丛和少量灌木丛，上部和顶部发育有较多乔木和乔木丛，沟道下游两侧山坡多被杂草和乔木覆盖。中上游沟道内多生长有较多杂草和灌木。单家沟沟体植被覆盖率为40%~55%。沟道两侧山坡中上部和顶部黄土覆盖，多种植被，其表土层较疏松，多雨水弱侵蚀和局部小范围塌滑现象，黄土发育厚度为10~40 m	人为活动主要分布于沟口和沟道下游，沟口处右侧为绿花苑小区，沟道下游两侧有民房，下游沟道右侧为单家沟清真大寺，下游沟道右侧和几处民房有人居住，其他民房均已废弃，沟道左侧下游民房左侧存基本全部废弃。沟口左侧200 m为徐家湾棚户改造区，现正处于施工阶段

续表 5.3-4

编号	沟名	地形地貌	地层岩性	土壤与植被	人类工程活动
C5	庙洼沟	流域呈条带状,流域面积约为 0.17 km²,主沟长度约为 0.83 km,沟床比降约为 231‰,流域高差约为 235 m,谷坡度一般为 40°~70°,局部近直立,可达 80°以上,下游局部可见反坡,谷坡横断面为 V 形	①Q4,第四系全新统人工堆积物,主要为少量建筑垃圾和土夹碎石,分布于沟道林场道路旁,厚度为 0.2~2 m,各处不等。②Q4^{al+pl},第四系全新统冲、洪积物,碎石土,主要在沟道底部,厚度一般为 0.2~1.5 m。③Q4^{col+dl},第四系全新统崩、坡积物,主要为碎石夹土,在两侧山坡分布较广,厚度一般为 0.3~2 m 不等,少量崩积物堆积于坡脚与沟道连接部连接处。④Q3 m,第四系上更新统马兰黄土,主要分布于沟道两侧山坡,发育厚度一般为 5~25 m,下部见有砂砾石层,厚为 2~5 m。⑤An∈ gl,前震旦系,黑云角闪片岩,分布于沟道两侧山坡,可见厚度为 30~70 m,其顶部见有砂砾石层,表层岩体较破碎,强风化,其顶部为马兰黄土,延伸至沟底	沟道两侧山坡中下部发育有稀疏荒草丛和少量乔木,上部和顶部发育有较多乔木,上方为林场。总体植被覆盖率为 45%~55%。沟道两侧山坡中上部顶部被黄土覆盖,黄土表层较疏松,多种有植被,黄土发育厚度为 5~25 m	人为活动主要分布于沟口和沟道两侧山坡,沟口存在较多居民房,沟道下游两侧有居民楼,左侧山坡下游顶部有高压电塔和高压电线,沟道下游右侧可见已废弃电线杆。沟道下游存在少量建筑生活垃圾,两侧被民房束窄。沟道下游右侧可见多个横断面为 2 m×3 m 的钢筋混凝土抗滑桩,沟道中下游右侧护坡,中坡中上部存在格构梁浆砌石挡墙,沟道中游局部有连续浆砌石挡墙,拦挡坝一处浆砌石拦挡坝,拦挡坝较满,目前已接近堆满

续表 5.3-4

编号	沟名	地形地貌	地层岩性	土壤与植被	人类工程活动
C6	拱北沟	流域呈条带状,流域面积约为 0.53 km²,主沟长度约为 1.17 km,东支沟沟长 0.17 km,沟床比降约为 122‰,流域高差约为 241 m,谷坡坡度一般为 40°~65°,谷坡横断面为 U 形	① Q₄,第四系全新统人工堆积物,主要为建筑垃圾和土夹碎石,建筑垃圾主要分布于沟头处的沟道和右侧山坡,其已将原沟道地形覆盖改变。② Q₄^{al+pl},第四系全新统洪积物,主要在沟道底部,厚度一般为 0.3~4 m,沟道宽处较薄,沟道窄处较厚,碎石粒径一般为 2~15 cm。③ Q₄^{col+dl},第四系全新统坡积物,主要为碎石夹土,在两侧山坡分布较广,厚度一般为 0.5~3.5 m 不等,少量崩积物堆积于坡脚与沟道底部连接处。④ Q₃^m,第四系上更新统马兰黄土,浅黄色,发育厚度一般为 5~25 m,局部马兰黄土下部见有砂砾石层。⑤ An∈gl,前寒武系秦兰系群,黑云角闪片岩,分布于沟道两侧山坡,厚度为 60~90 m	沟道两侧山坡发育有稀疏杂草,局部近山顶的山坡上部有少量灌木丛,山顶和接近山顶处生长有乔木,主要为柏树,植被覆盖率不足 30%。山坡皆为荒坡,未开垦,山坡中下部多处可见墓碑。山坡中上部被黄土覆盖,黄土表层较疏松,水土流失较严重,黄土发育厚度为 5~25 m。沟头右侧处和沟道下游面山坡(拱北寺上部)黄土层较厚,沟道其他部分黄土层较薄	人为活动主要分布于沟口,沟道两侧山坡和沟头处,沟口存在较多民房,右侧在拱北寺有居民楼,沟道下游两侧山坡均可见少量建筑,沟道两侧山坡存在少量墓碑。沟道下游处存在大量生活垃圾,沟头右侧处有大量建筑垃圾,沟头上覆盖,堆积成人工平台,用途目前不详,沟道上游被建筑垃圾堵塞。在沟道下游可见两处拦笼挡坝和一处土石坝,已出现不同程度的损毁

续表 5.3-4

编号	沟名	地形地貌	地层岩性	土壤与植被	人类工程活动
C7	马家石沟	流域呈条带状，流域面积约为0.21 km²，主沟长度约为0.76 km，沟床比降约为156‰，流域高差约175 m，谷坡坡度一般为35°~65°，谷坡横断面为V形	①Q₄ᵐˡ，第四系全新统人工堆积物，主要位于白塔山公园内道路周边，为人工植树或修建公园道路和基础设施堆积的杂填土，局部分布。②Q₄ᵃˡ⁺ᵖˡ，第四系全新统冲、洪积物，碎石土，主要在沟道底部。③Q₄ᵈˡ，第四系全新统坡积物，主要为土夹碎石，在两侧山坡分布较广，厚度一般为0.2~1 m。④Q₃ᵐ，第四系上更新统马兰黄土，主要分布于两侧山坡上部和顶部，发育厚度一般为15~50 m。⑤An∈gˡ，前寒武系皋兰岩群，黑云母斜长片麻岩为主，分布于沟道两侧山坡，表层岩体破碎，强风化，可见厚度为30~70 m，其顶部为马兰黄土，延伸至沟底	沟道两侧山坡多被乔木丛和杂草覆盖，山坡中上部和顶部多种植乔木，下部多生长杂草，植被较为茂密。马家石沟总体植被覆盖率为35%~50%。沟道两侧山坡中上部和顶部发育有黄土，其表层较疏松，多有植被，黄土表层存在雨水侵蚀痕迹，黄土发育厚度为15~50 m	沟口处右侧为白云宾馆，左侧为金城山庄，上方为白塔山公园观光索道，沟道下游临近出口处建有排导槽（高2 m左右，宽2 m左右），沟道下游临近沟口处长满杂草，马家石沟沟口处右侧山坡建有格构梁护坡，沟道下游左侧山坡建有钢丝柔性防护网和格构梁护坡，西侧小支沟目前已被公园内人工假山堵住，沟口下游为北滨河路，兰州水上清真寺和黄河

续表 5.3-4

编号	沟名	地形地貌	地层岩性	土壤与植被	人类工程活动
C8	烧盐沟	流域呈带状，流域面积约为 0.63 km²，主沟长度约为 1.43 km，东支沟长 0.17 km，沟床比降约为 104‰，流域高差约为 180 m，谷坡坡度一般为 35°～65°，沟道下游两侧坡面较陡，多大于 45°，局部可达 90°。谷坡横断面多呈 U 形，东支沟中游段呈 V 形	①Q₄，第四系全新统人工堆积物，主要为建筑垃圾，生活垃圾和人工填土。②Q₄^al+pl，第四系全更新统冲、洪积物，碎石土，主要在主沟道上游底部，磨圆度较好，厚度为 0.5～2.5 m。③Q₄^dl 第四系全新统坡积物，主要为滑塌黄土和土夹碎石，在两侧山坡中下部分布较广。④Q₃^m，第四系上更新统黄土，浅黄色，主要分布于两侧山坡上部与顶部，发育厚度一般为 10～50 m。马兰黄土下部见有砂砾石层，厚为 0.5～3 m 不等。⑤N₁ˣ，新近系中新统砂岩，棕红色，半胶结成岩。于东支沟左侧山坡局部出露。⑥An∈gl，前寒武系寨兰群、黑云角闪片岩，分布于沟道两侧山坡，表层岩体多强风化，可见厚度为 30～60 m，其顶部多为黄土，延伸至沟底	沟道两侧山坡发育有稀疏杂草，主沟山坡上部和顶部多生长有较多乔木，主沟植被覆盖率为 20%～30%。东支沟内两侧山坡中上部和顶部中只有较多乔木，东支沟植被覆盖率为 30%～40%。山坡中上部多被黄土覆盖，沟道下游阶地黄土覆盖较厚，厚度为 20～50 m，主沟上游基岩上部黄土层稍薄，为 10～20 m。黄土表层多疏松，水土流失较严重，常见有雨水冲刷侵蚀痕迹和黄土滑塌现象	人为活动主要分布于沟道内和整个沟道内，主沟沟头处存在人工堆积平台，其上方为西部中大集团的土料和砂石料堆积场。主沟上游沟道内有老年公寓和办公楼。主沟中上游建有格构梁护坡，浆砌石谷坊，排水沟，挡墙上方建有格构梁护坡。沟口两侧均为楼房，沟口束窄，宽仅 10 m 左右，无河洪道，仅下游见垃圾堵塞的一段排导槽。沟口上游 100 m 左右在建格构梁护坡

续表 5.3-4

编号	沟名	地形地貌	地层岩性	土壤与植被	人类工程活动
C9	罗锅沟	流域形状呈长条状，流域面积 13.66 km²，主沟长 5.79 km，沟床比降 16.72‰，谷坡坡度 30°~40°，断面呈 U 形	①Q_3^m，第四系上更新统马兰黄土，黄色，以粉质壤土为主，土质均匀，主要分布于沟道上游岸坡及坡顶。②$An \in gl$，前寒武系皋兰系群，黑云角闪片岩，分布于沟道下游两岸岸坡下部	沟道内建有道路、企事业单位用房、排洪渠等，植被分布较少，两岸岸坡顶有零星乔木，覆盖率为 5%~10%	沿沟道两侧建有城市道路、社区、企事业单位，沿路设有排洪渠，渠宽为 30 m，渠宽为 10 m，深为 2.5 m，两岸岸坡为垂直浆砌石墙。上游开发，两岸岸坡也正在进行开发，道路两侧也正在治理
C10	东李家湾沟	流域形状呈扇状，流域面积 0.40 km²，主沟长 1.16 km，沟床比降 55.84‰，流域高差 210 m，谷坡坡度 40°~50°，断面呈 V 形	①Q_4^l，第四系全新统人工堆积物，成分为碎石土，分布于沟口附近。②Q_3^m，第四系上更新统马兰黄土，灰黄色，土质均匀，主要分布于沟道两岸岸坡及坡顶。③$An \in gl$，前寒武系皋兰系群，黑云角闪片岩，分布于沟道两岸岸坡的下部	流域内两岸岸坡多为荒地，沟口右岸岸坡上部有开采种植的果树，上游岸坡上部有较多草本植物。沟道两岸岸坡顶种植有大量乔木和果林，流域植被覆盖率为 20%~30%	沟口附近有居民点分布，建筑挤占沟道。沟口未发现排洪河道，沟口上游 100 m 处有一租货公司，把沟道完全侵占。在沟道顶端岸坡上部有人工采掘砂卵石留下的坑洞
C11	大破沟	大破沟在煤炭交易市场处被新建环城公路截断，环城公路以路堑式开挖。上游段（煤炭交易市场以上段）已被人工填筑呈台阶状，用于房地产开发；下游段（煤炭交易市场下游）沟道开阔，呈 U 形，两岸自然坡度为 90%，两岸自然坡度为 30°~50°。大破沟为大砂沟一级支流	①Q_4^l，第四系全新统人工填土，以细粒土为主，多在坡面堆积，松散状，沟底已硬化成水泥公路。②Q_3^m，第四系上更新统马兰黄土，浅黄色，表层疏松，发育厚度为 10~50 m，分布在沟道两侧山顶。③N_1x，新近系中新统砂岩，褐红色、褐黄色，上覆岩层为马兰黄土，成岩作用较差，上覆岩层出露，部分被人工堆积覆盖，其顶部高程约为 1 670 m	流域内植被覆盖程度低，覆盖率小于 5%，在山坡或山顶处仅见零星草本植物。煤炭交易市场人工整平用于建设用地，坡面多见人工堆土，水土流失较严重	上游段（煤炭交易市场以上段）已被人工填筑，用于房地产开发；下游段（煤炭交易市场下游）沟道大部分被建水泥公路。工业厂房或居民建筑挤占，路两旁多见人工堆积土

续表 5.3-4

编号	沟名	地形地貌	地层岩性	土壤与植被	人类工程活动
C12	大砂沟	流域呈长条带状，流域面积约为 48.3 km²，整个沟谷由 1 条主沟和数十条支沟组成，主沟与支沟多呈大角度甚至垂直相交，主沟长约为 19.96 km，主沟沟床比降为 13‰，流域高差为 263 m，主沟沟道基本呈 U 形，谷坡坡度一般为 30°～45°，沟底宽为 100～300 m；支沟沟道一般呈 U 形，沟道宽度为 30～50 m，两侧谷坡坡度为 30°～40°。流域内支沟较发育	①Q_4^s，第四系全新统人工堆积物，分布在主沟沟道内，为人工建筑填土，岩性主要为粉土、粉质壤土，建筑碎块石以及部分生活垃圾等。②$Q_3^{eol}m$，第四系上更新统马兰黄土，浅黄色，表层疏松，发育厚度为 30～100 m，分布在沟道山坡顶部、二级阶地和砂土上部。③Q_4^{al}，第四系全新统冲洪积层，主要分布在沟道底部，多为上游及两侧岸坡冲积下来的黄土夹碎块石等。④N_1^x，新近系中新统砂岩，棕红色，表层强风化，呈细砂状，一掰即碎，在高速公路与主沟交叉处向上游为 500 m 处出露，顶面高程为 1 600～1 640 m	坡面一般为人工种植的乔木，覆盖率总体上小于 10%。支沟两侧谷坡沿道路沿线小型冲沟以及坡面崩塌发育，坡面一般为矮草，覆盖率总体上小于 5%。黄土多位于山坡顶部，堆积厚度几十米至上百米，坡面黄土较疏松。土地基本为荒地，其次为建筑用地，林地，黄土坡面侵蚀严重，较疏松，沿主沟两侧 200 m 内为人类活动地带	主沟内均有商业区，居民房屋，板房，仓库以及公路铁路等，路基两侧均有护坡，格构挡墙以及排水沟等工程措施。主沟沟道有原有排洪沟和新修建的排洪沟道两种，两侧岸坡有格构支护，护坡及排水措施

续表 5.3-4

编号	沟名	地形地貌	地层岩性	土壤与植被	人类工程活动
C13	小沟	流域呈长条带状,流域面积约为 9.8 km²,整个沟谷由 1 条主沟和 2 条主要的支沟组成,主沟长约为 7.9 km,支沟长度一般为 500~1 500 m,主沟沟床比降约为 25‰,流域高差约为 200 m,沟道上段呈 U 形,谷坡坡度为 25°~35°,沟底宽为 50~80 m。沟谷下段高速公路南侧至沟口段断面呈 V 形,两侧谷坡坡度为 30°~40°,沟道宽为 10~20 m	① Q_4,第四系全新统人工堆积物,在沟中段至下段,主要为粉土弃渣、建筑垃圾等,岩性主要为人工粉土、粉质壤土夹卵石;在沟口附近主要为生活垃圾。② Q_3m,第四系上更新统马兰黄土,浅黄色,表层疏松,发育厚度为 30~100 m,分布在沟道山坡顶部,二级阶地和砂岩上部。③ Q_2^{al},第四系中更新统冲积层,为黄河二级阶地,为 2~3 m 的砂砾石层,有较明显的近水平冲积层理,主要多出露于砂岩层之上,马兰黄土之下。④ N_1^x,新近系中新统砂岩,棕红色,半胶结成岩,表层强风化,呈细砂状,一掰即碎,在高速公路与主沟交叉处向上游约 500 m 处出露,顶面高程为 1 600~1 640 m	沟源至福儿沟交叉口段人类活动较少,沟道多为玉米地,沟道覆盖率约 70%,两侧谷坡小型冲沟一般发育,坡面为疏草,覆盖率小于 30%,黄土堆积厚度黄土至上百米;支沟福儿沟沟底黄土较疏松,覆盖率约 50%,坡面疏草覆盖率小于 5%	主沟与高速路交叉口,沿沟道有人工板房,在建变电站以及人工弃渣,此处沟两侧边坡已经过护坡保护;沟口以上约 1 km 处有人工弃渣场,主要为建筑垃圾和人工弃土,弃渣场挤占导致沟底宽仅 1 m;沟口处为居民区。沟口处沿河洪道正进行整治

续表 5.3-4

编号	沟名	地形地貌	地层岩性	土壤与植被	人类工程活动
C14	石门沟	流域呈叶片状，流域面积约为 8.57 km²，整个沟谷由 1 条主沟和两条支沟组成，主沟长约为 7.04 km，沟床比降约为 26‰，流域高差为 186 m，沟谷上段铁路北侧主沟沟谷断面呈宽 V 形，沟谷下段高速公路南侧呈宽 U 形	① Q_4，第四系全新统人工堆积物，主要为建筑垃圾，岩性主要为粉土，粉质壤土夹卵石。② Q_3m，第四系上更新统马兰黄土，表层疏松，发育厚度为 30~100 m，分布在沟道山坡顶部，阶地和砂岩上部。③ Q_2^{al} 第四系中更新统冲积层，为粉土，砂砾石，该层总厚为 10~30 m，层底局部有 2~3 m 的砂砾石层。④ N_1x，新近系中新统砂岩，棕红色，半胶结成岩，表层强风化，呈细砂状，一掰即碎；⑤ K_1hk，棕红色细砂岩，浅褐色，白垩系强风化，表层风化，出露厚度为 10~50 m，顶部高程约为 1 620 m	铁路至公路段人类活动剧烈，两侧山坡人工乔木林成活率低，覆盖率为 30%~40%，沟谷下段有小的便道通过谷底。③ Q_2 谷底宽约 50 m，沟道里 3~5 m 的灌木较发育。沟谷内土地基本为荒地，两侧坡面较完整，无明显冲蚀现象。下游段局部岸坡坡面可见雨水冲刷的泥膜，存在水土流失现象。黄土堆积厚度约为几十米至百米不等，土体较疏松	沟道中段主要为铁路和高速公路施工形成的弃土弃渣场，基本填满了整个沟谷，仅有小的便道通过谷底。沟道下段 500 m 至沟口处居民生活垃圾堆积体逐渐变大，堆积体长约为 200 m，宽约 15 m，厚度为 3~5 m，沟口处生活垃圾倾倒十分严重。沟口处居民的生活建筑物对沟道形成了一定的挤占，对行洪造成了一定的阻塞

续表 5.3-4

编号	沟名	地形地貌	地层岩性	土壤与植被	人类工程活动
C15	枣树沟	流域呈枝叶状，流域面积约为4.59 km²，主沟长约为4.29 km，沟床比降约为24‰，流域高差约为110 m。主沟谷上段（铁路以北）沟谷宽呈U形，主沟下段（高速公路至出口）沟谷面呈U形，横断面呈窄U形，沟谷横断面南侧坡度50°~70°，出口处坡度在50°~70°，主沟谷面窄呈V形，沟道宽为20~30 m	①Q_4^{ml}，第四系全新统人工堆积物，分布在路基及沟谷沟道中下段。沟口人工堆积物基础为居民建筑物基础及新统马兰黄土，表层疏松，分布在沟谷坡面中上部及山坡顶部。②$Q_3 m$，第四系上更新统马兰黄土，表层疏松，发育厚度20~30 m，分布在沟谷坡面中上部及山坡顶部。③Q_2^{al}，第四系中更新统冲积层，为黄河河道阶地。岩性主要为粉土、砂砾石，该层总体厚为10~30 m，层底有1~3 m的砂砾石层，高程为1 600~1 630 m。④$K_1 hk$，白垩系砂岩，呈浅褐色，棕红色砂岩，表层强风化，呈粉砂状，出露的中段及下段沟底处均有出露，顶部高程约为1 620 m	主沟沟谷上段（铁路以北）沟谷坡面植被以草本为主，覆盖率低于30%，沟道平坦内人工种植果树和灌木植物较为发育，覆盖率约在50%，主沟沟谷下段（高速公路南侧至出口）沟道覆盖率较好，杂草覆盖率较好	沟内人为活动较为剧烈，在铁路和公路施工场地附近弃土严重，施工开挖坡脚目前进行护坡处理。沟口受跨沟高速公路路基填筑影响，沟口基本被阻断，仅有一5 m×5 m的过水涵洞。沟口现无冲积堆积物，但分布有较多的低层建筑物
C16	叉不叉沟	流域呈条带状，流域面积约为0.99 km²，整个一沟由1条主沟和1条小型支沟组成，主沟沟长约为2.11 km，支沟长约为532 m，主沟沟床比降约为55‰，流域高差约为118 m，坡坡度一般为50°~70°，主沟沟谷横断面呈V形	①Q_4^{ml}，第四系全新统人工堆积物，分布在沟口附近，沟口已建高速公路处。岩性主要为粉质壤土。②$Q_3 m$，第四系上更新统马兰黄土，表层疏松，发育厚度30~150 m，分布在沟道山坡顶部和砂岩上部。③Q_2^{al}，第四系中更新统冲积层，岩性主要为粉土、粉细砂、砂砾石，该层总体厚为10~30 m。④$K_1 hk$，白垩系砂岩，呈细砂色，浅红色、棕红色砂岩，出露厚度5~20 m，表层强风化，出露高程约为1535 m	主沟沟道狭窄处两侧陡峭坡面上植被稀疏，坡面覆盖率低于10%，沟道上植被覆盖率大于50%，山脊与沟源较平缓地带人工乔木种植覆盖率达60%~70%，目前为林场保护区域。沟道两侧冲沟、崩塌、滑坡、落水洞等发育，黄土堆积厚度为几十米至上百米不等。水土流失较为严重	沟源处的在建公路及场址下游侧便道的弃土渣场，沟道里便道的修整开挖造成的坡角切割以及支沟出口处的人工板房，该建筑物对主沟的行洪造成完全的阻塞。主沟沟口的沟谷跨高速公路建筑对主沟形成了一堵的拦挡体，过水主要依靠沟底部两个5 m×5 m的涵洞。沟口有简单的护坡级平整

续表 5.3-4

编号	沟名	地形地貌	地层岩性	土壤与植被	人类工程活动
C17	交达沟	流域呈条带状，由 1 条主沟组成，流域面积约为 0.37 km²，主沟长约为 1.05 km，沟床比降约为 52‰，流域高差约为 120 m，谷坡坡度一般为 50~70°，主沟谷横断面呈 U 形。沟道现为水泥硬化公路，沟源较平缓处已平整为水泥硬化驾校训练场	①Q_4^s，第四系全新统人工堆积物，主要为硬化水泥地面。高速公路桥基附近有少量松散堆积体。②Q_3^{ml}，第四系上更新统马兰黄土，表层疏松，发育厚度 20~30 m，分布在沟道山坡顶部及主沟中上段。③Q_2^{al}，第四系中更新统冲积层，为粉土、砂砾石，该层总体厚度为 10~30 m，层底局部有 1~3 m 的砂砾石层。④K_1hk，白垩系砂岩，棕红色细砂岩，表层强风化，出露高程为 5~20 m，顶部高程约为 1 535 m	主沟沟道狭窄处两侧陡峭坡面上植被稀疏，山脊及沟源较平缓地带人工乔木植被覆盖率达 70% 以上。沟道公路和沟源处为水泥硬化地面，坡面发育马兰黄土，陡峭处土体疏松，基本无植被覆盖，有明显水泥痕冲刷，表面有 2~5 mm 的泥膜覆盖，水土较易流失	整条沟破坏地质环境的人类活动剧烈，沟口、沟道、沟源附近地面均被水泥硬化。沟道公路和沟源处出现无冲积堆积物，沟道排泄通畅。在高速公路桥基下方沟道两侧坡面有松散弃土堆积物，约 2 500 m³
C18	小砂沟	流域呈树枝状，流域面积约为 8.08 km²，主沟长度约为 6.38 km，沟床比降约为 9.24‰，流域高差约为 59 m，谷坡坡度一般为 30~40°，各谷断面呈 U 形。支沟沟谷为 U 形，沟谷较宽阔，两侧谷坡较缓，各谷坡坡度约为 30~40°	①Q_4^s，第四系全新统人工堆积物，砂砾石料及砂，在沟道中游左侧堆积大量的人工土，土体松散，厚度一般为 2~3 m。②Q_4^{dl}，第四系全新统积物，主要为碎石夹土，厚度一般为 0.5~2 m。③Q_3^{ml}，第四系上更新统马兰黄土，发育厚度为 10~30 m，主要分布在沟道两侧谷坡及山顶。④K_1hk，白垩系紫红色砂岩，中~强风化，主要出露于沟道下游谷坡两侧，右侧出露较多，左侧出露较少	谷坡两侧及山顶植被被覆盖率为 10%~20%，主要是灌木丛，草；山顶有少量人工种植林。谷坡及山顶均以黄土覆盖，厚度为 10~30 m，黄土表层疏松。支沟谷坡两侧及山顶植被覆盖率为 10%~15%，主要是灌木丛，草；沟道内有人工种植果园	沟口前有桥，绕城公路。沟口两侧有民房及厂房。沟口上游为高架城公路穿过。沟道内有一在建砂料场。沟口上游约 2 km 处有一高架绕城公路。沟道右侧沟道内堆有少量建筑垃圾，沿途两侧山顶均有厂房。沟道较平阔，平坦，马家铺村以下人类活动，生产剧烈。沟道内有公路，自然村

续表 5.3-4

编号	沟名	地形地貌	地层岩性	土壤与植被	人类工程活动
C19	石沟	流域呈条带状,流域面积约为 6.8 km²,主沟长度约为 6.83 km,沟床比降约为 46‰,流域高差约为 317 m,谷坡坡度一般为 20°~60°,沟道下游局部基岩坡面较陡。谷坡面为宽 U 形,下游中上游横断面为复合断面	①Q₄ˢ,第四系全新统人工堆积物,主要为生活垃圾、建筑垃圾,较分散的分布于主沟道中下游。②Q₄ᵃˡ⁺ᵖˡ,第四系全新统冲、洪积物,为碎石土,厚度一般为 0.3~2 m。③Q₃m,第四系上更新统马兰黄土,发育厚度一般为 50~150 m,局部见有 0.5~2 m 砂砾石层。④K₁lh,白垩系下统砂岩,紫红色,岩体较软,局部呈半胶结状,干沟道下游两侧山坡下部局部出露	道两侧山坡发育有稀疏杂草,上游沟道内和两侧上坡上部多为耕地,种植有较多苹果树,植被覆盖率为 10%~15%。黄土覆盖。沟道两侧多被黄土覆盖,水土流失较严重,表层多较疏松,常见有雨水冲刷侵蚀痕迹和局部黄土滑塌现象,坡脚常见有裙带式黄土崩塌现象,黄土发育厚度为 50~150 m	沟口处正对公路,沟口左侧有部分民房,清真寺,沟口右侧有一处清真寺,沟道下游处上游料厂,沟道下游处为砂石料,右侧约 200 m 左右两侧均为砂石料,沟道下游左侧建有高中下游,中下游部,建为 5~8 m 连续挡墙。中下游沟道内有多个施工项目部,建沟道中下游有较多活动饭房,沟道中下游右侧有一驾校,中下游沟道内多处存在人工堆积土
C20	上沟	整个流域由于人类活动的影响,原沟道地形地貌已完全改变,原谷坡、沟底被推平,在原流域内建设有大型商品住宅区	①Q₄ˢ,第四系全新统人工堆积物,主要为黄土和碎石土,分布在主沟及主支沟的沟口附近。②Q₃m,第四系上更新统马兰黄土,黄色,以粉质壤土为主,土质均匀,表层有较多虫孔,主要分布于主沟及支沟两岸岸坡	沟道受人类活动的影响较大,原沟道地形地貌已完全改变,植被不发育,覆盖率约 5%	支沟沟口已被完全堵塞,其上为人工堆积的平台,上为人工堆积的平台,正建商品房小区,沟口以下为居民点和厂房。主沟中上游两岸及沟道被整平

续表 5.3-4

编号	沟名	地形地貌	地层岩性	土壤与植被	人类工程活动
C21	大浪沟	流域呈叶片状,流域面积约为15.4 km²,整个沟谷由1条主沟和6条主要支沟组成,主沟长约为8.1 km,支沟长度一般在500~2 000 m,主沟沟床比降约为19‰,流域高差约为153 m。主沟道在近出口近处的1.5 km沟谷呈V形,沟道宽约为30~50 m,沟谷坡度为40°~50°	①Q_4,第四系全新统人工堆积物,沟道、沟口地面一般都被硬化。盐什的生活垃圾、弃土多为松散物质。②Q_3m,第四系上更新统马兰黄土,表层疏松,发育厚度数十米至上百米不等,主要分布在支沟中上段。③Q_2^{al},第四系中更新统冲积层,该层主要为粉土、粉细砂、砂砾石,该层总厚度为10~30 m。④K_1hk,白垩系砂岩,棕红色细砂岩,表层强风化,出露厚度一般为10~50 m	主沟上段沟底为人工种植的苹果树林,基本为林地,覆盖率为30%。在主沟中段左侧山坡盐什盐什坡面基本裸露,主项目部弃土场坡面基本裸露,主沟下段主要为黄土-基岩岸坡,沟下部砂岩破碎,裸露,局部已形成崩塌体,植被覆盖率总体低于10%。整个大浪沟植被以矮草植物为主,覆盖率总体低于10%	沟道以工厂板房挤占为主,其他地段的弃土弃渣散体堆积较为严重,在主沟左侧中段盐什项目部弃土场弃土规模庞大,堆积疏松,无碾压夯实,目前无边坡防护措施。沟道出口扇形区为居民区,青白石中等人口居住活动密集区,连接沟谷的排洪河洪道宽约10 m,深约5 m,长约500 m
C22	碱水沟	流域呈树枝状,流域面积约为1.15 km²,主沟长度约为1.36 km,沟床比降约为43‰,流域高差约为59 m,谷坡坡度一般为30°左右,谷坡断面呈V形	①Q_3m,第四系上更新统马兰黄土,浅黄色,发育厚度为30 m,表层较疏松,主要分布在沟道两侧谷坡及山坡顶。②K_1hk,白垩系红色,中~强风化,主要出露于沟口上游沟道拐弯处	谷坡两侧及山顶植被覆盖率为10%~25%,主要是灌木丛、草,山顶有少量人工种植林。谷坡约50 m,厚度约50 m,顶均以黄土覆盖,黄土表层较疏松	沟口有高架铁路,下面有涵洞,涵洞为泄洪洞,但基本淤塞。沟口外有村庄、果林、公路,少量生活垃圾。沟道上游产为房地产开发区

续表 5.3-4

编号	沟名	地形地貌	地层岩性	土壤与植被	人类工程活动
C23	神子沟	流域呈长条状,流域面积约为 0.46 km²,整个沟谷由 1 条主沟组成,主沟长约为 1.18 km,主沟沟床比降约为 106‰,流域高差约为 125 m。沟谷断面呈 V 形,两侧坡度为 50°~60°,谷底狭窄,宽为 3~5 m,沟道多为上游及坡面冲洪积物,岩性为黄土、碎块石及砂砾石等。靠近沟口处沟道内盐渍化严重,沟底有流水,沟道内基本被灌木草丛覆盖	①Q₄,第四系全新统人工堆积物,主要分布在沟口附近,主要为黄土、碎块石及建筑垃圾。②Q₄^{al+pl},第四系全新统冲洪积物,主要分布于沟道中,为上游及坡面冲蚀下来的冲洪积物,岩性为黄土、碎块石及砂砾石。③Q₃m,第四系上更新统马兰黄土,浅黄色,表层疏松,发育厚度为 5~10 m,主要分布在山顶及半坡位置。④Q₂^{al},第四系中更新统冲洪积层,为黄河二级阶地,该层总体呈 1~3 m。⑤N₁x,新近系橘红色细砂岩,砂岩,表层强风化,出露厚度一般为 10~50 m 面高程约为 1 570 m,出露	流域内植被主要为陡草、灌木及草丛。整个坡面冲沟及坡面侵蚀较发育,植被覆盖率小于 5%,土地基本为荒地,沟口处为果树林。岸部分零星种植的果树林地。黄土-基岩岸坡,下部坡为黄土,砂岩破碎、裸露,局部已形成崩塌体。黄土主要分布在山顶及半坡面,堆积厚度为 5~10 m	沟口为人工填土场地,多为建筑垃圾、黄土及碎块石,长为 100 m,宽为 20 m,厚为 3 m,沟口位置沟道内有果树林。沟口以外为铁路,居民区以及部分为农田,沟口处无排洪沟,沟口与居民区小路直接相接
C24	台湾沟	流域呈树枝状,流域面积约为 0.99 km²,沟床长度约为 1.67 km,沟床比降约为 36‰,流域高差约为 61 m,谷坡坡度一般为 30°~40°,谷坡断面呈 U 形	①Q₃m,第四系上更新统马兰黄土,浅黄色,发育厚度约 30 m,表层较疏松,主要分布在沟道两侧谷坡及山顶。②γ₅¹,加里东早期花岗岩,在沟道下游谷坡山坡及沟口出露,岩体中等风化;谷坡表层岩体破碎,岩体中有较多的碎石、块石,多处岩体出现崩塌现象,主要是人工开采石料产生	谷坡两侧及山顶植被覆盖率为 20%~25%,主要是灌木丛、草,谷坡及山顶均以黄土覆盖,厚度为 10~30 m,黄土表层较流松	沟口上游约 1.5 km 处以上沟道已被开发填堆平至半坡中上部,沟口上平至半坡中上部,沟口上游约 100 m 处有高架铁路,沟道内有 5 个桥墩。沟口有较多民房,沟道基本被挤占,只留有小河洪道;沟沟内堆有大量的生活垃圾。沟道上游为房地产开发区

续表 5.3-4

编号	沟名	地形地貌	地层岩性	土壤与植被	人类工程活动
C25	小红沟	流域呈长条状,流域面积约为 0.56 km²,整个沟谷由 1 条主沟和 1 条支沟组成,主沟长约为 1.15 km,支沟长约为 350 m,主沟沟床比降约为 100‰。流域高差约为 115 m。沟谷断面呈 V 形,两侧坡度为 50°~60°,谷底狭窄,宽为 3~5 m。D03 点沟道拐点处,沟道落差较大,主沟沟道有约 10 m 的落差	①Q₄ʳ,第四系全新统人工堆积物,主要分布在沟口附近 100 m 范围内,主要为人工修路的填土。②Q₄ᵃˡ⁺ᵖˡ,第四系全新统冲洪积物,岩性为黄土、碎块石,厚为 1~3 m。③Q₃ᵐ,第四系上更新统马兰黄土,表层疏松,发育厚度为 5~20 m,部分沿坡面滑塌,堆积在坡脚处。④γ₃¹,加里东早期花岗岩,灰白色,粗粒,多呈块状,出露的顶面高程为 1 627 m,出露厚度一般为 10~50 m	流域内植被主要为矮草等草本植物。整个坡面冲沟及坡面侵蚀严重,整个坡面完整性较差,植被盖率小于 10%,岸坡为裸露,基岩岸坡,下部砂岩破碎,部分黄土、基岩岸坡,下部砂岩破碎,局部已形成崩塌体。沟道内多为冲积黄土堆积物,厚为 1~3 m,受流水侵蚀严重	沟口处为居民板房,建有围墙,基本挤占整个沟道。沟口出山口处的排河洪道为一小型涵洞,穿越铁路路基。沟口向外侧为铁路、居民区以及农田
C26	大红沟	流域呈条带状,流域面积约为 0.81 km²,整个沟谷由 1 条主沟和 3 条支沟组成,主沟长约为 2.0 km,支沟长度一般在 100~300m,主沟沟床比降约为 60‰,流域高差约为 130 m。沟谷断面呈 V 形,两侧谷坡坡度为 30°~45°,谷底狭窄,沟道宽度在 1~5 m,沟道内冲洪积物为黄土夹块石。沟道在近沟口 200 m 段,沟道平坦,宽为 20~50 m,沟道内有种植果树	①Q₄ʳ,第四系全新统人工堆积物,主要分布在主沟山顶,为弃土和生活垃圾。②Q₃ᵐ,第四系上更新统马兰黄土,浅黄色,表层疏松,多分布在山顶。③Q₂ᵃˡ⁺ᵖˡ,第四系中更新统冲洪积黄土夹碎石,分布于沟道内,厚度在 0.5~2.0 m 不等,其下部多为基岩。④Q₂ᵃˡ,黄河二级阶地,岩性主要为粉土、粉细砂、砂砾石,在沟口有出露,厚度在 5~10 m,上覆马兰黄土。⑤γ₃¹,加里东早期花岗岩,灰白、紫红色,多呈块状,整个流域内均有出露,出露厚度为 10~20 m	沟谷坡面植被稀少,多为草本植物,坡面下部基岩多呈裸露,风化严重,多为碎块石,谷坡上半部及谷顶堆积为黄土,堆积厚度约为数米至几十米不等,土体较疏松。整个主沟及沟道坡面植被以草本植物为主,整体坡面植被覆盖率约为 20%,沟道植被覆盖率约为 30%,部分地段达到 50% 以上	沟谷沟道内无人类活动,人为活动主要在沟谷山顶及沟谷出山口处,目前沟道内无泥石流的防治措施,沟道出口行洪区为简易道路及铁路,只有一处约 2 m 见方的过水涵洞

续表 5.3-4

编号	沟名	地形地貌	地层岩性	土壤与植被	人类工程活动
C27	水源沟	流域形状呈扇形叶片状，流域面积 1.60 km²，沟床比降 70.78‰，主沟长 230 m，中下游谷坡度 35°~45°，中下游沟道断面呈 V 形，上游黄土区沟道断面呈 U 形，沿主沟向上游发育多条条支沟	①Q_4^{ml}，第四系全新人工堆积物，为碎石和杂土，碎石分布在主支沟交汇处沟道内，杂土主分布在主支沟道口。②Q_4^{al}，第四系全新统冲积层，成分为粉质壤土，分布在沟道内，多已开发为耕地。③Q_3^m，第四系上更新统马兰黄土，以粉质壤土为主，土质均匀，主要分布于主沟及支沟上原岸坡及坡顶。④γ_3^1，加里东早期花岗岩，呈块状，肉红色，中等风化，在主沟及 2#支沟的下游岸坡及沟底出露	流域内黄土岸坡侵蚀程度较轻，坡面长有多年生草本植物，岸坡坡顶处多被削平，多种植果树。沟道上游坡面，多处被整为台阶式平台，用作种植农作物。主沟的上游和 1#支沟底较宽阔，平整后用于栽培果树	沿沟沟有 2~3 m 宽的生产道路。沟口有铁路线穿过，沟口以下有大量居民居点。主沟与 2#支沟交汇处附近建有采石场。主沟沟道发生巨大改变，沟道被完全挤占
C28	大牛圈沟	流域呈条带状，流域面积约为 0.72 km²，主沟长度约 3.0 km，沟床比降约为 91%，流域高差约为 275 m，谷坡度一般为 25°~60°，沟道下游局部基岩坡面较陡，谷坡横断面下游呈 V 形，中上游段呈宽 U 形	①Q_4，第四系生活垃圾和人工开挖堆积黄土。②Q_4^{al+pl}，第四系全更新统冲、洪积物，沟道中上游段为阶梯状人工种植平台上的黄土。③Q_4^{col+dl}，第四系全新统崩坡积物，为黄土或碎石土，在两侧山坡中下部分布较广，厚度一般为 0.2~0.8 m。④Q_3^m，第四系上更新统马兰黄土，主要分布于下游两侧山坡上部与顶部以及中上游两侧山坡，发育厚度一般为 10~60 m。⑤γ_3^1，加里东早期花岗岩，表层风化程度一般，但见有大的节理裂隙，于沟道下游局部出露	沟道两侧山坡发育有稀疏杂草，沟内中上游段和两侧上坡上部和顶部多为耕地，种植果树多为苹果树，少量桃树，植被覆盖率为 15%~25%。黄土表层多较疏松，水土流失较严重，常见有雨水冲刷侵蚀痕迹和顶部黄土滑塌现象，坡脚常见有箝带式黄土崩塌现象	沟道下游左侧坡边顶部有少量民房，为青山村，下游左侧坡面有较多生活垃圾。自下游向上第二个平台存在落水洞，两侧山坡上部和顶部平台种植有苹果树，局部种植有少量桃树。据当地张大爷介绍 20 世纪六七十年代此沟内曾发洪水，水位张大达 2~3 m

第 5 章　沟道工程地质条件及泥石流灾害

续表 5.3-4

编号	沟名	地形地貌	地层岩性	土壤与植被	人类工程活动
C29	砂金坪沟	流域形状呈长条状，流域面积 0.56 km²，主沟长 2.01 km，沟床比降 92.84‰，流域高差 220 m，谷坡坡度 35~45°，断面呈 V 形	①Q₄ 第四系全新统黄土，深褐色，粉质黏土，土质均匀，可塑，厚度 2~3 m。②Q₃^m，新统马兰黄土，分布于沟道上游两侧山坡中上部，可见厚度约 100 m。③An∈gl，早寒武系皋兰群角闪片岩，灰绿色，分布于沟道两侧山坡下部，表层岩体破碎，节理发育	山顶平台处育有较多的人工果林，覆盖程度约为 30%。沟道两岸皆被黄土覆盖，有轻微侵蚀	山上平台处与沟口处有大量民房，泥石流流通沟槽挤占为 80%~90%。沟口处有较多人工堆积物，主要为生活垃圾，空心砖等
C30	琵琶林沟	流域形状呈扇形状，流域面积 0.22 km²，主沟长 0.65 km，沟床比降 65.8‰，流域高差 40m，沟谷谷坡度 40~60°，局部呈直立状，谷坡相对高差 30~50 m。谷坡纵横断面呈 U 形	①Q₄ 第四系全新统人工堆积物，主要为建筑和生活垃圾，主要分布于上游谷坡上。②Q₃^{al} 第四系上更新统冲积阶地，在沟道两侧谷坡分布，其上部为黄土状土，厚度为 5~20 m，下部为砂卵石层，磨圆度一般，在沟口处可见厚度达 10 余 m	谷坡顶部平坦，人工种植乔木。坡面较陡，基本无植被覆盖。总体植被覆盖率小于 10%	沟道完全被居民住宅或厂房挤占。沟道中修建水泥路面，未见排洪渠道，以路代洪。未见泥石流防治措施，坡防护措施

续表 5.3-4

编号	沟名	地形地貌	地层岩性	土壤与植被	人类工程活动
C31	老狼沟	流域呈柳叶状，流域面积约为 2.12 km²，主沟长度约为 2.48 km，沟床比降约为 207.6‰，流域高差约为 500 m，谷坡坡度一般为 30°~65°。沟道谷坡横断面为 V 形。沟道下游段有坡降束窄段，沟道束窄段处沟道宽仅为 1~3 m	①Q_4^s，第四系全新统人工堆积物，为建筑垃圾、生活垃圾，分布于沟道下游，沟口和沟头处处民族村的坡面。②Q_4^{al+pl}，第四系全新统冲、洪积物，碎石土，分布于沟道底部。③Q_3^{eol}，第四系上更新统风积黄土，广泛分布于沟道两侧山坡中上部、黄土覆盖层较厚，为 100~200 m。④N_{1x}，新近系中新统中、细砂岩，棕红色，表层强风化。分布于沟道两侧山坡中下部。厚度为 30~70 m	沟道中上游两侧坡面自然生长有稀疏杂草，坡面中上部种植有乔木（主要为柏树），下游沟道面种植有乔木和稀疏杂草，下游沟道左侧为南山故园墓区，种植有茂密乔木，沟头处坡面存在少量梯田或坡耕地，流域内植被覆盖率为 15%~25%	人为活动主要分布于沟口、下游沟道以沟道两侧山坡上部、上游山坡顶等。沟口处存在较多民房，堆积有较多砖石建筑垃圾，沟道下游为南山故园墓区。沟道上游有一处拦挡坝，暂未淤满。沟道上游及沟头山坡顶部为民族村，沟头有少量坡耕地
C32	大洪沟	流域呈叶片状，流域面积约为 7.87 km²，沟长约 3 200 m，沟床比降为 87‰，流域高差约为 280 m。沟道上段沟道横断面呈 V 形，沟道上段偶见有落水洞，两侧坡面坡度为 40°~50°，临近沟道底部两侧坡面剥蚀严重，多处可见紫红色基岩出露	①Q_4^s，第四系全新统人工堆积物，多分布于沟道修筑的道路及民房、驾校训练场。②Q_3^{eol}，第四系风成黄土，分布于整个流域，除沟道两侧有部分砂岩出露外，其他地区域基本被黄土覆盖，出露厚度为 50~100 m。③N_{1x}，新近系橘红色黏土岩夹砂岩，多分布于沟道底部，出露厚度为 10~50 m，表层呈强风化，并在多处形成小型崩塌体，出露产状 230°∠5°	区域内植被多为草本植物，坡顶区，沿沟道两侧坡脚因修路，冲蚀等原因发育多处小型崩塌体，沟道两侧坡面多处因剥蚀严重。坡面上部及裸露有橘红色砂岩，出露敬 Q_3 风成黄土覆盖，厚度为 50~100 m，坡面较为完整	沟道中段有一驾校训练场地，基本占据沟道，沟口附近左侧支沟沟源处为人工板房占据，沟道出口为居民棚户区、板房、公路等，沟道出口无河洪道相接。该沟道出口受河洪道威胁，经济损失可达数亿元，人口约 2 000 人

续表 5.3-4

编号	沟名	地形地貌	地层岩性	土壤与植被	人类工程活动
C33	小洪沟	流域呈柳叶状,流域面积约为 2.0 km²,主沟长度约为 2.05 km,沟床比降约为 179.5‰,流域高差约为 500 m,合坡坡度一般为 35°~65°。沟道合坡横断面多为 V 形,下游近沟口处呈 U 形	①Qₘ^r,第四系全新统人工堆积物,为人建筑垃圾、生活垃圾,分布于沟道下游工厂和沟头处村庄的坡面。②Qₘ^{al+pl},第四系全新统冲、洪积物,碎石土,分布于沟道底部。③Q₃^{eol},第四系上更新风积黄土,浅黄色,广泛分布于沟两侧山坡中上部,黄土覆盖层厚为 100~200 m。④N₁ₓ,新近系中新统中,细砂岩,棕红色,表层强风化。分布于沟道两侧山坡中下部。厚度为 30~70 m	沟道两侧坡面自然生长有稀疏杂草、乔木,沟头处坡面存在少量梯田或坡耕地,流域内植被覆盖率为 15%~20%。黄土覆盖层较厚,为 100~200 m,局部存在落水洞、冲沟以及雨水冲刷侵蚀痕迹和黄土滑塌现象	人为活动主要分布于沟口、下游沟道以及坡顶,上游沟道两侧山坡上部,上游山坡顶,沟口处坡上存在较多房屋,沟口为兰宝铁路阻断。沟道下游近沟口处存在较多工厂厂房,据原资料,沟道下游存在两处涵洞,过流面积偏小
C34	烂泥沟	流域形状呈锹形状,流域面积 21.80 km²,主沟长 12.2 km,沟床比降 45.5‰,流域高差 540 m,沟谷合坡坡度 30~50°,合坡相对高差 150~200 m。合沟道纵横断面呈 V 形	①Qₘ^r,第四系全新统人工堆积物,在沟道上游一处过沟隧洞开挖黄土在坡面及沟道松散堆积,浅②Q₄^{eol},第四系上更新马兰黄土,黄色,在沟道两侧合坡广泛分布,厚度大于 100 m。③N₁ₓ,新近系中新统砂岩,棕红色,成岩作用差,在沟道下坡底部连续出露	沟道上游合坡自然生长草本植物,覆盖率小于 10%,坡面较完整,基本为荒坡,侵蚀程度较低。局部见小型落水洞,厚土厚度大于 100 m;坡面侵蚀作用明显,表层黄土有滑塌现象	沟道上游有一处在建过沟隧洞开挖,造成大量松散土体在坡面及沟道堆积,沟道上游一支沟面及新建截沟坝,混凝土结构,高约 5 m,宽约 15 m

续表 5.3-4

编号	沟名	地形地貌	地层岩性	土壤与植被	人类工程活动
C35	鱼儿沟	流域形状呈长条状，流域面积4.7 km²，主沟长度3.6 km，沟床比降169‰，流域高差0.61 km，谷坡坡度40°~60°，横断面呈半圆形，支沟不发育	①Q_4^l，第四系全新统人工堆积物，分布在沟口人工堆积平台。②Q_3^m，第四系上更新统马兰黄土，浅黄色，土质均匀，硬塑性，表层有较多虫孔，分布于沟道两侧山坡。③N_1x，新近系中新统砂岩，紫红色，岩性为泥质砂岩、泥岩，分布于沟道下游两岸岸坡的下部	沟道中上游两岸坡有较多多年生草本植物，部分为人工种植，在中上游两岸的上部被开垦为阶梯状平台，平台上种植有农作物或牧草。沟道下游沟内及两岸种植较多人工种植的林木	沟口处沟道宽30~50 m，较为平坦，为一人工修筑平台，底部留有涵洞与下游河洪道相连接，涵洞横断面呈半圆形，半径约1.0 m。沟道中游及上游两岸的上部多被整治及上游梯状平台，平台上种植有农作物。上游沟底有一土质淤地坝，高约3.0 m，长约10.0 m
C36	阴洼沟	流域形状呈长条状，沟道平面上呈树枝状，流域面积约为14.2 km²，由主沟和一条大型支沟组成，主沟长约8.4 km，支沟长约4.8 km，沟床比降为38‰，流域高差约为320 m，沟谷断面呈V形，沟底狭窄宽为3~5 m，沟道两侧边坡坡度为30°~40°	①Q_4^{ml}，第四系全新统人工填土，主要分布于沟口位置建材市场，为建筑区，沿沟道有弃土、弃渣。②Q_3^{eol}，马兰黄土，流域内均有分布，厚度为100~200 m。③N_1x，新近系泥岩，橘红色，沟口附近沟道有出露，厚度为10~20 m，沟左侧基岩出露有出露，层顶高程约1 655 m，右侧出露基岩较低，高度约为10 m，沿干沟沟底2~5 m，其顶部有一层沙砾岩，为3~8 m	流域植被多为毛草，沟道两侧沟坡面已开垦成为梯田，沿坡面、沟坡顶及坡顶分布有较好，土地基本为耕地，沿坡面呈梯形状，完整性较好，总体植被覆盖率为20%~30%。沿流域沟内的小路两侧有人工种植的禾木，覆盖率约1%	沟道及支沟两侧坡堆积坡面为村民居住、生活区，村庄面为村耕田，整个流域耕地覆盖率较多。主沟沟口为建材市场，沿沟底分布，占用了沟道，多为板房及水泥硬化路面，局部有弃土、弃渣
C37	左家沟	流域形状呈叶片状，流域面积0.91 km²，主沟长度0.50 km，沟床比降56‰，流域高差28 m，谷坡坡度30°~50°，中下游沟道断面呈U形，上游呈V形	①Q_4^l，第四系全新统人工堆积物，分布在沟口上游和中游人工堆积平台。②Q_3^m，第四系上更新统马兰黄土，浅黄色，土质均匀，硬塑性，表层有较多虫孔，分布两侧山坡	沟道两岸岸坡有较多多年生草本植物，沟口附近沟道内有人造林。两岸为黄土岸坡，坡层蚀度较低	沟口处已开发为养殖场及林地，沟内无排水渠道。沟口以下为临街商铺及道路，沟口高出商铺约10 m。沟口上游左岸山坡正进行治理开发。中上游处有建成的隧洞

第6章　河洪道工程地质条件及评价

6.1　河洪道工程地质条件

6.1.1　河洪道概述

兰州市防洪综合治理工程包括兰州市城区 53 条河洪道及崔家大滩、马滩 2 条南河道,河洪道治理总长 127.24 km,其中两条南河道总长 7.28 km。按所处位置划分:黄河南岸 17 条,北岸 38 条。河洪道为上述章节 105 条沟道流域出山口汇入黄河口的段落,按是否存在多条沟道集中排泄划分:集中排泄 19 条,单独排泄 34 条。

兰州市城区 53 条河洪道及崔家大滩、马滩 2 条南河道大部分河段两岸现状为自然土坡,部分河段两岸现状采用浆砌石挡墙等形式衬砌,治理断面单一且存在石块脱落等破损情况。多数河洪道平时基本无水,杂草丛生,沿岸居民生活污水直接排向河洪道,景观效果较差,无法满足人们游憩、休闲的生活需求。本次对兰州市城区范围内河洪道进行系统综合治理,提高其抵御洪水泥石流灾害能力,改善河洪道内生态景观环境,为兰州市民提供宜居宜游的生活环境。

6.1.2　基本地质条件

6.1.2.1　地形地貌

兰州市城区坐落于黄河谷地,黄河穿城而过。其南部为皋兰山等黄土丘陵,海拔 1 700~2 500 m,高出城区 180~1 000 m;北部为黄土丘陵及低中山,海拔约 1 700 m,高出城区约 180 m。

河洪道为沟道流域出山口汇入黄河口的段落,基本分布于兰州市城区。根据其地貌成因及形态特征总体属侵蚀堆积河谷平原地貌。包括黄河 Ⅰ~Ⅳ 级阶地和漫滩,其中以 Ⅱ 级阶地最为发育,其次为 Ⅰ、Ⅲ、Ⅳ 级阶地。漫滩主要分布于崔家大滩、马滩、迎门滩和雁滩一带,宽 1.5~2.5 km,长 4.0~6.0 km;漫滩经过改造,多已成为建设用地。Ⅰ 级阶地主要分布在黄河以南,宽度一般为 1.5~2.5 km,最宽处可达 3.0 km,阶面平坦,高程在 1 510~1 532 m。Ⅱ 级阶地分布最广,宽度一般为 2.0~3.0 km,最宽处可达 4.0 km,阶面平均坡降为 0.5%~0.8%,高程为 1 515~1 550 m。Ⅲ 级阶地不发育,主要分布于沙井驿一带,高程为 1 520~1 580 m。Ⅳ 级阶地较发育,分布在黄河两岸,呈带状分布;受沟谷的切割形成宽阔平坦的"坪",如范家坪等,阶面宽 0.5~2.0 km,高出河水面 40~60 m。

河洪道基本由出山口穿过城区汇入黄河,两侧分布交通道路、居民建筑及工业厂房等。河洪道纵坡坡降一般为 2%~8%,部分河洪道(徐家湾地段)纵坡坡降达 10%~30%。

本次河洪道设计长度一般为 200~4 000 m,最长为雷坛河河洪道,设计长度 17 538 m;最短为涧水湾沟河洪道,设计长度为 55 m。

6.1.2.2　地层岩性

根据现场地质勘查及土工试验成果,在勘探深度(10~15 m)范围内,研究区总体地层结构自上而下分述如下:

第①层第四系全新统人工填土(Q_4^r):

①-1 杂填土:杂色,主要成分为建筑及生活垃圾,于河洪道及两岸地表,厚度一般为1.0~2.0 m,呈松散状,广泛分布于河洪道内及两岸。

①-2 素填土:黄色、浅黄色,岩性以粉土为主,含有少量砖块、碎石,多为稍密状,厚度一般为 2.0~3.0 m,在大部分河洪道均有连续分布。

①-3 耕植土:褐黄色,灰黄色,湿,松散,以粉土为主。含植物根系和腐殖质,土质不均匀,厚度小于 1 m,主要分布于雷坛河、七里河等河洪道上游两岸表层。

第②层第四系全新统冲、洪积粉土,黄土状粉土(Q_4^{al+pl}):

黄色、浅黄色,土质较纯。该土层含水量较小,平均约 5%,天然密度仅为 1.45~1.55 g/cm³;部分河洪道段该土层由于临水或人工管道加湿作用含水量较大,为 10%~25%,天然密度为 1.65~1.90 g/cm³。该层呈可塑~硬塑状,具湿陷性。该层主要分布于城关区、七里河区河洪道(黄河Ⅰ、Ⅱ级阶地),钻孔揭露厚度 2.0~10.0 m 不等,部分地段钻孔未揭穿。

第③层第四系全新统冲、洪积砂卵砾石土(Q_4^{al+pl}):

③-1 卵石:浑圆状,母岩一般为砂岩、花岗岩、变质岩等,根据颗分分区统计,20 mm以上粒径占 60%~78%,大多呈中密至密实状。该层在各区河洪道均有连续分布,为该层主要地层,钻孔揭露厚度 2.0~10.0 m 不等。

③-2 角砾、圆砾:中密状至密实状,母岩一般为砂岩、花岗岩、变质岩等。该层在部分河洪道有分布,揭露厚度 2.0~10.0 m 不等。

③-3 中、细砂:厚度一般小于 3 m,含泥,松散~稍密状,局部河洪道中上部地层有分布,在安宁区、城关区河洪道有分布。

第④层第四系上更新统冲积层(Q_3^{al}):

该层在黄河侵蚀堆积河谷平原Ⅲ~Ⅳ阶地发育,在七里河区雷坛河、七里河等河洪道两侧高边坡处见有出露。该层呈二元结构,上部为黄土状粉土,下部为卵石层。

④-1 黄土状粉土:黄色、浅黄色,土质较纯,具有中等~轻微湿陷性。局部含有砂砾。该土层含水量较小,在局部河洪道两岸陡壁处发育厚度大于 5 m。

④-2 卵石:浑圆~圆状,母岩一般为砂岩、花岗岩、变质岩等,该层 20 mm 以上粒径占60%以上,密实状,在局部河洪道两岸陡壁下部就有出露。

第⑤层基岩:

⑤-1 新近系中新统咸水河组(N_1x):河流—湖泊相沉积,岩性为褐黄、褐红色砂质泥岩、砂岩,缓倾角。在安宁区部分河洪道中下部地层有揭露。

⑤-2 白垩系河口群(K_1hk):浅灰色砾岩、砂砾岩紫红色砂岩、黏土岩互层,缓倾角。砾石磨圆度、分选性差,多呈棱角状。属河湖相碎屑岩建造。该层在城关区黄河北岸河洪

道钻孔有揭露。

⑤-3 早古生代侵入岩(γ_3^1):岩体主要分布在安宁区十里店一带,其岩性主要为花岗岩,由石英、长石等矿物构成。

⑤-4 前寒武系皋兰群($An \in gl$)变质岩,主要出露在北山安宁堡—十里铺—白塔山一带沟道沟口,涉及沟道为自施家湾三号沟往东至深沟、马槽沟至烧盐沟一带。岩性为变质岩,为灰绿色、灰黑色角闪片岩凝灰岩、石英岩、片岩、变质砂岩等。

6.1.2.3 地质构造

研究区构造主要由 NWW、NNW 向隆起与断层组成。其中,NWW 向构造主要是有马衔山北缘断裂、金城关断层、兴隆山北缘断裂以及白塔山隆起;NNW 向构造主要是皋兰山隆起、庄浪河断裂、雷坛河断层、兰州断陷盆地和西固隆起。上述地质构造的形迹构成了兰州地质构造的基本轮廓。

6.1.2.4 水文地质条件

河洪道为沟道流域出山口汇入黄河口的段落,根据其地貌成因,其形态特征总体属侵蚀堆积河谷平原地貌。黄河地表水体横贯市区,为地下水的补给提供了良好的条件。泥马沙沟和雷坛河常年有水流,其他河洪道仅有少量生活污水,汛期有洪水过流。河洪道研究区地下水主要为松散岩类孔隙潜水,主要有黄河入渗、大气降水、灌溉水、污水、沟谷地表水入渗补给。勘察期间,在勘探深度(10 m)内河洪道大多未见地下水(见表 6.1-1),但局部存在上层滞水。部分河洪道由于流水入渗或居民污水入渗,在一定深度内存在饱和土体。

为了解研究区地下水及地表水化学性质,本次勘察共取水样 6 组,水质分析成果见表 6.1-2。水质分析结果对照《水利水电工程地质勘察规范》(GB 50487—2008)(附录 L)环境水腐蚀判定标准(见表 6.1-3),泥马沙沟地下水和地表水对混凝土均具硫酸盐型强腐蚀性,对钢筋混凝土结构中钢筋具有中等腐蚀性,对钢结构均具中等腐蚀性;雷坛河地下水和地表水对混凝土均具硫酸盐型弱腐蚀性,对钢筋混凝土结构中钢筋具有弱腐蚀性,对钢结构均具中等腐蚀性。

表 6.1-1　研究区钻孔地下水位观测结果汇总　　　　　　　　（单位:m）

区域	沟道名称	钻孔号	孔口高程	地下水埋深	地下水位
安宁区	AH2 泥马沙沟	ZK07	1 575.7	0.6	1 575.1
	AH3 李黄沟	ZK02	1 537.4	8.8	1 528.6
		ZK04	1 548.1	4.3	1 543.8
		ZK05	1 545.6	1.8	1 543.8
		ZK06	1 551.9	4.0	1 547.9
	AH7 大青沟	ZK06	1 535.4	4.5	1 530.9
		ZK07	1 530.1	2.7	1 527.4
		ZK08	1 536.9	6.8	1 530.1

续表 6.1-1

区域	沟道名称	钻孔号	孔口高程	地下水埋深	地下水位
七里河区	QH2 大金沟	ZK02	1 539.5	2.5	1 537.0
		ZK04	1 539.6	1.2	1 538.4
	QH8 雷坛河	ZK17	1 736.0	2.7	1 733.3
		ZK18	1 734.2	3.0	1 731.2
		ZK23	1 697.6	2.7	1 694.9
		ZK24	1 686.0	1.0	1 685.0
		ZK25	1 646.8	1.7	1 645.1
		ZK26	1 643.9	1.6	1 642.3
		ZK27	1 647.5	2.2	1 645.3
		ZK28	1 680.8	1.4	1 679.4
		ZK35	1 591.2	6.6	1 584.6
		ZK39	1 575.0	4.2	1 570.8
城关区	CH2 老虎沟	ZK01	1 531.3	6.7	1 524.6
	CH3 单家沟	ZK02	1 520.8	3.7	1 517.1
		ZK03	1 552.1	3.9	1 548.2
	CH4 拱北沟	ZK02	1 520.6	5.8	1 514.9
	CH6 烧盐沟	ZK01	1 533.6	3.7	1 529.9
	CH9 石门沟	ZK02	1 525.7	0.1	1 525.6
		ZK05	1 522.5	0.6	1 521.9
	CH13 小砂沟	ZK03	1 508.3	4.5	1 503.8
	CH18 台湾沟	ZK01	1 514.6	2.8	1 511.8
	CH25 阳洼沟	ZK01	1 508.5	6.5	1 502.0
		ZK02	1 512.2	8.5	1 503.7
	CH26 左家沟	ZK01	1 508.4	7.0	1 501.4

表 6.1-2　河洪道研究区水质分析结果汇总

项目			样品编号	
			地表水	地下水
阳离子	$K^+ + Na^+$	mmol/L	52.06~5.60	47.61~5.56
		mmol%	61.30~57.86	61.50~55.93
	Ca^{2+}	mmol/L	18.01~1.86	19.36~2.56
		mmol%	19.09~24.47	25.00~25.77
	Mg^{2+}	mg/L	360.20~40.83	253.26~10.10
		mmol%	17.35~20.63	13.46~18.02
阴离子	Cl^-	mg/L	1 782.07~139.32	1 626.45~133.29
		mmol%	59.20~40.33	59.26~37.85
	SO_4^{2-}	mg/L	3 149.48~340.98	2 821.95~387.08
		mmol%	38.62~36.43	37.95~41.47
	HCO_3^-	mmol/L	1.85~2.26	2.16~1.64
		mmol%	2.18~23.19	2.79~21.17
其他	总硬度（mg/L）		3 285.92~387.34	2 980.65~427.38
	暂时硬度（mg/L）			
	永久硬度（mg/L）			
	负硬度（mg/L）		0.00	0.00
	总碱度（mg/L）		92.58~113.10	108.10~102.59
	重碳酸岩碱度（mg/L）			
	侵蚀性 CO_2（mg/L）		5.72~4.62	6.82~4.62
	游离 CO_2（mg/L）		7.04~9.24	9.24~5.72
	矿化度（mg/L）		7 651~841	7 057~901
	氢离子浓度（pH）		7.65~7.77	7.54~7.80
	取样地点		泥马沙沟、雷坛河	泥马沙沟、雷坛河
	取样组数		3	3
	取样日期		2017.3	2017.3

表 6.1-3　环境水腐蚀性判定

腐蚀性类型	腐蚀性特征判定依据		腐蚀程度	界限指标	水样分析结果		简评	
					地表水	地下水	地表水	地下水
环境水对混凝土腐蚀性	一般酸性型	pH	无腐蚀	$pH>6.5$	7.7~7.8	7.5~7.8	无腐蚀	无腐蚀
			弱腐蚀	$6.5 \geqslant pH>6.0$				
			中等腐蚀	$6.0 \geqslant pH>5.5$				
			强腐蚀	$pH \leqslant 5.5$				
	碳酸型	侵蚀性 CO_2 含量（mg/L）	无腐蚀	$CO_2<15$	5.7~4.6	6.8~4.6	无腐蚀	无腐蚀
			弱腐蚀	$15 \leqslant CO_2<30$				
			中等腐蚀	$30 \leqslant CO_2<60$				
			强腐蚀	$CO_2 \geqslant 60$				
	重碳酸型	HCO_3^- 含量（mmol/L）	无腐蚀	$HCO_3^->1.07$	1.9~2.3	2.2~1.6	无腐蚀	无腐蚀
			弱腐蚀	$1.07 \geqslant HCO_3^->0.7$				
			中等腐蚀	$HCO_3^- \leqslant 0.7$				
			强腐蚀	—				
	镁离子型	Mg^{2+} 含量（mg/L）	无腐蚀	$Mg^{2+}<1\,000$	360.2~40.8	253.3~10.1	无腐蚀	无腐蚀
			弱腐蚀	$1\,000 \leqslant Mg^{2+}<1\,500$				
			中等腐蚀	$1\,500 \leqslant Mg^{2+}<2\,000$				
			强腐蚀	$2\,000 \leqslant Mg^{2+}<3\,000$				
	硫酸盐型	SO_4^{2-} 含量（mg/L）	无腐蚀	$SO_4^{2-}<250$	358~341（雷坛河）	387~396（雷坛河）	弱腐蚀	弱腐蚀
			弱腐蚀	$250 \leqslant SO_4^{2-}<400$				
			中等腐蚀	$400 \leqslant SO_4^{2-}<500$	3 149（泥马沙沟）	2 822（泥马沙沟）	强腐蚀	强腐蚀
			强腐蚀	$500 \leqslant SO_4^{2-}$				
环境水对钢筋混凝土结构中的钢筋腐蚀性		Cl^- 含量（mg/L）	微腐蚀	<100	139~142（雷坛河）	133~142（雷坛河）	弱腐蚀	弱腐蚀
			弱腐蚀	100~500				
			中等腐蚀	500~5 000	1 782（泥马沙沟）	1 626（泥马沙沟）	中等腐蚀	中等腐蚀
			强腐蚀	>5 000				
环境水对钢结构腐蚀性		pH、$(Cl^-+SO_4^{2-})$ 含量（mg/L）	弱腐蚀	$pH=3 \sim 11$、$(Cl^-+SO_4^{2-})<500$	$pH=7.5 \sim 7.8$、$(Cl^-+SO_4^{2-}) \geqslant 500$		中等腐蚀	中等腐蚀
			中等腐蚀	$pH=3 \sim 11$、$(Cl^-+SO_4^{2-}) \geqslant 500$				
			强腐蚀	$pH<3$、$(Cl^-+SO_4^{2-})$ 任何浓度				

6.1.2.5　物理地质现象

河洪道位于侵蚀堆积河谷平原地貌区,地形相对平坦。研究区物理地质现象不发育。根据地质调查,区内存在的不良物理地质现象主要表现为边坡滑塌。滑塌部位主要发生在Ⅲ级阶地前缘陡坎以及河洪道两侧岸坡,多是由雨水和洪水冲刷等引起的,边坡塌滑规模一般较小,方量一般小于 500 m^3,对工程影响较小。

6.1.3　岩土体物理力学性质

6.1.3.1　岩土体试验成果统计

为了解研究区地层的物理力学性质,本次勘察采用了现场原位测试(标准贯入试验、重型重力触探试验)、现场注水试验及采取岩(土)样进行室内物理力学试验的试验方法。

1.标准贯入及动力触探试验成果

第③层第四系全新统冲、洪积砂卵砾石层是研究区主要地层,为了解其密实度,勘察现场利用钻孔进行了动力触探和标准贯入试验。其现场试验成果见表 6.1-4、表 6.1-5 以及图 6.1-1~图 6.1-5。从散点图可以看出,第③-1 卵石层基本为中密~密实状;第③-3 中、细层密实度随深度的增加而提高,勘探深度内该层大多呈松散~稍密状。

表 6.1-4　研究区卵石层(③-1)动探试验成果分区统计

岩性	试验区域	试验段深度(m)	试验组数	修正后锤击数($N_{63.5}$)	
				范围值	平均值
第③-1 层卵石	城关区北岸	1.9~9.4	16	9.6~18.5	14.5
	七里河区	1.8~9.3	34	5.8~39.3	21.6
	西固区	6.2~10.1	10	29.1~40.4	36.1
	安宁区	5.6~9.6	11	14.1~38.8	25.4

表 6.1-5　研究区卵石层(③-1)颗分试验成果分区统计

岩性	试验区域	试验段深度(m)	试验组数	标贯击数 N(击/30 cm)	
				范围值	平均值
第②层粉土	城关区北岸	1.2~9.7	33	3~12	9.4
	城关区南岸	2.5~9.4	19	3~14	7.8
	七里河区	1.7~9.3	13	2~11	9.0
第③-3 层中细砂	城关区北岸	3.8~9.6	7	4~5	4.4
	西固区	3.2~5.6	5	6~13	9.2
	安宁区	2.8~13.6	22	6~18	12.3

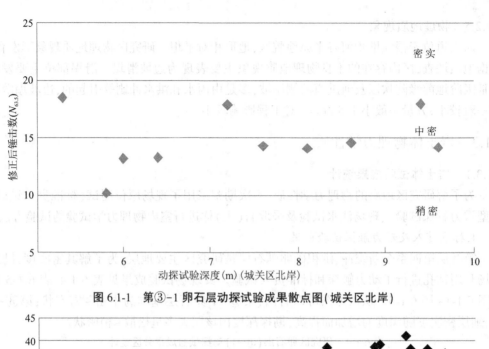

图 6.1-1　第③-1 卵石层动探试验成果散点图 (城关区北岸)

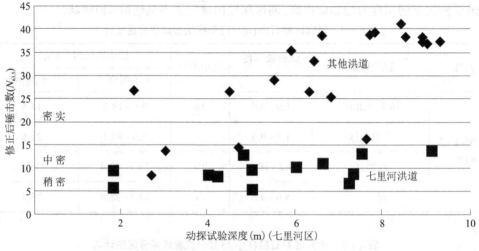

图 6.1-2　第③-1 卵石层动探试验成果散点图 (七里河区)

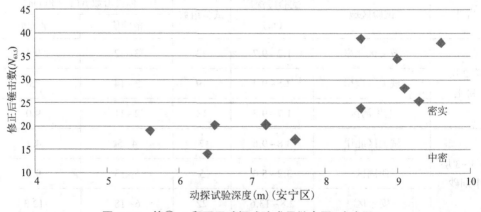

图 6.1-3　第③-1 卵石层动探试验成果散点图 (安宁区)

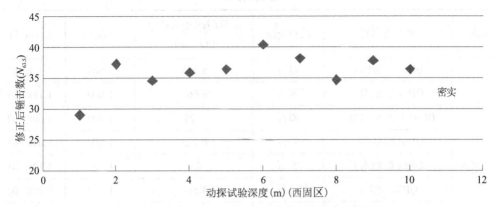

图 6.1-4 第③-1 卵石层动探试验成果散点图(西固区)

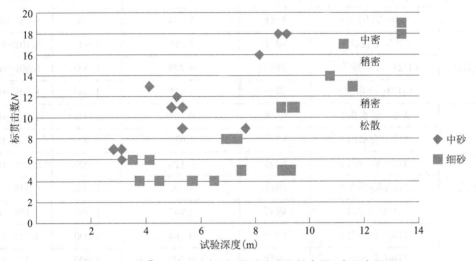

图 6.1-5 第③-3 中、细砂层标贯试验成果散点图(全研究区)

2.现场试坑渗透试验成果

为了解研究区内砂卵砾石层(第③层)的渗透性,本次勘察沿河洪道进行了若干组试坑单环注水试验,统计结果见表 6.1-6。根据现场试验资料,第③-1 层卵石层渗透系数为 $7.50\times10^{-2}\sim1.04\times10^{-1}$ cm/s,为强透水层;第③-2 层砾石层渗透系数为 $6.30\times10^{-2}\sim1.16\times10^{-1}$ cm/s,为强透水层;第③-3 层中、细砂层渗透系数为 $2.08\times10^{-2}\sim6.33\times10^{-3}$ cm/s,为中等~强透水层。

表 6.1-6 研究区现场试坑单环注水试验成果统计

区域	河洪道名称	试验土层	单位时间注入量 Q (L/min)	F(cm^2)	K(cm/s)
西固区	XH3(元托峁沟)	中砂	1.252	1 000	2.08E-02
	XH4(洪水沟)	卵石	4.504	1 000	7.50E-02

续表 6.1-6

区域	河洪道名称	试验土层	单位时间注入量 Q（L/min）	$F(\mathrm{cm}^2)$	$K(\mathrm{cm/s})$
七里河区	QH2（大金沟）	卵石	5.578	1 000	9.30E−02
	QH3（小金沟）	卵石	6.665	1 000	1.11E−01
	QH4（马滩南河道）	卵石	5.21	1 000	8.60E−02
	QH6（黄峪沟）	卵石	6.249	1 000	1.04E−01
	QH6（黄峪沟）	卵石	6.6	1 000	1.10E−01
	QH7（俭沟）	卵石	5.519	1 000	9.20E−02
	QH8（雷坛河）	砂砾	4.86	1 000	8.10E−02
	QH8（雷坛河）	砂砾	6.239	1 000	1.04E−01
	QH8（雷坛河）	砂砾	5.554	1 000	9.26E−02
城关区	CH2（老虎沟）	卵石	5.218	1 000	8.70E−02
	CH21（沙金坪沟）	砂砾	3.779	1 000	6.30E−02
	CH24（鱼儿沟）	卵石	4.859	1 000	8.10E−02
安宁区	AH4（咸水沟）	中砂	0.768	1 000	1.28E−02
	AH4（咸水沟）	中砂	1.038	1 000	1.73E−02
	AH5（骟马沟）	细砂	0.176	1 000	2.93E−03
	AH5（骟马沟）	细砂	0.38	1 000	6.33E−03
	AH8（深沟）	碎石	6.943	1 000	1.16E−01
	AH6（大沙沟）	细砂	0.264	1 000	4.40E−03
	AH6（大沙沟）	细砂	0.207	1 000	3.45E−03

注：现场采用试坑单环注水试验，$K=16.67/(Q*F)$。

3.第②层、第④-1 层黄土状粉土湿陷性试验

根据区域地质资料，兰州市第Ⅰ、Ⅱ、Ⅲ级阶地黄土状粉土层均存在湿陷性。本次勘察分区取样进行了湿陷性室内试验。试验结果（见图 6.1-6~图 6.1-9）表明，第②层粉土、黄土状粉土层湿陷性随其埋深的增加强度逐渐减弱，表层至 2.0~3.0 m 深度该层湿陷程度大多为强烈，5.0 m 深度以下湿陷程度基本为中等~轻微；第④-1 层黄土状粉土层湿陷程度基本为中等~轻微。

4.细粒土层物理力学室内试验指标分区统计

本次勘察中，第②层及第④-1 层粉土、黄土状粉土主要揭露于城关区和七里河区河洪道工程中。为了解其物理力学性质，特取钻孔原状样进行了室内试验，试验成果分区统计见表 6.1-7。需要说明的是，第②层粉土、黄土状粉土层因其含水量、饱和度不同，其天然密度、压缩性等指标表现出较大差异，在此进行了区分统计。

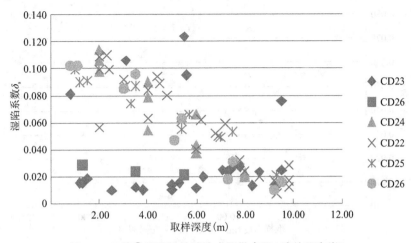

图 6.1-6　第②层湿陷性试验成果散点图 (城关区南岸)

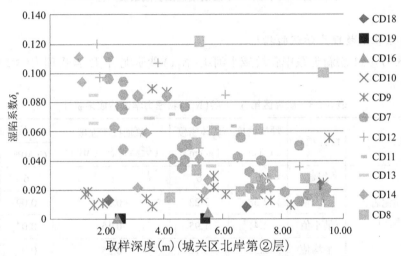

图 6.1-7　第②层湿陷性试验成果散点图 (城关区北岸)

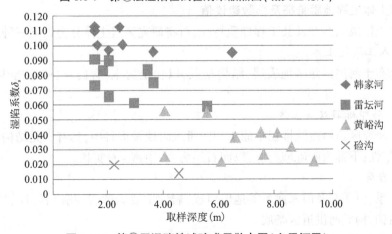

图 6.1-8　第②层湿陷性试验成果散点图 (七里河区)

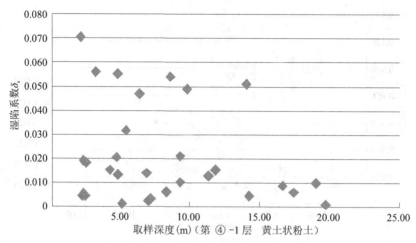

图 6.1-9 第④-1 层湿陷性试验成果散点图

5.第⑤层基岩物理力学试验指标

研究区第⑤-1 层新近系中新统咸水河组(N_1x)砂质泥岩、砂岩物理力学试验成果统计见表 6.1-8。

表 6.1-8 研究区第⑤-1 层(N_1x)物理力学试验成果统计

地层	统计项目	颗粒密度（g/cm³）	块体密度（g/cm³）	单轴抗压强度（天然状态）（MPa）	抗剪断强度	
					C(MPa)	Φ(°)
⑤-1 砂质泥岩、砂岩(N_1x)	组数	6	6	6	6	6
	最大值	2.58	2.22	0.36	0.09	38.5
	最小值	2.41	1.95	0.15	0.07	29.8
	平均值	2.51	2.12	0.25	0.08	32.0

6.1.3.2 岩土体工程地质特征及参数建议值

依据岩土体成因类型及其工程地质特征,可将研究区岩土体分为以下三种类型。

1.表层人工填筑土体

广泛分布于河洪道两岸地表层,结构松散,以粉土为主,含砖块、碎石等生活或建筑垃圾。

2.粉土、砂卵砾石双层土体

分布于研究区黄河侵蚀堆积平原Ⅰ、Ⅱ、Ⅲ级阶地及沟谷中,具有二元结构,上部为粉土,具有湿陷性;下部为砂砾卵石层,以卵石层为主,中密~密实状。

3.基底岩层

由新近系、白垩系及前寒武系等地层组成,岩性主要为砂岩、花岗岩、片岩等,具层块状或块状结构,构成河洪道区基底。

综合以上分析,并参考研究区经验,提供河洪道研究区岩土体物理力学参数建议值,见表 6.1-9 和表 6.1-10。

表 6.1-7 研究区细粒土物理力学室内试验成果分区统计

地层	统计项目	粉粒含量 (%)	黏粒含量 (%)	天然含水量 W (%)	密度 天然 ρ (g/cm³)	密度 干燥 ρ_d (g/cm³)	比重 G_s	天然孔隙比 e_0	孔隙率 n (%)	饱和度 S_r (%)	76 克锥界限含水率 10 mm 液限 W_L (%)	塑限 W_P (%)	塑性指数 I_P	含水比 u	压缩性 压缩系数 a_{1-2} (MPa⁻¹)	压缩性 压缩模量 E_{s1-2} (MPa)	渗透系数 (k_{20}) 垂直 (×10⁻⁴ cm/s)	渗透系数 (k_{20}) 水平 (×10⁻⁴ cm/s)	快剪 黏聚力 c (kPa)	快剪 内摩擦角 φ (°)
第②层（城关区北岸）（低饱和度）	组数	12	12	46	46	46	46	46	46	46	46	46	46	46	46	46	9	9	23	23
	最大值	100	4.4	9.6	1.63	1.51	2.70	1.14	53.4	28.2	26.4	16.8	9.6	0.38	0.48	37.7	2.3	1.6	31.4	35.5
	最小值	95.6	0	2.8	1.36	1.26	2.69	0.79	44.0	8.9	23.7	15.8	7.9	0.11	0.05	4.1	0.9	0.8	11.5	18.2
	平均值	98.9	1.1	5.5	1.49	1.41	2.70	0.91	47.7	16.1	25.3	16.4	8.9	0.22	0.14	17.8	1.1	1.1	21.0	27.5
	小值平均值															10.6			15.9	23.4
第②层（城关区北岸）（高饱和度）	组数	16	16	69	69	69	69	69	69	69	69	69	69	69	69	69	17	17	62	62
	最大值	100	5.0	30.6	2.06	1.83	2.70	1.06	51.4	110.8	26.3	16.8	9.5	1.3	0.72	19.0	5.2	4.3	35.5	29.2
	最小值	95.0	0	5.6	1.50	1.31	2.69	0.48	32.3	22.7	23.5	15.8	7.7	0.2	0.10	2.6	0.7	0.8	11.0	13.0
	平均值	97.0	3.0	13.0	1.77	1.57	2.70	0.73	41.9	48.9	25.1	16.3	8.7	0.5	0.22	9.2	2.3	2.3	21.6	19.2
	小值平均值															6.8			16.2	17.2
第②层（城关区南岸）（低饱和度）	组数	31	31	31	31	31	24	31	31	31	31	31	31	31	31	31	8	8	8	8
	最大值	100	5.0	8.8	1.60	1.52	2.70	1.16	53.7	27.3	26.2	16.7	9.5	0.35	0.69	38.5	2.7	3.9	28.8	36.7
	最小值	95.0	0	2.9	1.33	1.25	2.69	0.77	43.6	7.3	23.5	15.8	7.7	0.12	0.05	3.1	0.9	0.8	11.5	20.8
	平均值	97.0	3.0	6.0	1.50	1.42	2.70	0.91	47.6	17.9	24.9	16.3	8.7	0.24	0.15	18.1	1.8	2.0	22.2	28.0
	小值平均值															10.3			16.4	23.0

续表 6.1-7

地层	统计项目	粉粒含量 n (%)	黏粒含量 (%)	天然含水量 w (%)	密度 天然 ρ (g/cm³)	密度 干燥 ρ_d (g/cm³)	比重 G_s	天然孔隙比 e_0	孔隙率 n (%)	饱和度 S_r (%)	76克锥界限含水率 10 mm液限 W_L (%)	塑限 W_P (%)	塑性指数 I_P	含水比 u	压缩性 压缩系数 a_{1-2} (MPa⁻¹)	压缩模量 E_{s1-2} (MPa)	渗透系数 (k_{20}) 垂直 (×10⁻⁴ cm/s)	水平 (×10⁻⁴ cm/s)	快剪 黏聚力 c (kPa)	内摩擦角 φ (°)
第②层 (城关区南岸) (高饱和度)	组数	11	11	59	59	59	59	59	59	59	59	59	59	59	59	59	17	17	59	59
	最大值	100	4.7	21.2	2.08	1.83	2.70	1.03	50.8	90.5	26.3	16.8	9.5	0.83	0.49	16.8	5.2	4.3	37.6	33.4
	最小值	95.3	0	4.8	1.55	1.33	2.69	0.48	32.3	21.3	23.7	15.8	7.9	0.18	0.09	3.8	0.7	0.8	9.9	9.9
	平均值	98.0	2.0	13.7	1.78	1.56	2.70	0.74	42.1	51.3	25.0	16.3	8.7	0.55	0.23	8.7	2.3	2.3	21.6	19.5
	小值平均值															6.3			17.3	16.5
第②层 (七里河区) (低饱和度)	组数	20	20	19	19	19	19	19	19	19	19	19	19	19	18	18	12	12	13	13
	最大值	100	4.5	16.2	1.57	1.45	2.70	1.18	54.1	37.1	26.3	16.8	9.5	0.64	0.79	34.5	2.1	2.2	26.2	29.5
	最小值	95.5	0	3.6	1.31	1.24	2.69	0.87	46.4	10.3	23.8	15.9	7.9	0.15	0.06	2.7	0.6	0.5	6.3	11.1
	平均值	97.9	2.1	9.1	1.46	1.34	2.70	1.02	50.3	23.8	25.0	16.3	8.7	0.36	0.32	14.2	1.0	0.9	17.0	19.7
	小值平均值															5.0			11.9	16.4
第④-1层	组数			43	43	43	43	43	43	43	43	43	43	43	43	43	5	5	12	12
	最大值			24.0	2.07	1.76	2.70	1.25	55.52	89.86	26.40	16.79	9.61	1.00	0.84	17.2	5.25	5.74	31.8	21.4
	最小值			6.8	1.40	1.20	2.69	0.54	34.97	18.57	23.60	15.81	7.79	0.27	0.10	2.7	1.23	1.39	11.5	17.0
	平均值			13.1	1.70	1.51	2.70	0.81	44.19	45.92	25.22	16.38	8.84	0.52	0.22	9.8	2.78	3.21	20.6	19.2
	小值平均值															7.2			13.7	18.3

表 6.1-9 研究区细粒土层物理力学指标建议值

地层	含水率 w(%)	天然密度 ρ(g/cm³)	比重 G_s	液限 W_L(%)	塑限 W_P(%)	孔隙比 e	压缩系数 α_{12}(MPa⁻¹)	压缩模量 E_s(MPa)	渗透系数 k(×10⁻⁴ cm/s)	黏聚力 c(kPa)	内摩擦角 φ(°)	与混凝土摩擦系数 f	承载力 (kPa)
第②层(城关区)(低饱和度)	6.0	1.50	2.70	25.0	16.0	0.91	0.16~0.18	8.0~10.0	1.0~2.0	14~16	16~18	0.25~0.30	90~100
第②层(城关区)(高饱和度)	13.0	1.78	2.70	25.0	16.0	0.71	0.23~0.25	5.0~6.0	2.0~2.5	15~17	15~17	0.25~0.30	80~100
第②层(七里河区和西固区)(低饱和度)	9.0	1.46	2.70	25.0	16.0	1.02	0.32~0.35	4.0~5.0	0.9~1.0	12~14	15~17	0.25~0.30	90~100
第④-1层	13.0	1.70	2.70	25.0	16.0	0.80	0.22~0.24	6.0~7.0	2.5~3.5	13~15	18~20	0.30~0.35	100~120

表 6.1-10 研究区粗粒土及基岩层物理力学指标建议值

地层	块体密度 (g/cm³)	渗透系数 k(cm/s)	单轴抗压强度 (天然)(MPa)	黏聚力 c(kPa)	内摩擦角 φ(°)	与混凝土摩擦系数 f	承载力 (kPa)
③-3 卵石	2.00~2.10	8.0×10⁻²		0	28~35	0.50~0.55	350~550
③-2 角砾	2.10~2.20	6.0×10⁻²		0	25~28	0.45~0.50	220~250
③-3 中、细砂		2.0×10⁻²		0	22~25	0.40~0.45	130~150
④-2 卵石		8.0×10⁻²		0	30~35	0.50~0.55	450~550
⑤-1 砂质泥岩、砂岩(N_1x)(强风化)	2.10~2.20		0.20~0.25	50~70	30~32	0.55~0.60	250~350
⑤-2 砂岩(K_1hk)(强风化)	2.30~2.40		5.0~8.0	150~200	40~45	0.60~0.70	800~1 000

6.2 河洪道工程地质评价

6.2.1 主要工程地质问题评价

6.2.1.1 边坡稳定及冲刷淘刷问题

河洪道两侧岸坡现状一般高2~4 m。其中部分已采用浆砌石或混凝土挡墙等形式衬砌,存在石块脱落等破损现象;部分为自然或人工土坡,局部有生活或建筑垃圾堆积。由于岸坡高度较低,现状条件下一般较稳定。七里河区雷坛河、七里河等河洪道局部地段岸坡高4~10 m,坡面呈陡立状,地层岩性为第四系上更新统冲积(第Ⅲ级阶地)黄土状粉土、卵石层。岸坡稳定性较差,历史上曾多次发生塌滑现象。

河洪道岸坡岩性均为第四系松散堆积层,抗冲刷能力差,在水流的冲刷掏蚀作用下,细颗粒易被水流带走而发生坍塌现象,对边坡稳定不利,需进行岸坡防护处理。研究区各土层边坡开挖建议值见表6.2-1。

表6.2-1 研究区各土层边坡开挖建议值

岩性		坡高(m)	坡率(高宽比)建议值(水上)	备注
第①层人工填土		<5	1:1.50~1:1.75	坡高大于5 m时应设马道
第②层黄土状粉土		<5	1:1.25~1:1.50	
第③层	卵石	<5	1:0.75~1:1.00	
	圆砾	<5	1:0.75~1:1.00	
	中、细砂	<5	1:1.50~1:2.00	
第④层	黄土状粉土	<5	1:1.25~1:1.50	
	卵石	<5	1:0.75~1:1.00	

6.2.1.2 粉土、黄土状粉土湿陷性评价

湿陷性室内试验结果表明,第②层粉土、黄土状粉土层具有湿陷性,随其埋深的增加强度逐渐减弱。表6.2-2根据湿陷程度对其深度和区域进行了统计,可以看出,第②层粉土、黄土状粉土平均埋深2.5~3.2 m及以上湿陷程度为强烈,平均埋深5.5 m及以下湿陷程度为中等至轻微。第④-1层黄土状粉土层湿陷程度基本为中等~轻微。

表6.2-2 研究区土层湿陷性分类

湿陷性分类		试验值			取样部位
湿陷系数 δ_s	湿陷程度	湿陷系数 δ_s	组数	平均深度(m)	
$\delta_s<0.015$	无	0.014~0.000	21	5.39	城关区北岸
		0.014~0.007	12	6.74	城关区南岸
$0.015\leq\delta_s\leq0.03$	轻微	0.027~0.014	6	5.58	七里河区
		0.030~0.015	41	6.91	城关区北岸
		0.029~0.015	27	6.89	城关区南岸

续表 6.2-2

湿陷性分类		试验值			取样部位
湿陷系数 δ_s	湿陷程度	湿陷系数 δ_s	组数	平均深度(m)	
$0.03<\delta_s\leq0.07$	中等	$0.066\sim0.032$	9	5.59	七里河区
		$0.069\sim0.032$	29	5.52	城关区北岸
		$0.066\sim0.031$	21	5.87	城关区南岸
$\delta_s>0.07$	强烈	$0.113\sim0.073$	14	2.49	七里河区
		$0.122\sim0.072$	25	3.18	城关区北岸
		$0.124\sim0.074$	30	3.11	城关区南岸

6.2.1.3　冻胀性评价

兰州市属季节性冻土区,根据长系列多年观测资料,兰州市标准冻深 103 cm。

第①层、第②层为细粒土,属冻胀性土,但其冻胀量、冻胀力受含水量、地下水位等影响较大。研究区该两层土含水量一般较低,地下水位埋深较大,其冻胀性能较弱。稳妥起见,建议适当采取抗冻胀措施。

第③层第四系全新统冲洪积砂卵砾石小于 0.075 mm 的颗粒含量小于 10%,属非冻胀性土。

6.2.1.4　土层腐蚀性评价

为了解研究区土的腐蚀性,本次勘察针对各个河洪道地层均进行了连续取样试验工作。土层腐蚀性评价依据《岩土工程勘察规范》(GB 50021—2001)(2009 版),环境类型按Ⅰ类考虑,试验成果及腐蚀性等级判别分区统计见表 6.2-3~表 6.2-5。结果表明,按环境类型土对混凝土的腐蚀性评价,安宁区关山沟(AH9)、西固区元托峁沟(XH3)和城关区沙金坪沟(CH21)腐蚀等级为微,其他河洪道腐蚀等级均为弱;按地层渗透性土对混凝土结构的腐蚀性评价,各河洪道腐蚀等级均为微;土对钢筋混凝土中的钢筋的腐蚀性评价,城关区大砂沟(CH8)、交达沟(CH12)、石沟(CH14)、阳洼沟(CH25)和西固区八面沟(XH5)腐蚀性等级为弱,其他河洪道腐蚀等级均为微。

表 6.2-3　按环境类型土对混凝土的腐蚀性评价

序号	腐蚀介质	环境类型	评价标准(mg/kg)	实测范围(mg/kg)	试验组数	腐蚀等级
1	硫酸盐含量 SO_4^{2-}	Ⅰ	<300(微)	236~695(安宁区)	38	微~弱
				273~759(城关区)	61	微~弱
			300~750(弱)	190~630(七里河区)	24	弱
				186~578(西固区)	15	微~弱
2	镁盐含量 Mg^{2+}	Ⅰ	<1 500(微)	17~73(安宁区)	38	微
				17~108(城关区)	61	微
				13~62(七里河区)	24	微
				25~78(西固区)	15	微

续表 6.2-3

序号	腐蚀介质	环境类型	评价标准（mg/kg）	实测范围（mg/kg）	试验组数	腐蚀等级
3	铵盐含量 NH_4^+	I	<150(微)	1~26(安宁区)	38	微
				1~7(城关区)	61	微
				2~10(七里河区)	24	微
				1~10(西固区)	15	微
4	苛性碱含量 OH^-	I	<85 500(微)	0(安宁区)	38	无
				0(城关区)	61	
				0(七里河区)	24	
				0(西固区)	15	
5	总矿化度	I	<15 000(微)	906~1 639(安宁区)	38	微
				1 187~2 628(城关区)	61	微
				1 076~1 592(七里河区)	24	微
				1 093~1 615(西固区)	15	微

注:安宁区关山沟(AH9)等级(SO_4^{2-})为微,其余为弱;西固区元托峁沟(XH3)等级(SO_4^{2-})为微,其余为弱;城关区沙金坪沟(CH21)等级(SO_4^{2-})为微,其余为弱。

表 6.2-4 按地层渗透性土对混凝土结构的腐蚀性评价

判别项目	腐蚀介质	土的类别	评价标准	实测范围值	试验组数	腐蚀等级
土层	pH	A	>6.5(微)	8.56~8.96（城关区）	61	微
		B	>5.0(微)			
		A	>6.5(微)	8.32~8.95（安宁区）	38	微
		B	>5.0(微)			
		A	>6.5(微)	8.55~8.95（七里河区）	24	微
		B	>5.0(微)			
		A	>6.5(微)	8.32~8.85（西固区）	15	微
		B	>5.0(微)			

表 6.2-5 土对钢筋混凝土中的钢筋的腐蚀性评价

腐蚀介质	环境类别	评价标准(mg/kg)	实测范围值(mg/kg)	试验组数	腐蚀等级
Cl^-	干湿交替	<100(微)	24~495(城关区)	61	微~弱
			24~92(安宁区)	38	微
		100~500(弱)	21~80(七里河区)	24	微
			21~106(西固区)	15	微~弱

注:城关区大砂沟(CH8)、交达沟(CH12)、石沟(CH14)、阳洼沟(CH25)等级为弱;西固区八面沟(XH5)等级为弱。

6.2.1.5　地震液化

研究区地震动峰值加速度为 0.20g(相应地震基本烈度为Ⅷ度),根据《水利水电工程地质勘察规范》(GB 50487—2008)的规定,采用下述步骤和方法对研究区的土层进行地震液化初判。

当具备下列条件之一时,可初判为不液化土,即:①Q_3 及其以前地层。②土的粒径小于 5 mm 颗粒含量的质量百分率小于或等于 30%。③对粒径小于 5 mm 颗粒含量的质量百分率大于 30% 的土,其中粒径小于 0.005 mm 的颗粒含量质量百分率相应于地震动峰值加速度为 0.20g 不小于 18% 时。④工程正常运用后,地下水位以上的非饱和土。

研究区第④层及其下伏地层为 Q_3 及其以前地层,为非液化土层。

根据勘察成果并结合河洪道设计方案,第①层人工填土层位于研究区表层,为地下水位以上的非饱和土,可判为非液化土层;第③层中以③-1 卵石为主,卵石层粒径小于 5 mm 颗粒含量的质量百分率远小于 30%,为非液化土;第②层黄土状粉土及第③-2 层圆砾和第③-3 层中、细砂层在勘察期间大多为地下水位以上的非饱和土,但在工程正常运用期间可能受地表水的补给达到饱和状态,为可能液化土层。

6.2.1.6　渗透稳定性和施工排水问题

河洪道两岸地下水位埋深较深,地下水位一般在河洪道设计底板以下,大气降水及河水等地表水补给地下水。因此,河洪道两岸不存在大的渗透稳定性问题。但护岸工程仍应留设导截排水设施。

部分河洪道局部段(雷坛河、大青沟等,见表 6.1-1)地下水埋深浅,存在施工开挖排水问题。另外考虑洪水期间或洪水后一定时期,地下水位高于河洪道设计开挖高程,在此期间施工开挖亦存在排水问题。

6.2.2　护岸工程基础持力层选择

河洪道设计沟底以下挖为主,沟底平均挖深约 1.3 m。设计断面型式有梯形断面、矩形断面和复式断面三种。工程多采用坡式护坡和墙式护坡这两种护坡的组合复式断面,并设有步道等一级或多级台阶式平台。

护岸工程基础的选择受河洪道开挖深度及工程部位地层结构影响。总体而言,第①层人工填土层结构松散,成分复杂,承载力较低,不宜作为护岸工程基础持力层;第②层粉土、黄土状粉土层和第③层砂卵砾石层及下伏地层均可作为护岸工程基础持力层。但由于第②层粉土、黄土状粉土具有湿陷性,作为基础持力层时应针对其湿陷性采取措施;第②层黄土状粉土及第③-2 层圆砾和第③-3 中、细砂层在工程正常运用期间可能受地表水的补给达到饱和状态,成为可能液化土层,建议采取措施。

6.3　各河洪道治理工程地质条件及评价

河洪道治理总长 127.24 km,其中城关区河洪道总长约 30.69 km,七里河区河洪道总长约 38.58 km,西固区河洪道总长约 17.09 km,安宁区河洪道总长约 40.87 km。本次河洪道综合治理工程方案包含防洪治理工程、景观工程和截污工程。防洪治理工程河洪道设计断面型式有梯形断面、矩形断面和复式断面,护岸采用坡式护坡和墙式护坡这两种护坡的组合复式断面,并设有步道等一级或多级台阶式平台。

各河洪道治理工程地质条件及评价见表 6.3-1、图 6.3-1、表 6.3-2、图 6.3-2、表 6.3-3、图 6.3-3,以及表 6.3-4、图 6.3-4。

表 6.3-1　七里河区河洪道基本地质条件及评价简表

名称	基本地质条件	工程地质评价
QH1 崔家大滩南河道	崔家大滩南河道位于兰州市中部,黄河南岸。河洪道比降约 2‰。供热站东沟与供热站西沟 2 条沟道汇入崔家大滩南河道。河洪道平缓,宽度为 20~25 m,两侧局部地段修建有浆砌块石护岸。河洪道两侧为居民区、公路、工厂等。本次河洪道设计长度约 3 754 m,设计蓝线宽度 80 m。①-1 杂填土:杂色,主要成分为建筑垃圾,厚度为 0.2~0.8 m 不等,呈松散状;①-2 素填土:杂色,主要以粉土、黏土等,局部夹有砂卵、块石等,稍密~中密。干河洪道及两侧地表分布,厚度约为 2.5 m;③-1 卵石:杂色,浑圆状,中密~密实;母岩以砂岩、石英砂岩为主,局部夹中、粗砂层透镜体,连续分布。钻孔揭露厚度 7.7~8.3 m。	1. 河道岸坡岩性均为第四系松散堆积层,抗冲刷能力差,需进行岸坡、河床防护处理。2. 土对混凝土的腐蚀性等级均为弱。3. 研究区地下水位远低于设计河床底部,两岸不存在大的渗透稳定性问题,但护岸工程仍应留设排水设施。4. 第③-1 卵石层承载力满足要求,可作为护岸工程基础持力层。
QH2 大金沟洪道	大金沟洪道位于兰州市中部,黄河南岸。洪道比降约 40‰。洪道两侧为居民区、公路、工厂等。河洪道两侧局部地段修建有浆砌石护岸。本次河洪道设计长度约 1 611 m,设计蓝线宽度 20 m。①-1 杂填土:杂色,主要成分为建筑垃圾,厚度为 0.2~0.8 m 不等,呈松散状;①-2 素填土:杂色,主要以粉土、黏土等,稍密~中密。干河洪道及两侧地表分布,厚度为 0.3~1.9 m;③-1 卵石:杂色,浑圆状,中密~密实;母岩以砂岩为主,局部夹中、粗砂层透镜体,连续分布。钻孔揭露厚度为 8.6~10.0 m。	1. 洪道岸坡岩性均为第四系松散堆积层,抗冲刷能力差,需进行岸坡、河床防护处理。2. 土对混凝土的腐蚀性等级均为弱。3. 研究区地下水位埋深较浅,两岸不存在大的渗透稳定性问题,但护岸工程仍应留设排水设施。4. 第③-1 卵石层层位稳定,厚度较大,承载特力满足要求,可作为护岸工程基础持力层。
QH3 小金沟洪道	小金沟洪道位于兰州市中部,黄河南岸。洪道比降约 25‰。小金沟与石板沟 2 条沟道汇入小金沟洪道。洪道较平缓,宽度约 20 m,两侧大部分地段修建有浆砌块石护岸。河洪道两侧为居民区、公路、工厂等。本次河洪道设计长度约 1 590 m,设计蓝线宽度 20 m。①-1 杂填土:杂色,主要成分为建筑垃圾,厚度为 0.2~1.0 m 不等,呈松散状;①-2 素填土:杂色,主要以粉土、黏土等,含少量碎石、块石。干河洪道及两侧地表分布,厚度为 1.0~2.1 m。②粉土:第四系全新统冲、洪积(Q_4^{al+pl})黄土状粉土,黄褐色,局部夹有细砂薄层,稍密~中密,夹砂土状,钻孔揭露厚度 8.3 m。③-1 卵石:灰白色、青灰色,次棱角为主,母岩以砂岩为主,夹砂土。钻孔揭露厚度 8.6~9.3 m。	1. 洪道岸坡岩性均为第四系松散堆积层,抗冲刷能力差,需进行岸坡、河床防护处理。2. 土对混凝土的腐蚀性等级均为弱。3. 研究区地下水位远低于设计河床底部,两岸不存在大的渗透稳定性问题,但护岸工程仍应留设排水设施。4. 第③-1 卵石层层位稳定,厚度较大,承载力满足要求,可作为护岸工程基础持力层。

续表 6.3-1

名称	基本地质条件	工程地质评价
QH4 马滩南河洪道	马滩南河道位于兰州市中部，黄河南岸。河洪道平缓。河洪道两侧为居民区，农田，工厂等。本次河洪道设计长度约 3 377 m，设计蓝线宽度 17 m。①-1 杂填土：杂色，主要成分为建筑垃圾，砖头，混凝土等。坡局部堆积，厚度为 0.2~1.0 m 不等，呈松散状，卵石为主，多为松散堆积。干河洪道及两侧地表分布。①-2 素填土：灰色，主要以砾石；②-3 粗砂：黄褐色，中密；主要成分为长石、石英，泥质填充，分布不连续，厚度 0.5~1.6 m；③-1 卵石：褐色，浑圆状，中密；母岩以砂岩为主，变质岩次之。钻孔揭露岩厚度 4.5~8.5 m	1. 河道岸坡岩性均为第四系松散堆积层，抗冲刷能力差，需进行岸坡，河床防护处理。 2. 土对混凝土的腐蚀性等级均为弱。 3. 研究区地下水位远低于设计河床底部，两岸不存在大的渗透稳定性问题，但护岸工程仍应留设排水设施。 4. 第③层粗砂或卵石层承载力满足要求，可作为护岸工程基础持力层，采用①-2 素填土作为基础持力层时，需对地基土进行夯实等处理
QH5 狸子沟洪道	狸子沟洪道位于兰州市中部，黄河南岸。河洪道较平缓。河洪道两侧为居民区，企业、公路等。本次河洪道设计长度约 1 640 m，设计蓝线宽度 20 m。①-1 杂填土：杂色，主要成分为建筑垃圾，坡局部堆积，厚度为 0.2~1.0 m 不等，呈松散状，碎石、块石。干河洪道及两侧地表分布。①-2 素填土：杂色，主要以粉土，黏土为主，厚度为 1.7~3.5 m；③-1 卵石：杂色，多为浑圆状，中密；母岩以砂岩，石英砂岩为主。钻孔揭露厚度 7.1~8.7 m	1. 洪道岸坡岩性均为第四系松散堆积层，抗冲刷能力差，需进行岸坡，河床防护处理。 2. 土对混凝土的腐蚀性等级均为弱。 3. 研究区地下水位远低于设计河床，两岸不存在大的渗透稳定性问题，但护岸工程仍应留设排水设施。 4. 第③层卵石层承载力满足要求，可作为护岸工程基础持力层，采用①-2 素填土作为基础持力层时，需对地基土进行夯实等处理
QH6 七里河洪道	七里河河道三部分，上游有韩家河河洪道和黄峪沟河洪道汇合，两条洪道汇合后形成七里河河洪道汇入黄河。沟床总体比降约 46.0‰。韩家河河洪道两侧砌块石护坡。本次河河洪道上游均为天然洪道，其下游洪道设计长度 7.7 km，蓝线设计宽度 35 m。①-1 杂填土：杂色，主要成分为建筑垃圾及发生活垃圾，主要分布于中下游河河洪道底部及两侧堆积，厚度 1.0~3.0 m 不等，呈松散状，中密至密实；③-1 卵石：浑圆~圆状，中密至密实，分布连续；该层在韩家河和黄峪沟汇合后的下游河洪道中钻孔揭露厚度 1.8~2.2 m，分布连续；	1. 河洪道岸坡岩性均为第四系松散堆积层，抗冲刷能力差，在水流的冲刷作用下，细颗粒易被水流带走而发生坍塌现象，对边坡稳定不利，需进行岸坡防护处理。 2. 第②层粉土，黄土状粉土平均埋深 2.5~3.2 m 及以上湿陷，黄土状粉土平均埋深 5.5 m 及以下湿陷性等级为中等~强烈，平均埋深 5.5 m 及以下湿陷性等级为中等至湿陷，第④-1 层黄土状粉土湿陷性等级基本为中等~轻微

续表 6.3-1

名称	基本地质条件	工程地质评价
QH6 七里河沟洪道	④-1 第四系上更新统冲积层(Q_3^{al}):厚度大于10 m,上部为黄土状粉土,下部为卵石层。在韩家河和黄峪沟洪道两侧高边坡出露,在两沟汇合的下游河洪道钻孔中下部动揭露,分布连续。	3.第①层、第②层为细粒土,属膨胀性土。稳妥起见,建议适当采取抗冻胀措施。 4.按环境类型土对混凝土的腐蚀性评价,河洪道腐蚀性评价,河洪道腐蚀等级均为弱;按地层渗透性土对混凝土结构的腐蚀性评价,河洪道腐蚀等级均为微;按土对钢筋混凝土中的钢筋的腐蚀性评价,河洪道腐蚀等级均为微。 5.第②层黄土状粉土在工程正常运用期间可能由于受地表水的补给达到饱和状态,为可能液化土层。 6.河洪道两岸不存在大的渗透稳定性问题。但护岸工程仍应留设排水设施。 7.第③层以及下伏地层承载力均能满足要求,可作为护岸工程基础持力层。 8.河洪道局部地段岸坡高4~10 m,坡面呈陡立状,地层岩性为第四系上更新统冲积(第Ⅲ级阶地)黄土状粉土、卵石层。岸坡稳定性较差,洪水冲刷情况下易发生崩塌,建议对高边坡中下部进行护坡处理。
QH7 硷沟洪道	硷子沟洪道位于兰州市中部,黄河南岸。河洪道比降约20‰。河洪道平缓,宽度6~8 m,两侧局部地段修建有浆砌块石护岸。河洪道两侧为居民区、企业、公路等。本次河洪道设计长度约2 578 m,设计蓝线宽度15 m。 ①-1 杂填土:杂色,主要成分为建筑垃圾,干河洪道及两侧岸坡局部堆积,呈松散状;①-2素填积,厚度为0.2~0.5 m不等,呈松散状;①-1卵石为主,厚度为1.6~2.1 m。以粉土、卵石为主。干河洪道及两侧地表分布。 ②粉土:第四系全新统冲、洪积(Q_4^{al+pl})黄土状粉土,浅黄色,局部夹有砂薄层,稍密,钻孔揭露厚度2.6 m;③-1卵石:青灰色,浑圆状,中密,母岩以砂岩、花岗岩岩石为主,夹砂土。钻孔揭露厚度5.8~8.2 m	1.洪道岸坡岩性为第四系松散堆积层,抗冲刷能力差,需进行岸坡、河床防护处理。 2.土对混凝土的腐蚀性等级均为弱。 3.研究区地下水位远低于设计河床底部,两岸不存在大的渗透稳定性问题,但护岸工程仍应留设排水设施。 4.第③-1卵石层层位稳定,厚度较大,承载力满足要求,可作为护岸工程基础持力层

续表 6.3-1

名称	基本地质条件	工程地质评价
QH8 雷坛河洪道	雷坛河沟床总体比降约为 20.0‰，河谷呈 U 形，宽 300~500 m，谷坡坡度一般为 25°~70°，局部近直立。现有河洪道宽 3~6 m，常年有流水。河洪道两侧有省道、高速公路通过，并分布有村庄、工厂等。本次河洪道设计长度 14.9 km，蓝线设计宽度 36~40 m。河洪道两侧大部分有浆砌石或混凝土板衬砌，衬砌高度 1.5~3.0 m。 ①-1 杂填土：杂色，主要成分为建筑及生活垃圾，主要于中下游河洪道两侧堆积，厚度 1.0~3.0 m 不等，呈松散状；第②层为第四系全新统冲、洪积黄土状粉土(Q_4^{al+pl})，黄色、浅黄色，土质较纯，局部含有砂砾，厚度 1.0~2.5 m，分布不连续；③圆砾：浑圆状，母岩一般为砂岩、花岗岩、变质岩等，中密至密实状。钻孔揭露厚度 2.0~10.0 m。 ④-1 第四系上更新统冲积层(Q_3^{al})：在河洪道两侧高边坡分布连续。该层呈二元结构，厚度一般大于 10 m，上部为黄土状粉土，下部为卵石层；⑤-2 白垩系下统河口群砂岩、砂砾岩(K_1hk)，在河洪道中下游钻孔中下部揭露，褐红色，缓倾角，构成河洪道基底。 现有雷坛河洪道常年有流水，地下水主要为松散岩类孔隙潜水，勘察期间地下水埋深较浅（埋深 1.0~3.0 m），地下水主要有洪道表水、大气降水入渗补给，人工开采等排泄。地下水和地表水对混凝土具微酸盐性弱腐蚀，对钢筋混凝土结构内钢筋具弱腐蚀，对钢结构具中等腐蚀性	一、上游段(0+000~4+759)：洪道河床主要地层为第③圆砾层，厚度较大，层位稳定。 1. 为第四系松散堆积层，抗冲刷能力差，需进行岸坡、河床防护处理。 2. 土层对混凝土的腐蚀性等级均为弱。 3. 研究区地下水埋深浅，两岸不存在大的渗透稳定性问题，仍应留设排水设施，并注意施工期排水问题。 4. 第③圆砾层承载力满足要求，可作为护岸工程基础持力层 二、中下游段(4+759~14+976)：洪道河床主要地层为第③圆砾层和⑤-2 白垩系下统砂岩、砂砾岩(K_1hk)。 1. 第四系松散堆积层，抗冲刷能力差，需进行岸坡、河床防护处理。 2. 土层对混凝土的腐蚀性等级均为弱。 3. 研究区地下水埋深浅，两岸不存在大的渗透稳定性问题，仍应留设排水设施，并注意施工期排水问题。 4. 第③圆砾层和⑤-2 砂岩、砂砾岩承载力满足要求，可作为护岸工程基础持力层 三、洪道局部地段岸坡高 4~10 m，坡面呈陡立状，地层岩性为第四系上更新统冲积(第Ⅲ级阶地)黄土状粉土、卵石层。岸坡稳定性较差，洪水冲刷情况下易发生崩塌，建议对高边坡中下部进行护坡处理

(a) 七里河洪道（上游）

(b) 七里河洪道（下游）

(c) 雷坛河洪道（上游）

(d) 雷坛河洪道（下游）

图 6.3-1　七里河区河洪道典型照片

表 6.3-2　西固区河洪道基本地质条件及评价简表

名称	基本地质条件	工程地质评价
XH1 官家沟洪道	官家沟洪道位于兰州市西南部，黄河南岸。河洪道比降约 50‰，河谷呈 U 形，河洪道宽约 30 m。河洪道两侧有公路、铁路通过，并分布有村庄、工厂等。河洪道两侧无防护措施。本次河洪道设计长度约 649 m，设计蓝线宽度 53 m。 ①-1 杂填土：杂色，主要成分为建筑垃圾，干河洪道及两侧岸坡堆积，厚度为 0.5～1.5 m 不等，呈松散状，局部分布；①-2 素填土：黄色，浅黄色，主要以粉土为主，含少量碎石。多为稍密状。干河洪道及两侧地表分布，厚度为 3.2～3.8 m；③-1 卵石：杂色，浑圆状，中密，母岩以砂岩、石英砂岩为主，局部夹中、粗砂透镜体，连续分布。钻孔揭露厚度 6.2～7.3 m	1. 洪道岸坡岩性均为第四系松散堆积层，抗冲刷能力差，需进行岸坡、河床防护处理。 2. 土对混凝土的腐蚀性等级均为弱。 3. 研究区地下水位远低于设计河床底部，两岸不存在大的渗透稳定性问题，但护岸工程仍应留设排水设施。 4. 第③-1 卵石层层位稳定，厚度较大，承载力满足要求，可作为护岸工程基础持力层
XH2 寺儿沟洪道	寺儿沟上游洪道呈 V 形，中下游河洪道呈 U 形，在寺儿沟桥附近的河洪道中有热管线绕行于此。上游沟底均宽 6 m，上宽约 23 m；中下游河洪道宽约 15 m，上宽 25 m。大部分有衬砌。本次河洪道设计长度约 4 960 m，设计蓝线宽度 53 m ①填土：杂色，主要成分为建筑垃圾，干河洪道及两侧岸坡堆积，厚度为 1.5～3.0 m 不等，呈松散状，连续分布。②粉土：黄褐色，洪积（Q₄^(al+pl)）黄土状粉土：黄褐色，中密，局部含有细砂，分布连续。③-1 卵石：杂色，浑圆状，中密；母岩以砂岩、石英砂岩为主，局部夹中、粗砂透镜体，该层局部有分布	1. 洪道岸坡岩性均为第四系松散堆积层，抗冲刷能力差，在水流的冲刷掏蚀作用下，细颗粒易被水流走带走而发生坍塌现象，对边坡稳定不利，需进行岸坡防护处理。 2. 第②层粉土、黄土状粉土具湿陷性，上部湿陷性等级为强烈，中下部湿陷性等级为中等至轻微。 3. 第①层、第②层为细粒土，局冻结粉土。 4. 按环境类型土对混凝土的腐蚀性评价，河洪道腐蚀性等级均为弱。 5. 第②层黄土状粉土在工程正常运用期间可能由于受地表水的补给达到饱和状态，为可能液化土层。 6. 洪道两岸不存在大的渗透稳定性问题。 7. 第②层粉土（针对其湿陷性采取措施）、黄土状粉土层和第③层砂砾石层可作为护岸工程基础持力层

续表 6.3-2

名称	基本地质条件	工程地质评价
XH3 元托峁沟洪道	元托峁沟洪道位于兰州市西部,黄河南岸,有元托峁沟,来家沟,野狐沟汇入,3条沟道均无专门排洪通道,与道路共用。元托峁河洪道比降约20‰,宽为15~30 m。元托峁河洪道两侧有公路,铁路通过,并分布有村庄,工厂,市场,居民区等。洪道两侧局部地段有浆砌块石护岸。本次河洪道设计长度约6 960 m,设计蓝线宽度30 m。 ①-1杂填土:杂色,主要成分为建筑垃圾,干洪道及两侧岸坡堆积,厚度为0.2~1.0 m不等,呈松散状,局部分布;①-2素填土:黄色,暗红色,主要以粉土,黏土为主,含少量碎石,块石。多为松散状,厚度为0.8~6.1 m。②粉土:第四系全新统冲,洪积(Q_4^{al+pl})黄土状粉土:黄褐色,局部含有细砂,钻孔揭露厚度0.7~1.1 m,分布不连续。③-3中,细砂:③-3中,细砂,杂色,灰黄色,中密~密实;主要成分为长石,石英,云母,局部夹少量碎石,连续分布。③-1卵石:灰白色,青灰色,中密,母岩以砂岩为主,夹砂土,连续分布。钻孔揭露厚度1.9~6.4 m。③-1卵石:灰白色,青灰色,中密,母岩以砂岩为主,夹砂土,连续分布。钻孔揭露厚度2.1~7.4 m	1.洪道岸坡岩性均为第四系松散堆积层,细颗粒被水流带走而发生坍塌现象,对边坡稳定不利,需进行岸坡防护处理。 2.按环境类型土对混凝土的腐蚀性评价,河洪道腐蚀等级均为微。 3.地下水位低于设计河床底部,河洪道两岸不存在大的渗透稳定性问题。但护岸工程仍应预留设排水设施。 4.第③粉石层分布连续,可作为护岸工程基础持力层。
XH4 洪水沟洪道	洪水沟洪道位于兰州市西部,黄河南岸,有洪水沟,马耳山沟等7条沟道汇入,洪道无专门排洪通道或排洪通道淤积严重。洪水沟河洪道比降约20‰,宽10~30 m。洪水沟洪道两侧有公路,铁路通过,并分布有村庄,工厂,居民区等。洪道两侧局部地段有浆砌块石护岸。本次洪道设计长度约3 998 m,设计蓝线宽度40 m。 ①-1杂填土:杂色,主要成分为建筑垃圾,干洪道及两侧岸坡堆积,厚度为0.2~1.5 m不等,呈松散状,局部分布;①-2素填土:黄褐色,主要以粉土为主,含少量碎石,砾石。松散~稍密,干洪道及两侧局部地表分布。厚度为1.7~4.1 m;③-1卵石:杂色,浑圆状,母岩以砂岩,石英砂岩为主,夹中,粗砂透镜体,连续分布。钻孔揭露厚度6.7~8.7 m	1.河洪道岸坡岩性均为第四系松散堆积层,抗冲刷能力差,需进行岸坡,河床防护处理。 2.土对混凝土的腐蚀性等级均为弱。 3.研究区地下水位远低于设计河床底部,两岸不存在大的渗透稳定性问题,但护岸工程仍应预留设排水设施。 4.第③-1卵石层层位稳定,厚度较大,承载力满足要求,可作护岸工程基础持力层

续表 6.3-2

名称	基本地质条件	工程地质评价
XH5 八面沟洪道	八面沟洪道位于兰州市西部,黄河北岸。河洪道比降约 110‰,宽 10~30 m。河洪道两侧主要为村庄、农田等。河洪道两侧无防护措施。本次河洪道设计蓝线宽度 23 m。 ①-1 杂填土:杂色,主要成分为建筑垃圾,局部呈松散状,干洪道两侧坡堆积,厚度为 0.2~1.0 m 不等,主要以粉土为主,含少量碎石。松散~稍密。干洪道及两侧地表分布。①-2 素填土:黄褐色,厚度为 2.9~4.3 m;③-1 卵石:杂色,浑圆状,中密;母岩以砂岩、石英砂岩为主,夹中、粗砂透镜体,干洪道下游分布,不连续。钻孔揭露成岩为主,局部硅质胶结。⑤-2 砂岩,白垩系河口群(K₁hk)砂岩,干洪道上游段钻孔中揭露,厚度 5.9 m;⑤-2 砂岩,白垩系河口群,以钙质胶结成岩为主,表层强风化。钻孔揭露厚度 0.4 m	1.洪道岸坡岩性均为第四系松散堆积层,抗冲刷能力差,需进行岸坡、河床防护处理。 2.土对混凝土的腐蚀性等级均为弱。 3.研究区地下水位远低于设计河床底部,两岸不存在大的渗透稳定性问题,但护岸工程仍应留设排水设施。 4.第③-1 卵石和⑤-2 砂层位稳定,厚度较大,承载力满足要求,可作为护岸工程基础持力层。
XH6 萨拉坪东沟洪道	萨拉坪东沟洪道位于兰州市西部,黄河北岸。河洪道比降约 70%,宽约 20 m。河洪道两侧主要为土质自然斜坡,村庄等。河洪道两侧为土质自然斜坡,无防护措施。本次洪道设计长度 320 m,设计蓝线宽度 33 m。 ①-1 杂填土:杂色,主要成分为建筑垃圾,局部呈松散状,干洪道及两侧岸坡堆积,厚度为 0.2~1.0 m 不等,主要以粉土为主,含少量碎石。松散~稍密。干洪道及两侧地表分布。①-2 素填土:黄褐色,厚度为 2.7~3.4 m;③-1 卵石:杂色,次棱角状,中密;母岩以砂岩为主,干洪道局部分布,不连续。钻孔揭露厚度 1.5 m;⑤-2 砂岩,白垩系河口群(K₁hk)砂岩,浅灰色,泥钙质胶结成岩,表层强风化。连续分布,钻孔揭露厚度 5.5~7.3 m。	1.洪道岸坡岩性均为第四系松散堆积层,抗冲刷能力差,需进行岸坡、河床防护处理。 2.土对混凝土的腐蚀性等级均为弱。 3.研究区地下水位远低于设计河床底部,两岸不存在大的渗透稳定性问题,但护岸工程仍应留设排水设施。 4.第③-1 卵石层位稳定,厚度较大,承载力满足要求,可作为护岸工程基础持力层。
XH7 盐西沟洪道	盐西沟洪道位于兰州市西部,黄河以北。河洪道比降约 30‰,宽约 20 m。河洪道两侧主要为农田。河洪道两侧为土质自然斜坡,无防护措施。本次河洪道设计长度约 300 m,设计蓝线宽度为 33 m。 ①-1 杂填土:杂色,主要成分为建筑垃圾,局部分布,干河洪道及两侧岸坡堆积,厚度 0.2~1.0 m 不等,主要以粉土为主,含少量碎石。松散~稍密。干洪道及两侧地表分布。①-2 素填土:黄褐色,主要以粉土为主,厚度为 2.2~3.5;③-1 卵石:杂色,浑圆状,中密;母岩以砂岩、石英砂岩为主,连续分布。钻孔揭露厚度 7.1~8.1 m	1.洪道岸坡岩性均为第四系松散堆积层,抗冲刷能力差,需进行岸坡、河床防护处理。 2.土对混凝土的腐蚀性等级均为弱。 3.研究区地下水位远低于设计河床底部,两岸不存在大的渗透稳定性问题,但护岸工程仍应留设排水设施。 4.第③-1 卵石层位稳定,厚度较大,承载力满足要求,可作为护岸工程基础持力层。

(a) 寺儿沟　　(b) 洪水沟　　(c) 宣家沟　　(d) 萨拉坪东沟

图 6.3-2　西固区河洪道典型照片

表 6.3-3　安宁区河洪道基本地质条件及评价简表

名称	基本地质条件	工程地质评价
AH1 盐沟洪道	盐沟洪道位于兰州市西部，黄河以北。洪道比降约 180‰，谷坡度一般为 10°~40°。河洪道两侧主要为道路、工厂和农田等。本次洪道设计长度约 460 m，无防护措施。河洪道两侧设计蓝线宽度 23 m。 ①-1 杂填土：杂色，呈松散状，局部分布，主要成分为建筑垃圾，于洪道及两侧地表分布；①-2 素填土为主。②粉土 0.2~1.2 m 不等，含少量碎石。松散~稍密。于洪道及两侧地表分布；①-2 素填土为主。②粉土：第四系全新统冲、洪积（Q₄^al+pl）黄土状粉土，黄褐色，厚度为 2.1~3.2 m。②粉含有砾石，钻孔揭露厚度 6.2~6.8 m，分布连续；⑤-2 砂岩，新近系中新统咸水河组（N₁x）厚层泥质砂岩，砖红色，泥钙质胶结成岩，局部含有硅质胶结成岩。表层强风化。连续分布，钻孔揭露泥马沙沟基底。	1. 洪道岸坡岩性均为第四系松散堆积层，抗冲刷能力差，在水流的冲刷掏蚀作用下，细颗粒易被水流带走而发生坍塌现象，对边坡稳定不利，需进行岸坡防护处理。 2. 第②层粉土、黄土状粉土具湿陷性，上部湿陷性等级为强烈，中下部湿陷性等级为中等至轻微。 3. 第①层、第②层为细颗粒土，属冻胀性土。稳妥起见，建议适当采取抗冻胀措施。 4. 按环境类型土对混凝土的腐蚀性评价，洪道属腐蚀等级为弱。 5. 第②层黄土状粉土在工程正常运用期间可能由于受地表水的补给达到饱和状态，为可能液化土层。 6. 洪道两岸不存在大的渗透稳定性问题，但护岸工程仍应留设排水设施。 7. 第②层粉土（针对其湿陷性采取措施），黄土状粉土层可作为护岸工程基础持力层。
AH2 泥马沙沟洪道	泥马沙沟处于兰州市西北部，沟床总体比降约 12.2‰，河谷呈 U 形，宽 200~300 m，谷坡度一般为 30°~60°。现有洪道宽 3~6 m，常年有流水。河洪道两侧有省道、高速公路和铁路通过，并分布有村庄、工厂等。本次河洪道设计长度 3 300 m，设计蓝线宽度 40 m。中下游至黄河口段洪道两侧大部分为浆砌石衬砌。 ①-1 杂填土：杂色，主要成分为建筑垃圾及生活垃圾，于河洪道两侧坡堆积，局部分布；①-2 素填土：黄色、浅黄色，呈松散状，局部分布；①-2 素填土，厚度 1.0~5.0 m 不等，岩性以粉土为主，含有少量砖瓦块、碎石，多为稍密状，钻孔揭露平均厚度约为 5.0 m，在河洪道两侧均有连续分布；④-1N₁x，新近系中新统咸水河组厚层泥质砂岩，砖红色，半胶结成岩，表层全~强风化。出露系于上游段洪道侧壁及谷坡，构成泥马沙沟基底。 洪道常年有水流，地下水主要松散岩类孔隙潜水，主要有洪道地表水、大气降水入渗补给，人工开采排泄。地下水和地表水对混凝土具硫酸盐结晶性强腐蚀性，对钢筋混凝土结构中钢筋具有中等腐蚀性	1. 洪道两岸上部岩性为第四系松散堆积层，抗冲刷能力差，在水流的冲刷掏蚀作用下，细颗粒易被水流走而发生坍塌问题，对边坡稳定不利，需进行岸坡防护处理。 2. 按环境类型土对混凝土的腐蚀性评价，洪道属腐蚀等级为弱。 3. 河洪道两岸不存在大的渗透稳定性问题，但护岸工程仍应留设排水设施。 4. ④-1N₁x，新近系泥质砂岩在研究区埋深较浅，分布广泛，连续，可作为护岸工程基础持力层。采用①-2 素填土作为基础持力层时，需对地基进行夯实等处理

续表 6.3-3

名称	基本地质条件	工程地质评价
AH4 碱水沟洪道	碱水沟洪道位于兰州市中西部，黄河以北。洪道比降约30‰，谷坡度一般为10°左右。洪道平缓、弯曲，淤积较严重，下游呈开阔连地形态，两侧有农田、鱼塘、工厂等。洪道两侧多为土质边坡，仅局部已做浆砌石护坡。本次洪道设计长度约500 m，设计蓝线宽度8 m。①-1杂填土：杂色，主要成分为建筑垃圾，厚度为0.2~1.0 m不等，呈松散状；①-2素填土：杂色，多为松散状；③-3粗、细砂为主，含少量碎石，块石等；③-3细砂：杂色，稍密~中密，主要成分为长石、石英、云母，局部夹少量砾石，分布不连续。钻孔揭露厚度5.6~8.9m	1.洪道岸坡岩性均为第四系松散堆积层，抗冲刷能力差，在水流的冲刷掏蚀作用下，细颗粒多为被水流带走而发生坍塌现象，对边坡稳定不利，需进行岸坡防护处理。 2.第①层为细粒土，属冻胀性土，稳妥起见，建议适当采取抗冻胀措施。 3.按环境类型土对混凝土的腐蚀性评价，河洪道腐蚀等级为弱。 4.第③-3细砂在工程正常运用期间可能由于受地表水的补给达到饱和状态，为可能液化土层。 5.河洪道两岸不存在大的渗透稳定性问题。但护岸工程仍应留设排水设施。 6.第③-3细砂层可作为护岸工程基础持力层
AH5 骟马沟洪道	骟马沟洪道位于兰州市中西部，黄河以北。洪道比降约20‰，谷坡度一般为10°~20°。洪道狭窄、弯曲，两侧有农田、工厂、学校等。河洪道两侧多为土质边坡，局部为浆砌石护坡。本次洪道设计长度约2 286 m，设计蓝线宽度20 m。①-1杂填土：杂色，主要成分为建筑垃圾，厚度为0.2~1.0 m不等，呈松散状；①-2素填土：杂色，主要以粉土、黏土、细砂为主，含少量碎石等；③-3细砂：杂色，稍密~中密，主要成分为长石、石英、云母，局部夹少量砾石，连续分布。厚度为1.4~10.6 m；③-3细砂：杂色，多为松散状。干洪道两侧地表分布。钻孔揭露厚度6.9~14.9 m	1.洪道岸坡岩性均为第四系松散堆积层，抗冲刷能力差，在水流的冲刷掏蚀作用下，细颗粒易被水流带走而发生坍塌现象，对边坡稳定不利，需进行岸坡防护处理。 2.第①层，属冻胀性土，稳妥起见，建议适当采取抗冻胀措施。 3.按环境类型土对混凝土的腐蚀性评价，河洪道腐蚀等级为弱。 4.第③-3细砂在工程正常运用期间可能由于受地表水的补给达到饱和状态，为可能液化土层。 5.河洪道两岸不存在大的渗透稳定性问题。但护岸工程仍应留设排水设施。 6.第③-3细砂层可作为护岸工程基础持力层

续表 6.3-3

名称	基本地质条件	工程地质评价
AH6 大沙沟洪洪道	大沙沟洪洪道位于兰州市中西部，黄河以北。洪道比降约20‰，谷坡坡度一般为10°~20°。洪道两侧多有沙泥滩、农田、工厂等。本次洪道设计长度约3 601 m，设计蓝线宽度40 m。局部为浆砌石护坡。①-1杂填土：杂色，主要成分为建筑垃圾、淤泥质土，干洪道及两侧岸坡局部堆积，厚度为0.2~0.8 m不等，呈松散状；①-2素填土：杂色，主要以粉土、黏土、细砂为主，含少量碎石、块石等。干洪道及两侧地表分布，多为松散状。③-3细砂：浅黄色，稍密~中密；主要成分为石英、云母，局部夹零星浆砌砾石，连续星星分布。钻孔揭露厚度7.3~9.3 m	1. 洪道岸坡岩性均为第四系散松堆积层，抗冲刷能力差，需进行岸坡、河床防护处理。 2. 土对混凝土的腐蚀性等级均为弱。 3. 研究区地下水位低于设计河床底部，两岸不存在大的渗透稳定性问题，但护岸工程仍应留设排水设施。 4. 第③层砂卵砾石层承载力满足要求，可作为护岸工程基础持力层
AH7 大青沟洪洪道	大青沟洪道位于兰州市中部，黄河以北。洪道比降约10‰，谷坡坡度一般为10°~25°。有山坪子东沟、小青沟等10条沟道汇入，10条沟道多无专门排洪通道，与道路共用。河道两侧为学校、楼房、公路、工厂等。洪道两侧部分为土质岸边坡，部分为浆砌石护坡。本次洪道设计长度约4 692 m，设计蓝线宽度30/25 m。①-1杂填土：杂色，主要成分为建筑垃圾、干河洪道及两侧岸坡局部堆积，呈松散状；①-2素填土：杂色，主要以粉土、黏土为主，含少量碎石、块石等。干洪道及两侧地表分布，厚度为1.5~11.2 m。②粉土：第四系全新统冲、洪积（Q_4^{al+pl}）黄土状粉土，灰黄色，钻孔揭露厚度2.5 m，分布不连续；③-2角砾：灰白色，青灰色，呈棱角状，稍密~中密；母岩以砂岩为主，夹砂土，分布不连续，钻孔揭露厚度2.3~8.2 m；③-1卵石：浑圆状，稍密~中密；母岩以砂岩、石英岩，钻孔揭露厚度4.2~7.6 m；③-3细砂：杂色，中密~密实；主要成分为长石、石英、云母，局部夹少量砾石，分布不连续，钻孔揭露厚度6 m。大青沟本次勘察洪道中上游钻孔中未见地下水，下游钻孔中见有地下水，地下水埋深为2.7~6.8 m，水位变幅较大	1. 洪道岸坡岩性均为第四系散松堆积层，抗冲刷能力差，需进行岸坡、河床防护处理。 2. 土对混凝土的腐蚀性等级均为弱。 3. 研究区地下水位埋深较浅，两岸不存在大的渗透稳定性问题，施工期间注意排水问题，但护岸工程仍应留设排水设施，可作为护岸工程基础满足要求。 4. 第③层砂卵砾石层承载力满足要求，可作为护岸工程基础持力层。采用①-2素填土作为基础持力层时，需对地基基土进行夯实等处理

续表6.3-3

名称	基本地质条件	工程地质评价
AH8 深沟深沟洪道	深沟洪道位于兰州市中部,黄河以北。洪道比降约27‰,谷坡坡度一般为10°~30°。有里程沟、里程西沟、深沟西沟等3条沟与门排洪通道、道路共用。洪道两侧部分为土质边坡,部分为浆砌石护坡。本次河洪道设计长度约2700m,设计蓝线宽度25m。①-1杂填土:杂色,呈松散状;①-2素填土:杂色,主要以碎石土为主,多为建筑垃圾,厚度为0.2~1.0m不等,呈松散状。干洪道及两侧岸坡局部堆积,厚度为1.2~3.2m;③-2角砾:灰白色,青灰色,呈次棱角状,稍密~中密;母岩以砂岩为主,石英砂岩。洪道及两侧地表为砂卵石,夹砂土,连续分布。钻孔揭露厚度7.4~9.3m	1.洪道岸坡岩性均为第四系松散堆积层,抗冲刷能力差,需进行岸坡、河床防护处理。2.土对混凝土的腐蚀性等级均为弱。3.研究区地下水位远低于河床底部,两岸不存在大的渗透稳定性问题,但护岸工程仍应留设排水设施。4.③-2圆砾层承载力满足要求,可作为护岸工程基础持力层
AH9 关山沟关山沟洪道	关山沟洪道位于兰州市中部,黄河以北。洪道比降约50‰,关山沟、小关山沟2条沟道汇入关山沟河洪道,2条沟道均无专门排洪通道,与道路通道、道路共用。洪道两侧为居民区、公路、工厂等。洪道现为道路。本次河洪道设计长度约970m,设计蓝线宽度13m。①-1杂填土:杂色,呈松散状;①-2素填土:杂色,主要以粉土、黏土为主,含少量碎石块石,多为松散状。干洪道及两侧地表分布,厚度为2.0~5.3m;③-2角砾:灰白色,青灰色,呈次棱角状,稍密~中密;母岩以砂岩为主,石英砂岩。洪道及两侧地表为砂卵石,夹砂土,连续分布。钻孔揭露厚度4.1~8.4m	1.洪道岸坡岩性均为第四系松散堆积层,抗冲刷能力差,需进行岸坡、河床防护处理。2.土对混凝土的腐蚀性等级均为微。3.研究区地下水位远低于河床底部,两岸不存在大的渗透稳定性问题,但护岸工程仍应留设排水设施。4.③-2角砾层承载力满足要求,可作为护岸工程基础持力层
AH10 枣树沟枣树沟洪道	枣树沟河洪道位于兰州市中部,黄河以北。洪道比降约59‰,有半截岔沟、枣树沟、枣树西沟等3条沟道汇入。洪道基本顺直、平缓,两侧为居民区、公路、工厂等,设计蓝线宽度13/10m。本次洪道设计长度约110m。洪道现为道路。①-1杂填土:杂色,呈松散状;①-2素填土:杂色,主要以粉土、黏土为主,含少量碎石块石,多为松散状。干洪道及两侧地表分布,厚度为0.7~1.3m;③-2角砾:灰白色,连续分布,母岩以砂岩为主,石英砂岩;③-1卵石:杂色,浑圆状,母岩以砂岩为主,密实,钻孔揭露厚度4.1m。洪道及两侧地表为砂卵石为主,局部夹砂土,粗砂中,钻孔揭露厚度4.0~9.7m;③-1砂砾透镜体。钻孔揭露厚度4.1m	1.洪道岸坡岩性均为第四系松散堆积层,抗冲刷能力差,需进行岸坡、河床防护处理。2.土对混凝土的腐蚀性等级均为弱。3.研究区地下水位远低于河床底部,两岸不存在大的渗透稳定性问题,但护岸工程仍应留设排水设施。4.③-2角砾层承载力满足要求,可作为护岸工程基础持力层

续表 6.3-3

名称	基本地质条件	工程地质评价
AH11 咸马沟洪道	咸马沟洪道位于兰州市中部,黄河以北。河洪道比降约 95‰。金城路以上无明显洪道,以路代洪,金城路以下有河洪道,洪道基本顺直,比降较大。河洪道两侧为居民区,公路,工厂等。本次洪道设计长度约 130 m,设计蓝线宽度 13 m。 ①-1 杂填土:杂色,主要成分为建筑垃圾,干洪道及两侧岸坡局部堆积,厚度为 0.2~1.0 m 不等,呈松散状;①-2 素填土:杂色,主要以碎石土为主,多为松散状。干河洪道及两侧岸坡表层地表分布。母岩以砂岩为主,夹砂土,稍密~中密;③-1 卵石:杂色,浑圆状,中密~密实;母岩以砂岩,石英砂岩为主,局部夹中,粗砂透镜体。钻孔揭露厚度 4.2 m 灰色,呈次棱角状,稍密~中密;③-2 角砾:青灰色,连续分布。钻孔揭露厚度 5.8~8.1 m	1. 洪道岸坡岩性均为第四系松散堆积层,抗冲刷能力差,需进行岸坡,河床防护处理。 2. 土对混凝土的腐蚀性等级均为弱。 3. 研究区地下水位远低于设计河床底部,两岸不存在大的渗透稳定性问题,但护岸工程仍应预留设置排水设施。 4. ③-2 角砾层承载力满足要求,可作为护岸工程基础持力层。
AH14 马槽沟洪道	马槽沟洪道位于兰州市中部,黄河以北。河洪道比降约 120‰。洪道较短,比降较大,两侧多有浆砌块石防洪堤。河洪道两侧为居民区,公路,工厂等。本次洪道设计长度约 302 m,设计蓝线宽度 13 m。 ①-1 杂填土:杂色,主要成分为建筑垃圾,干洪道及两侧岸坡局部堆积,厚度为 0.2~0.8 m 不等,呈松散状;①-2 素填土:杂色,主要以粉土,黏土为主,局部夹有砂岩,碎石,块石等,稍密~中密。干洪道及两侧岸坡地表分布。母岩以砂岩,石英砂岩为主,中密~密实;③-1 卵石:杂色,浑圆状,厚度为 2.8~3.7 m;母岩以砂岩,石英砂岩为主,局部夹中,粗砂透镜体,连续分布。钻孔揭露厚度 0.6~7.6 m	1. 洪道岸坡岩性均为第四系松散堆积层,抗冲刷能力差,需进行岸坡,河床防护处理。 2. 土对混凝土的腐蚀性等级均为弱。 3. 研究区地下水位远低于设计河床底部,两岸不存在大的渗透稳定性问题,但护岸工程仍应预留设置排水设施。 4. 第③-1 卵石层承载力满足要求,可作为护岸工程基础持力层。

注:AH3 李黄黄沟,AH12 涧水湾沟和 AH13 圈沟洪道经复核满足过洪能力要求,本次不再进行治理。

(b) 泥马沙沟洪道（上游）

(d) 深沟洪道（中游）

(a) 泥马沙沟洪道（入黄河口段）

(c) 深沟洪道（上游：过北三环段）

图 6.3-3　安宁区河洪道典型照片

表 6.3-4　城关区河洪道基本地质条件及评价简表

名称	基本地质条件	工程地质评价
CH1 老虎西梁沟洪道	老虎西梁沟洪道位于兰州市中部,黄河以北。洪道比降约 14‰,宽 6～7 m。洪道基本顺直,较平缓,两侧岸坡主要为居民小区,设计蓝线宽度约 258 m。本次洪道设计长度约 13 m。洪道两侧部分为浆砌石防洪堤。①-1 杂填土:杂色,主要成分为垃圾,干洪道及两侧岸坡局部堆积,厚度为 0～0.3 m,呈松散状;①-2 素填土:杂色,主要以碎石土为主,碎石成分以片岩、片麻岩为主,呈松散状。干洪道及两侧地表分布,厚度为 0.8～2.1 m;③-2 角砾:浅灰色,呈棱角状,中密,母岩以片麻岩、砂岩为主,夹砂土,连续分布。钻孔揭露厚度 7.9～9.2 m	1. 洪道岸坡岩性均为第四系松散堆积层,抗冲刷能力差,需进行岸坡、河床防护处理。 2. 土对混凝土的腐蚀性等级均为弱。 3. 研究区地下水位埋深较深,两岸不存在大的渗透稳定性问题,但护岸工程仍应留设排水设施。 4.③-2 角砾层承载力满足要求,可作为护岸工程基础持力层。采用①-2 素填土作为基础持力层时,需对地基土进行夯实等处理
CH2 老虎沟洪道	老虎沟洪道位于兰州市中部,黄河以北。洪道比降约 362‰,宽约 3 m。洪道基本顺直,坡陡较陡,两侧主要为居民小区。洪道两侧已建浆砌石防洪堤,洪道底部已做浆砌石衬砌。本次洪道设计长度约 343 m,设计蓝线宽度 13 m。①-1 杂填土:杂色,主要成分为建筑垃圾,干洪道及两侧岸坡局部堆积,厚度为 0～0.3 m 不等,呈松散状;①-2 素填土:杂色,主要以碎石、砂石为主,碎石成分以片麻岩、砂岩为主,厚度为 0～1.8 m;③-1 卵石:青灰色,浑圆状,松散～稍密。干洪道一般为砂岩、花岗岩为主,中密,钻孔揭露厚度 8.2 m,分布不连续;③-2 角砾:浅灰色,呈棱角状,中密,母岩以片麻岩、砂岩为主,夹砂土,连续分布 8.9～10.0 m	1. 洪道岸坡岩性均为第四系松散堆积层,抗冲刷能力差,需进行岸坡、河床防护处理。 2. 土对混凝土的腐蚀性等级均为弱。 3. 研究区地下水位埋深较深,两岸不存在大的渗透稳定性问题,但护岸工程仍应留设排水设施。 4.③-2 角砾层承载力满足要求,可作为护岸工程基础持力层

续表 6.3-4

名称	基本地质条件	工程地质评价
CH3 单家沟洪洪道	单家沟洪洪道位于兰州市中部,黄河以北。洪洪道比降约 115‰,宽 4~6 m。单家沟和半截沟汇入单家沟洪道。洪洪道基本顺直,两侧主要为居民房屋。洪洪道两侧已建浆砌石衬砌,洪洪道底部分已做浆砌石衬砌,洪洪道底部有轻微淤积。本次河洪道设计长度约 409 m,设计蓝线宽度 13 m。 ①-1 杂填土:杂色,主要成分为建筑垃圾,厚度为 0~0.5 m 不等,呈松散状;①-2 素填土:杂色,呈松散状,厚度约为 1.6~2.1 m;③-1 卵石,主要以卵石、浑圆状,稍密。母岩一般为砂岩、花岗岩,角闪片岩为主,中密,呈灰色,分布不连续;③-2 角砾。钻孔揭露厚度 7.9~8.4 m,分布不连续;③-2 角砾,连续分布,中密,母岩以角闪片岩、砂岩为主,夹砂土,连续分布。钻孔揭露厚度 4.7 m;⑤-4 角闪片岩:前寒武系震旦系群(An∈gl)角闪片岩,灰色,表层强风化。钻孔揭露厚度 3.2 m	1.洪洪道岸坡岩性均为第四系松散堆积层,抗冲刷能力差,需进行岸坡、河床防护处理。 2.土对混凝土的腐蚀性等级均为弱。 3.研究区地下水位埋深较深,两岸不存在大的渗漏稳定性问题,但护岸工程仍应留设排水设施。 4.③-1 卵石、③-2 角砾层承载力满足要求,可作为护岸工程基础持力层
CH4 拱北拱北沟洪洪道	拱北沟洪道位于兰州市中部,黄河以北。洪洪道比降约 107‰,宽约 5 m。洪洪道两侧已建浆砌石防洪堤。本次洪洪道洪洪道两侧主要为居民房屋,清真寺等。洪洪道两侧已建浆砌石防洪堤。本次洪洪道设计长度约 348 m,设计蓝线宽度 13 m。 ①-1 杂填土:杂色,呈松散状;①-2 素填土:杂色,主要以卵石、浑圆状,粉土为主,松散。干洪洪道及两侧地表分布,厚度为 0~1.8 m;③-1 卵石:青灰色,浑圆状,母岩一般为砂岩、花岗岩,角闪片岩为主,中密,呈灰色,分布连续;钻孔揭露厚度 8.2 m,分布连续;③-2 角砾:浅灰色,呈棱角状,中密,母岩以角闪片岩、砂岩为主,夹砂土。钻孔揭露厚度 2.3~2.7 m;⑤-4 角闪片岩:前寒武系震旦系群(An∈gl)角闪片岩,灰色,表层全~强风化。钻孔揭露厚度 6.2~7.3 m。分布干洪洪道上游沟道出口部位	1.洪洪道岸坡岩性均为第四系松散堆积层,抗冲刷能力差,需进行岸坡、河床防护处理。 2.土对混凝土的腐蚀性等级均为弱。 3.研究区地下水位埋深较深,两岸不存在大的渗漏稳定性问题,但护岸工程仍应留设排水设施。 4.③-1 卵石层承载力满足要求,可作为护岸工程基础持力层

续表 6.3-4

名称	基本地质条件	工程地质评价
CH5 马家石沟洪道	马家石沟洪道位于兰州市中部,黄河以北。洪道比降约 245‰,宽河 5 m。洪道位于白塔山公园内部。洪道两侧修建已建浆砌石岸墙和格构护坡。本次洪道设计长度约 221 m,设计蓝线宽度 21 m。①-1 杂填土:杂色,主要成分为垃圾,于洪道及两侧岸坡局部堆积,厚度为 0~0.3 m 不等,呈松散状;①-2 素填土:杂色,主要以碎石、粉土为主,松散于洪道及两侧地表分布,厚度约 0.8~1.1 m。②黄土状粉土:第四系全新统冲、洪积(Q4al+pl)黄土状粉土,浅黄色,土质均匀,稍密,精密,钻孔揭露厚度 1.4 m。③-2 角砾:浅灰色,中密,呈棱角状,母岩以角闪片岩为主,夹砂土。钻孔揭露厚度 7.8~8.9 m	1.洪道岸坡岩性均为第四系松散堆积层,抗冲刷能力差,需进行岸坡、河床防护处理。 2.土对混凝土的腐蚀性等级均为弱。 3.研究区地下水位埋深较深,两岸不存在大的渗透稳定性问题,但护岸工程仍应留设排水设施。 4.③-2 角砾层系承载力满足要求,可作为护岸工程基础持力层
CH6 烧盐沟洪道	烧盐沟洪道位于兰州市中部,黄河以北。洪道比降约 135‰,已经修建为道路,以路代洪。两侧主要为居民房屋等。局部路段一侧修建有格构护坡,未见针对河洪道设计的工程措施。本次洪道设计长约 210 m,设计蓝线宽度约 7 m。①-1 杂填土:杂色,主要成分为垃圾,于洪道及两侧岸坡局部堆积,厚度为 0~1.0 m 不等,呈松散状;①-2 素填土:杂色,主要以粉土、砂岩为主,松散于洪道及两侧地表分布,厚度为 1.7~3.5 m;③-1 卵石:青灰色,浑圆状,母岩一般以砂岩、花岗岩为主,局部夹细砂层,中密,密实。钻孔揭露厚度 6.7 m,分布不连续;⑤-4 角闪片岩:前寒武系皋兰系(An∈gl)角闪片岩,灰色,表层全~强风化,钻孔揭露厚度 6.5~8.3 m	1.洪道岸坡岩性均为第四系松散堆积层,抗冲刷能力差,需进行岸坡、河床防护处理。 2.土对混凝土的腐蚀性等级均为弱。 3.研究区地下水位埋深较深,两岸不存在大的渗透稳定性问题,但护岸工程仍应留设排水设施。 4.③-1 卵石层系承载力满足要求,可作为护岸工程基础持力层

续表 6.3-4

名称	基本地质条件	工程地质评价
CH7 罗锅沟洪道	罗锅沟洪道位于兰州市中部,黄河以北。洪道比降约15‰,宽度10~12 m。洪道基本顺直,部分洪道被开挖岩土体压埋,无法排洪。洪道两侧修建有浆砌块石防洪堤。本次洪道设计长度约7 087 m,设计蓝线宽度18/13 m。①-1杂填土:杂色,主要成分为建筑垃圾,干洪道及两侧岸坡局部堆积,厚度为0~0.5 m不等,呈松散状;①-2素填土:杂色,主要以粉土为主,夹细砂,砾石,松散。干洪道及两侧地表分布,厚度为0.6~0.9 m。②黄土状粉土:第四系全新统冲、洪积(Q_4^{al+pl})黄土状粉土,土质均匀,稍密,局部夹有粉砂薄层及少量砾石,分布连续。钻孔揭露厚度9.1~10.0 m	1.洪道岸坡岩性均为第四系散堆积层,抗冲刷能力差,在水流的冲刷掏蚀作用下,细颗粒易被水流带走而发生坍塌现象,对边坡稳定不利,需进行岸坡防护处理。2.第②层粉土,黄土状粉土具湿陷性,上部湿陷性等级为强烈,中下部湿陷性等级为中等至轻微。3.第①层,第②层为细粒土,属冻胀性土。稳妥起见,建议适当采取抗冻胀措施。4.按环境类型土对混凝土的腐蚀性评价,洪道两侧腐蚀等级为弱。5.第②层黄土状粉土在工程正常运用期间可能由于受地表水的补给达到饱和状态,为可能液化土层。6.洪道两岸不存在大的渗透稳定性问题。但护岸工程仍应留设排水设施。7.第②层粉土(针对其湿陷性采取措施),黄土状粉土层可作为护岸工程基础持力层
CH8 大砂沟洪道	大砂沟洪道位于兰州市中部,黄河以北。洪道比降约17‰,宽约10 m。大砂沟和小沟汇入大砂沟洪道。洪道两侧为密集的居民区。洪道下游段局部已建浆砌建石防洪堤。本次洪道设计长度约4 200 m,设计蓝线宽度40 m。①-1杂填土:杂色,主要成分生活垃圾,干洪道及两侧岸坡局部堆积,厚度为0~0.5 m不等,呈松散状;①-2素填土:杂色,主要以粉土为主,含砾石,稍密。干洪道及两侧地表分布,厚度为2.7~5.0 m。②黄土状粉土:第四系全新统冲、洪积(Q_4^{al+pl})黄土状粉土,黄褐色,土质不均,稍密,分布连续。③-3细砂:棕褐色,局部夹有粉土夹层,稍密,呈松散~稍密状;主要成分为长石,石英,含少量砾石,部分区段分布。钻孔揭露厚度约5.2 m。③-3细砂厚度5.0~7.3 m	1.洪道岸坡岩性均为第四系散堆积层,抗冲刷能力差,在水流的冲刷掏蚀作用下,细颗粒易被水流带走而发生坍塌现象,对边坡稳定不利,需进行岸坡防护处理。2.第②层粉土,黄土状粉土具湿陷性,上部湿陷性等级为强烈,中下部湿陷性等级为中等至轻微。3.第①层,第②层为细粒土,属冻胀性土。稳妥起见,建议适当采取抗冻胀措施。4.按环境类型土对混凝土的腐蚀性评价,洪道两侧腐蚀等级为微。5.第②层黄土状粉土和③-3细砂层在工程正常运用期间可能由于受地表水的补给达到饱和状态,为可能液化土层。6.洪道两岸不存在大的渗透稳定性问题。但护岸工程仍应留设排水设施。7.第②层粉土(针对其湿陷性采取措施),黄土状粉土层可作为护岸工程基础持力层。③-3可作为护岸工程基础持力层

续表 6.3-4

名称	基本地质条件	工程地质评价
CH9 石门沟洪道	石门沟洪道位于兰州市中东部,黄河以北。洪道比降约 19‰,宽度 5~10 m。洪道弯曲,局部被耕地、民房等挤占。洪道两侧主要为居民房屋、公路,公路等。部分洪道两侧修建有浆砌块石防洪堤。本次洪道设计长度约 1 940 m,设计蓝线宽度 20 m ①-2 素填土:杂色,主要以粉土为主,含砂砾石,稍密。干洪道及两侧地表分布。④-1 黄土状粉土:第四系上更新统冲积层(Q_3^{al})黄土状粉土,厚度为 1.2~1.5 m。④-1 黄土状粉土,黄褐色,土质均匀,稍密,分布于洪道下游。钻孔揭露厚度 0.8~10.0 m;⑤-2 砂卵石,新近系中新统咸水河组(N_1x)厚层层砂卵石,砖红色,成岩作用差,遇水易碎,表层强风化。分布于洪道上游,钻孔揭露厚度 9.2 m	1. 洪道下游两岸坡岩性为第四系松散堆积层,抗冲刷能力差,在水流的冲刷掏蚀作用下,细颗粒易被水流带走而发生坍塌现象,对边坡稳定不利,需进行岸坡防护处理。 2. 第④-1 层粉土、黄土状粉土具湿陷性,洪道湿陷程度为中等~轻微。 3. 按环境类型土对混凝土的腐蚀性评价。 4. 洪道地下水位埋深较浅,两岸不存在大的渗透稳定性问题,但护岸工程仍应留设排水设施。 5. 上游段第⑤-2 砂岩可作为护岸工程基础持力层。下游段第④-1 层粉土(针对其湿陷性采取措施)、黄土状粉土层可作为护岸工程基础持力层
CH10 枣树沟洪道	枣树沟洪道位于兰州市中东部,黄河以北。洪道比降约 56‰。洪道基本顺直,断面尺寸较小,淤积较为严重。洪道两侧主要为居民房屋、公路、工厂等。本次洪道设计长度约 355 m,设计蓝线宽度 20 m。洪道无防护措施。④-1 黄土状粉土:第四系上更新统冲积层(Q_3^{al})黄土状粉土,黄褐色,土质均匀,稍密,分布连续。钻孔揭露厚度 10.0 m	1. 洪道岸坡岩性均为第四系松散堆积层,抗冲刷能力差,在水流的冲刷掏蚀作用下,细颗粒易被水流带走而发生坍塌现象,对边坡稳定不利,需进行岸坡防护处理。 2. 第④-1 层粉土、黄土状粉土具湿陷性,洪道湿陷程度为中等~轻微。 3. 按环境类型土对混凝土的腐蚀性评价。 4. 洪道地下水位埋深深,两岸不存在大的渗透稳定性问题,但护岸工程仍应留设排水设施。 5. 第④-1 层粉土(针对其湿陷性采取措施)、黄土状粉土层可作为护岸工程基础持力层

续表 6.3-4

名称	基本地质条件	工程地质评价
CH11 又不又沟洪道	又不又沟洪道位于兰州市中东部,黄河以北。洪道比降约80‰。洪道现为乡村道路。洪道两侧主要为居民房屋、公路等。本次河洪道设计长度约96 m,设计蓝线宽度12 m ①-2素填土:杂色,主要以粉土为主,含砂砾石,稍密。干洪道及两侧地表分布,厚度为1.2~1.5 m。④-1黄土状粉土:第四系上更新统冲积层(Q_3^{al})黄土状粉土,黄褐色,土质均匀,稍密,分布连续,钻孔揭露厚度7.0~7.5 m;⑤-2砂岩,新近系中新统咸水河组(N_1x)厚层砂岩,砖红色,成岩作用差,遇水易碎,表层强风化。连续分布,钻孔揭露厚度2.2~2.5 m	1.洪道岸坡岩性均为第四系松散堆积层,抗冲刷能力差,在水流的冲刷掏蚀作用下,细颗粒易被水流带走而发生坍塌现象,对边坡稳定行不利,需进行岸坡防护处理。 2.第④-1层粉土、黄土状粉土具湿陷性,湿陷程度为中等~轻微。 3.按环境类型土对混凝土的腐蚀性评价,洪道腐蚀等级为弱。 4.洪道地下水位埋深较深,两岸不存在大的渗透定稳性问题但护岸工程仍应预留设排水设施。 5.第④-1层粉土(针对其湿陷性采取措施)、黄土状粉土层可作为护岸工程基础持力层
CH12 交达沟洪道	交达沟洪道位于兰州市中东部,黄河以北。洪道比降约115‰。洪道现为硬化路面,在道道路一侧修建了浆砌块石排水沟。本次洪洪道设计长度547 m,设计蓝线宽度5 m。 ①-1杂填土:杂色,主要以路基、路面。厚度约0.5 m;④-1黄土状粉土:第四系上更新统冲积层(Q_3^{al})黄土状粉土,黄褐色,土质均匀,稍密,分布连续;⑤-2砂岩,新近系中新统咸水河组(N_1x)厚层层砂钻孔揭露厚度8.1~10.0 m;⑤-2砂岩,新近系中新统咸水河组(N_1x)厚层砂岩,砖红色,成岩作用差,遇水易碎。表层强风化。连续分布,钻孔揭露厚度1.9~10.0 m	1.洪道岸坡岩性均为第四系松散堆积层,抗冲刷能力差,在水流的冲刷掏蚀作用下,细颗粒易被水流带走而发生坍塌现象,对边坡稳定行不利,需进行岸坡防护处理。 2.第④-1层粉土、黄土状粉土具湿陷性,湿陷程度为中等~轻微。 3.按环境类型土对混凝土的腐蚀性评价,洪道腐蚀等级为微。 4.洪道地下水位埋深较深,两岸不存在大的渗透定稳性问题但护岸工程仍应预留设排水设施。 5.第④-1层粉土(针对其湿陷性采取措施)、黄土状粉土层可作为护岸工程基础持力层

续表 6.3-4

名称	基本地质条件	工程地质评价
CH13 小砂沟洪道	小砂沟洪道位于兰州市中东部，黄河以北。洪道比降约28‰。河洪道呈S形弯曲，松散堆积物质较多，挤压严重。洪道两侧主要为公路、铁路、厂房等。本次洪道设计长度约202 m，设计蓝线宽度35 m。 ①-2素填土：杂色，主要以粉土为主，含砂砾石，中密。③-1卵石：青灰色，母岩一般为砂岩、花岗岩为主，浑圆状，分布不连续，厚度约1.5 m。④-1黄土状粉土：黄褐色，土质较均匀，精密，分布连续。钻孔揭露厚度8.5 m；⑤-1黄土状粉土，黄褐色，土质均匀，精密，分布连续。钻孔揭露厚度9.0~9.5 m；⑤-2砂岩，新近系中新统咸水河组（N_1x）厚层砂岩，砖红色，成岩作用差，遇水易碎。表层强风化。连续分布。钻孔揭露厚度0.5~1.0 m	1.洪道岸坡岩性均为第四系松散堆积层，抗冲刷能力差，在水流的冲刷掏蚀作用下，细颗粒易被水流带走而发生坍塌现象，对边坡稳定不利，需进行岸坡防护处理。 2.第④-1层粉土，黄土状粉土具湿陷性，湿陷程度为中等~轻微。 3.按环境类型土对混凝土的腐蚀性评价，洪道腐蚀等级为弱。 4.洪道地下水位埋深较深，两岸不存在大的渗透稳定性问题。 5.第④-1层粉土（针对其湿陷性采取措施），黄土状土层可作为护岸工程基础持力层
CH14 石沟洪道	石沟洪道位于兰州市东部，黄河以北。洪道比降约29‰。石沟、上沟汇入石沟河洪道。洪道两侧为工厂、驾校、铁路。洪道中下游淤积严重。洪道局部已建浆砌石防洪堤。本次洪道设计长度约598 m，设计蓝线宽度18 m。 ④-1黄土状粉土：第四系上更新统冲积层（Q_3^{al}）黄褐色，土质均匀，精密，分布连续。钻孔揭露厚度10.0 m	1.洪道岸坡岩性均为第四系松散堆积层，抗冲刷能力差，在水流的冲刷掏蚀作用下，细颗粒易被水流带走而发生坍塌现象，对边坡稳定不利，需进行岸坡防护处理。 2.第④-1层粉土，黄土状粉土具湿陷性，湿陷程度为中等~轻微。 3.按环境类型土对混凝土的腐蚀性评价，洪道腐蚀等级为微。 4.洪道地下水位埋深较深，两岸不存在大的渗透稳定性问题。 5.第④-1层黄土状粉土层可作为护岸工程基础持力层

续表 6.3-4

名称	基本地质条件	工程地质评价
CH15 大浪沟洪道	大浪沟洪道位于兰州市东部，黄河以北。洪道比降约33‰。洪道两侧为工厂、学校、铁路等。洪道上接淤积严重。洪道局部已建浆砌石防洪堤。本次洪道设计长度540 m，设计蓝线宽度15 m。①-1杂填土：杂色，主要成分为垃圾，于洪道及两侧岸坡局部堆积，厚度为0~0.5 m不等，呈松散状；①-2素填土：杂色，主要以碎石为主，松散状。于洪道及两侧地表分布，厚度1.8~3.5 m。③-1卵石：杂色，浑圆状，母岩一般以砂岩、石英砂岩为主，中密。分布不连续，钻孔揭露厚度0.8~1.0 m；⑤-2砂岩，钻孔揭露砂岩，砖红色，泥钙质胶结。连续分布，钻新近系中新统咸水河组(N_1x)厚层揭露厚度5.5~7.4 m	1.洪道岸坡上部岩性为第四系松散堆积层，抗冲刷能力差，在水流的冲刷掏蚀作用下，细颗粒易被水流带走而发生坍塌现象，对边坡稳定性不利，需进行岸坡防护处理。 2.按环境类型土对混凝土的腐蚀性评价，洪道腐蚀等级为弱，洪道存在渗透较深，两岸不存在大的渗透基础持力层 3洪道地下水位埋深较浅，两岸工程不应设留设施但护岸工程仍应保留设计排水设施 4.第⑤-2砂岩层可作为护岸工程基础持力层
CH16 碱水沟洪道	碱水沟洪道位于兰州市东部，黄河以北。洪道比降约45‰。洪道两侧为居民区、公路、铁路等。洪道淤积严重。洪道局部已建防洪堤。本次洪道设计长度约500 m，设计蓝线宽度8 m。①-2素填土：杂色，主要为人工回填黏土、卵石、泥等，松散状。干河道及两侧岸坡分布，厚度1.4~3.2 m。②黄土状粉土：第四系全新统冲、洪积(Q_4^{al+pl})黄土状粉土，灰黄色，局部夹粉砂有少量砾石，不连续分布，钻孔揭露厚度3.4 m。③-1卵石：青灰色，浑圆状，局部夹砂层薄层。连续分布，钻孔揭露厚度1.7~2.7 m。⑤-1砂岩、⑤-2砂岩，新近系中新统咸水河组(N_1x)厚层砂岩，砖红色，泥钙质胶结。连续分布，钻孔揭露厚度3.3~5.4 m	1.洪道岸坡上部岩性为第四系松散堆积层，抗冲刷能力差，在水流的冲刷掏蚀作用下，细颗粒易被水流带走而发生坍塌现象，对边坡稳定性不利，需进行岸坡防护处理。 2.按环境类型土对混凝土的腐蚀性评价，洪道腐蚀等级为弱，洪道存在渗透较深，两岸不存在大的渗透设施 3洪道地下水位埋深较浅，两岸工程不应留设设施但护岸工程仍应保留设计排水设施 4.③-1卵石、第⑤-2砂岩层可作为护岸工程基础持力层

续表 6.3-4

名称	基本地质条件	工程地质评价
CH17 神子沟洪道	碱水沟洪道位于兰州市东部，黄河以北。洪道两侧为居民区、农田、铁路等。洪道基本顺直，但淤积较严重。洪道局部已建设防洪堤。本次河洪道设计长度约 583 m，设计蓝线宽度 8 m。 ①-1 杂填土：杂色，主要成分为建筑垃圾，厚度为 0~0.5 m 不等，呈松散状；①-2 素填土：灰褐色，主要以土、砾石为主，松散。干洪道及两侧岸坡局部堆积，厚度约 1.2 m；③-3 粉、细砂；黄色，中密；③-1 卵石成分为石英、长石，含少量砾石，分布连续。青灰色，浑圆状，松散分布，钻孔揭露厚度约 2.9 m；③-1 卵石青灰色，长石，含少量砾石，分布连续。连续分布，钻孔揭露厚度 5.9 m	1.洪道岸坡上部岩性为第四系松散堆积层，抗冲刷能力差，在水流的冲刷揭河作用下，细颗粒易被水流带走而发生坍塌现象，对边坡稳定不利，需进行岸坡防护处理。 2.按环境类型土对混凝土的腐蚀性评价，洪道腐蚀等级为弱。 3.洪道地下水位埋深较深，两岸不存在大的渗透稳定性问题。 4.③-1 卵石、③-3 粉、细砂层可作为护岸工程基础持力层
CH18 台湾沟洪道	台湾沟洪道位于兰州市东部，黄河以北。洪道比降约 51‰，宽一般为 3~5 m，洪道两侧为居民区，农田、公路等。洪道基本顺直，但淤积较严重。洪道单侧局部已建浆砌石防洪堤。本次河洪道设计长度约 708 m，设计蓝线宽度 25 m。 ①-1 杂填土：杂色，主要成分为建筑垃圾，于洪道及两侧岸坡局部堆积，厚度为 0~0.5 m 不等，呈松散状；①-2 素填土：灰褐色，主要以土、砾石为主，松散。干洪道及两侧地表出露分布。②黄土状粉土：第四系全新统冲洪积（Q₄^(al+pl)）黄土状粉土，褐色，偶含砾石，局部含粉砂，不连续分布，钻孔揭露厚度 1.3~2.2 m。③-3 粉砂：棕褐色，呈松散状；主要成分为长石、石英，含少量砾石，局部夹有粉土夹层，不连续分布。钻孔揭露厚度约 5.2 m。③-1 卵石，青灰色，浑圆状，松散状。局部夹砂层薄层。连续分布，钻孔揭露厚度 2.2~5.2 m	1.洪道岸坡上部岩性为第四系松散堆积层，抗冲刷能力差，在水流的冲刷揭河作用下，细颗粒易被水流带走而发生坍塌现象，对边坡稳定不利，需进行岸坡防护处理。 2.按环境类型土对混凝土的腐蚀性评价，洪道腐蚀等级为弱。 3.洪道地下水位埋深较深，两岸不存在大的渗透稳定性问题。 4.③-1 卵石、③-3 粉、细砂层可作为护岸工程基础持力层

续表 6.3-4

名称	基本地质条件	工程地质评价
CH19 大红沟洪道	大红沟洪道位于兰州市东部,黄河以北。洪汇入大红沟、小红沟汇入大红沟河洪道。洪道比降约 56‰。洪道已被人类工程活动夷平,仅以路代洪。其两侧为农田、工厂、铁路等。洪道暂没有工程防护措施。本次洪道设计蓝线宽度 18 m,设计蓝线宽度 18 m。①-2 素填土:褐色,主要以土、砾石为主,松散状;②黄土状粉土:第四系全新统冲、洪积(Q_4^{al+pl})黄土状粉土,厚度在 0.8~1.5 m。深褐色,软塑色,偶含砾石,局部含粉砂,不连续分布。局部夹砂层薄层。③-2 圆砾:青灰色,浑圆状,松散状。连续分布,钻孔揭露厚度 1.0~2.2 m。⑤-3 花岗岩(γ_3^1),灰褐色,古生代花岗岩:早古生代花岗岩(γ_3^1),表层强风化,主要成分为石英、长石等。钻孔揭露厚度 7.0~7.5 m	1. 洪道岸坡岩性均为第四系松散堆积层,抗冲刷能力差,在水流的冲刷掏蚀作用下,细颗粒易被水流带走而发生坍塌现象,对边坡稳定不利,需进行岸坡防护处理。 2. 按环境类型土对混凝土的腐蚀性评价,洪道两岸不存在大的腐蚀。 3. 洪道两岸不存在大的渗透稳定性问题,但护岸工程基础持力层设排水设施。 4. ③-3 圆砾、⑤-3 花岗岩可作为护岸工程基础持力层。
CH20 水源沟洪道	大红沟洪道位于兰州市东部,黄河以北。洪道比降约 100‰。洪道较为狭窄,上游生活垃圾填埋严重。其两侧为居民区、农田、铁路等。洪道已建浆砌石挡坝一座。本次河洪道设计长度 158 m,设计蓝线宽度 12 m。①-1 杂填土:杂色,主要成分为生活垃圾,干洪道及两侧岸坡局部堆积,厚度为 0~0.3 m 不等,呈松散状;①-2 素填土:褐色,主要以土、砾石为主,松散状;②黄土状粉土:第四系全新统冲、洪积(Q_4^{al+pl})黄土状粉土,第四系全新统冲洪积,厚度 2.0 m。②黄土状粉土:深褐色,软塑~可塑状,局部夹细砂薄层,连续分布。钻孔揭露厚度 1.5~6.0 m。③-2 圆砾:青灰色,褐色,含少量卵石,成分以变质岩砂岩为主。不连续分布,钻孔揭露厚度 2.5 m。⑤-3 花岗岩:早古生代花岗岩,表层强风化,灰褐色,主要成分为石英、长石等,钻孔揭露厚度 4.0 m	1. 洪道岸坡岩性均为第四系松散堆积层,抗冲刷能力差,在水流的冲刷掏蚀作用下,细颗粒易被水流带走而发生坍塌现象,对边坡稳定不利,需进行岸坡防护处理。 2. 按环境类型土对混凝土的腐蚀性评价,洪道两岸不存在大的腐蚀。 3. 洪道两岸不存在大的渗透稳定性问题,但护岸工程基础持力层设排水设施。 4. ③-3 圆砾、⑤-3 花岗岩可作为护岸工程基础持力层。

续表 6.3-4

名称	基本地质条件	工程地质评价
CH21 砂金坪沟洪道	砂金坪沟洪道位于兰州市东部,黄河以北。洪道上游淤积严重。其两侧为农田、工厂、铁路等。洪道局部已建浆砌石防洪堤。本次洪道设计长度约613 m,设计蓝线宽度8 m。①-2素填土:褐色,主要以土、砾石为主,松散状。干洪道及两侧地表分布,含少量卵石,磨圆度差。③-2角砾:青灰色,磨圆度差,含少量卵石,成分以花岗岩为主。连续分布,钻孔揭露厚度1.8~2.7 m;③-3粗砂:褐色,主要成分为石英,含少量砾石,连续分布。钻孔揭露厚度为1.2~2.3 m;④-1黄土状粉土:第四系上更新统冲积层(Q_3^{al})黄土状粉土,褐色,局部夹有细砂薄层,分布不连续。钻孔揭露厚度4.0 m;⑤-3花岗岩:早古生代花岗岩(γ_3^1),灰褐色,表层强风化,主要成分为石英、长石等。钻孔揭露厚度6.5~7.2 m	1. 洪道岸坡岩性均为第四系松散堆积层,抗冲刷能力差,在水流的冲刷掏蚀作用下,细颗粒易被水流带走而发生坍塌现象,对边坡稳定不利,需进行岸坡防护处理。 2. 按环境类型土的腐蚀性评价,洪道岩土的腐蚀等级为弱。 3. 洪道两岸不存在大的渗透稳定性问题。但护岸工程仍应留设排水设施。 4. ③-3粗砂、⑤-3花岗岩可作为护岸工程基础持力层
CH22 老狼沟洪道	老狼沟洪道位于兰州市东部,黄河以南。河洪道比降约12‰。洪道不顺直,上游淤积较严重。其两侧为居民区、学校、医院等。洪道局部已建浆砌石防洪堤工程。本次洪道设计长度约3 687 m,设计蓝线宽度12 m/14 m/20 m。①-1杂填土:杂色,主要成分为建筑垃圾。干洪道及两侧岸坡局部堆积,厚度为0~0.3 m,呈松散状;①-2素填土:褐色,主要以土、卵石为主,松散状。干洪道及两侧地表分布,厚度0.8~1.7 m。②黄土状粉土:第四系全新统冲洪积(Q_4^{al+pl})黄土状粉土,浅黄色,土质均匀,稍密,局部夹细砂薄层,连续分布。钻孔揭露厚度8.3~10.0 m	1. 洪道岸坡岩性均为第四系松散堆积层,抗冲刷能力差,在水流的冲刷掏蚀作用下,细颗粒易被水流带走而发生坍塌现象,对边坡稳定不利,需进行岸坡防护处理。 2. 第②层粉土、黄土状粉土具湿陷性,上部湿陷性中下部湿陷性等级为中等至轻微。 3. 第①层、第②层为细颗粒土,属冻融土,属膨胀土,稳妥起见,建议适当采取抗冻胀措施。 4. 按环境类型土对混凝土的腐蚀性评价,洪道岩土的腐蚀等级为弱。 5. 第②层黄土状粉土层在工程正常运用期间可能由于受地表水的补给达到饱和状态,为可能液化土层。 6. 洪道两岸不存在大的渗透稳定性问题。但护岸工程仍应留设排水设施。 7. 第②层粉土(针对其湿陷性采取措施)、黄土状粉土层可作为护岸工程基础持力层

续表 6.3-4

名称	基本地质条件	工程地质评价
CH23 大洪沟洪道	大洪河洪道位于兰州市东部,黄河以南。大洪沟、小洪沟壅烂泥沟3条河洪道汇入大洪沟河洪道,洪道比降约14‰。洪道不顺直,淤积较严重。其两侧为居民区、公路、铁路等。洪道局部已建浆砌石防洪堤工程。本次洪道设计蓝线长度约4 700 m,设计蓝线宽度18 m/30 m/24 m。①-1杂填土,主要为路面、路基,分布于洪道两侧局部含砂砾石,稍密。干洪道及两侧地表分布,厚度为0~0.3 m;①-2素填土:杂色,主要以粉土为主,厚度0.5~4.5 m。②黄土状粉土:第四系全新统冲、洪积(Q₄ᵃˡ⁺ᵖˡ)黄褐色,土质不均匀,局部夹砂砾石,连续分布。钻孔揭露厚度5.5~10.0 m	1.洪道岸坡岩性均为第四系散堆积层,抗冲刷能力差,在水流的冲刷揭蚀作用下,细颗粒易被水流带走而发生坍塌现象,对边坡稳定不利,需进行岸坡防护处理。2.第②层粉土、黄土状粉土具湿陷性,上部湿陷性等级为强烈,中下部湿陷性等级为中等至轻微。3.第①层、第②层为细粒土,属冻胀土。稳妥起见,建议适当采取抗冻胀措施。4.按环境类型土对混凝土的腐蚀性评价,洪道腐蚀等级为弱。5.第②层黄土状粉土层在工程正常运用期间可能由于受地表水的补给达到饱和状态,为可能液化土层。6.洪道两岸不存在大的渗透稳定性问题。但护岸工程仍应留设排水设施。7.第②层粉土(针对其湿陷性采取措施),黄土状粉土层可作为护岸工程基础持力层
CH24 鱼儿沟洪道	鱼儿沟洪道位于兰州市东部,黄河以南。洪道比降约13‰。洪道淤积较严重。其两侧为居民区、工厂、医院等。洪道局部已建浆砌石防洪堤工程。本次河洪道设计长度约1 300 m,设计蓝线宽度20 m。①-1杂填土:杂色,主要成分为建筑垃圾,干洪道及两侧岸坡局部堆积,厚度约0~0.8 m不等,呈松散状;①-2素填土,砂石为主,局部含细砂,松散;③-1卵石;③青灰色,浑圆状,砂石充填。不连续分布,花岗岩,砂石充填。不连续分布,钻孔揭露厚度约0.7 m。②黄土状粉土:第四系全新统冲、洪积(Q₄ᵃˡ⁺ᵖˡ)黄土状粉土,浅黄色,局部夹有细砂薄层,分布连续。钻孔揭露厚度1.4~9.3 m	1.洪道岸坡岩性均为第四系散堆积层,抗冲刷能力差,在水流的冲刷揭蚀作用下,细颗粒易被水流带走而发生坍塌现象,对边坡稳定不利,需进行岸坡防护处理。2.第②层粉土、黄土状粉土具湿陷性,上部湿陷性等级为强烈,中下部湿陷性等级为中等至轻微。3.第①层、第②层为细粒土,属冻胀土。稳妥起见,建议适当采取抗冻胀措施。4.按环境类型土对混凝土的腐蚀性评价,洪道腐蚀等级为弱。5.第②层黄土状粉土层在工程正常运用期间可能由于受地表水的补给达到饱和状态,为可能液化土层。6.洪道两岸不存在大的渗透稳定性问题。但护岸工程仍应留设排水设施。7.第②层粉土(针对其湿陷性采取措施),黄土状粉土层可作为护岸工程基础持力层

续表 6.3-4

名称	基本地质条件	工程地质评价
CH25 阳洼沟洪道	阳洼沟洪道位于兰州市东部，黄河以南。洪道比降约 71‰。洪道上游段淤积较严重。其两侧为居民区、工厂、公路等。本次洪道设计长度约 800 m，设计蓝线宽度程。洪道局部已建浆砌石防洪堤工 18 m。 ①-2 素填土：杂色，主要以粉土为主，局部含砂砾石，稍密。干洪道及两侧地表分布，厚度约 0.8 m；④-1 黄土状粉土：第四系上更新统冲积层（Q_3^{al}）黄土状粉土，黄褐色，土质均匀，稍密，分布连续。钻孔揭露厚度 5.7～10.0 m。 ④-2 卵石：黄褐色，主要成分为花岗岩、石英岩、砂岩，局部夹细砂薄层，稍密～中密。不连续分布，钻孔揭露厚度为 0.5～3.5 m	1. 洪道岸坡岩性均为第四系松散堆积层，抗冲刷能力差，在水流的冲刷掏蚀作用下，细颗粒易被水流带走而发生坍塌现象，对边坡稳定不利，需进行岸坡防护处理。 2. 第④-1 层粉土、黄土状粉土具湿陷性，湿陷程度为中等～轻微。 3. 按环境类型粉土对混凝土的腐蚀性评价，洪道腐蚀等级为微。 4. 洪道地下水位埋深较深，两岸不存在大的渗透稳定性问题。 5. 第④-1 层黄土状粉土仍应留设排水设施。但护岸工程可作为护岸工程基础持力层
CH26 左家沟洪道	左家沟洪道位于兰州市东部，黄河以南。其两侧为居民区、工厂、公路等。本次洪道设计长度约 855 m，设计蓝线宽度约 7 m。 ①-2 素填土：杂色，主要以粉土为主，局部含砂砾石，稍密。干洪道及两侧地表分布，厚度约 0.8 m；④-1 黄土状粉土：第四系上更新统冲积层（Q_3^{al}）黄土状粉土，黄褐色，土质均匀，稍密，分布连续。钻孔揭露厚度 6.2～10.0 m。不④-2 卵石：黄褐色，青灰色，主要成分为花岗岩、石英岩、砂岩，稍密～中密。不连续分布，钻孔揭露厚度约 3.0 m	1. 洪道岸坡岩性均为第四系松散堆积层，抗冲刷能力差，在水流的冲刷掏蚀作用下，细颗粒易被水流带走而发生坍塌现象，对边坡稳定不利，需进行岸坡防护处理。 2. 第④-1 层粉土、黄土状粉土具湿陷性，湿陷程度为中等～轻微。 3. 按环境类型粉土对混凝土的腐蚀性评价，洪道腐蚀等级为弱。 4. 洪道地下水位埋深较深，两岸不存在大的渗透稳定性问题。 5. 第④-1 层黄土状粉土仍可作为护岸工程基础持力层

(b) 老狼沟河洪道

(d) 圈沟河洪道

(a) 烂泥沟河洪道

(c) 拱北沟河洪道

图 6.3-4 城关区河洪道典型照片

第7章　研究区泥石流灾变特征与启动机制研究

7.1　泥石流形成与启动过程分析

泥石流形成与启动过程可分为四个阶段。

(1)降雨渗流阶段。由于松散堆积物质一般较干燥松散,松散堆积物质内部的孔隙率较大,所以在降雨的初始阶段,松散堆积物质对雨水的吸收能力较强,雨水主要下渗到松散堆积物质内部,由于坡度的存在,松散堆积物质内的水体会在重力的作用下沿坡体向下游方向渗流。水体的渗流会产生渗流力并作用于松散堆积体,松散堆积体中的细颗粒(主要是粉粒和砂粒)会在渗流力的作用下随水体沿坡体向下游方向运移。与此同时,在雨水降落到松散堆积体表层时,也会对松散堆积体表层产生压力,使得松散堆积体存在不断被压实的过程,松散堆积体表层的细颗粒被运移至松散堆积体的中下层。细颗粒的流失和松散堆积体的压实都会使得松散堆积体的厚度不断减小。

(2)形成区坡趾处松散堆积体流失,松散堆积体滑动面形成。随着松散堆积体饱和厚度的增大,持续的降雨使松散堆积体内部的水体渗流量也逐渐增大,当水体的渗流量达到一定程度时,泥石流形成区坡趾处的松散堆积体会完全饱和,水体在坡趾处的部分松散堆积体上形成径流。水体的渗流力和径流力超过坡趾处松散堆积体自身重力和摩擦力及松散堆积体与坡面的摩擦力时,坡趾处的松散堆积体将产生滑动流失。此时随着坡趾处部分松散堆积体的流失,紧邻流失松散堆积体的上部会在松散堆积体的饱和区域和不饱和区域之间产生滑动面,滑动面又会随着坡趾处松散堆积体的继续流失而不断自下而上发展,滑动面的形成将对泥石流的启动起到关键的促进作用。

(3)泥石流启动阶段。泥石流启动阶段会有不同的启动方式。松散堆积体滑动面在向上发展的过程中,当上部松散堆积体所受的水体的作用力和自身的重力不足以破坏松散堆积体稳定,且松散堆积体滑动面发展到上部松散堆积体时,滑动面以上的松散堆积体会因饱和区域中细颗粒的流失而失去支撑与饱和区域的松散堆积体逐渐分离,随着滑动面处水流的作用和降雨的作用及未饱和区域松散堆积体自身重力的加大,形成区坡趾处的松散堆积体会沿滑动面发生溯源侵蚀,泥石流从形成区坡趾处启动,自下而上发展。当松散堆积体滑动面还未发展至上部松散堆积体,松散堆积体并未发生表面径流,且上部松散堆积体所受的水体的作用力和自身的重力不足以维持稳定时,中上部松散堆积体会发生失稳而使泥石流启动,并自上而下发展。当土体滑动面还未发展至上部松散堆积体时,松散堆积体已经发生表面径流,此时上部松散堆积体开始因表面冲刷和内部同时失稳,导致上部松散堆积体的泥石流启动,并自上而下发展。

(4)泥石流发展至塌滑阶段。倘若泥石流自下而上发展,松散堆积体将被逐层剥蚀,泥石流发展速度较慢,其间由于未饱和松散堆积体的流失,一方面带动相邻的饱和区域松散堆积体共同流失,另一方面饱和区域的松散堆积体会因上层松散堆积体的流失而自重减小,在水体渗流力和径流力的作用下,随着上层未饱和区域松散堆积体一起流失形成泥石流直至松散堆积体完全塌滑。倘若泥石流自上而下发展,上部松散堆积体失稳后会推动下部松散堆积体与其共同形成泥石流,泥石流发展速度较快,其间会由于上部松散堆积体的快速流动而使得松散堆积体局部产生壅高导致泥石流的局部暂停,但随着周围泥石流的发展和带动,泥石流又会全部向下发展直至松散堆积体完全塌滑。

7.2　泥石流启动破坏形式分析

泥石流的启动破坏形式可分为以下三类。

(1)渐进破坏型。松散堆积体的孔隙率较大,渗透性较高。或者松散堆积体所在沟床坡度较缓,水体的渗流能力较差。此时,随着降雨量的增大,松散堆积体内的渗流量逐渐增大,水体会首先在形成区坡趾处对松散堆积体进行侵蚀破坏,之后由于形成区坡趾处松散堆积体的流失,水体又从形成区坡趾处逐渐向上进行溯源侵蚀,泥石流启动,破坏面逐渐向上发展,直至松散堆积体完全塌滑。渐进性破坏的泥石流发展速度较慢。

(2)骤然破坏型。松散堆积体的孔隙率比发生渐进破坏型泥石流的松散堆积体的孔隙率要小些,渗透性稍差。或者松散堆积体所在沟床坡度较高,水体的渗流能力有所加强。此时,随着降雨量的增大,上部松散堆积体的饱和厚度不断增大,当上部松散堆积体达到某一临界饱和厚度时,中上部松散堆积体无法抵抗水体的作用力和上部含水松散堆积体的静压力时,泥石流自松散堆积体中上部启动,推动下部松散堆积体一起向下发展,直至松散堆积体完全塌滑。骤然型破坏的泥石流发展速度最快。

(3)溢流破坏型。松散堆积体的孔隙率较小,渗透性较差。同时,松散堆积体所在沟床坡度较陡,水体的渗流能力较强。此时,随着降雨量的增大,上部松散堆积体的饱和厚度迅速上升,当上部松散堆积体完全饱和时,水体在松散堆积体表面形成径流,水体对松散堆积体表面进行冲刷,同时松散堆积体内部的水体对松散堆积体有较大的作用力,在大量水体推动下,泥石流自上部松散堆积体处启动,向下发展,直至松散堆积体完全塌滑。溢流破坏型泥石流的发展速度较渐进破坏型泥石流的要快,较骤然破坏型泥石流的要慢。

7.3　形成区沟床缓坡泥石流的启动机制

形成区沟床坡度较缓时,松散堆积体的含水量上升较慢,土体渗透性强,土体吸水能力下降较慢,因此雨水有比较充裕的时间可以慢慢渗透到较深的部位,也可以比较容易地沿坡体方向在松散堆积体内渗流。同时,在沟床较缓的坡度下,雨滴击打能量不易导致松散堆积体的流失,反倒会促进松散堆积体的紧密压实。雨水携带细颗粒向松散堆积体内部渗透,并在水体渗流作用下不断流失,随着水体渗流作用的加强,饱和松散堆积体内的细颗粒不断流失,随着持续降水,饱和松散堆积体抗剪强度不断软化,孔隙水压力缓慢上升,因饱和松散堆积体和不饱和松散堆积体间滑动面的形成,使得上层不饱和松散堆积体发生局部软化破坏或饱和松散堆积体的局部液化。综上所述,形成区沟床坡度缓时泥石流启动机制是:不饱和松散堆积体发生局部软化破坏或饱和松散堆积体发生局部液化,最终导致松散堆积体的溯源侵蚀和泥石流的启动。

第 8 章　研究区泥石流的防治研究

8.1　研究区泥石流的防治原则

研究区位于黄河流域兰州城区段,泥石流灾害防治的原则与道路、水利水电等行业的防治对象工程有着相似的原则,但城区泥石流有其自身的一些主要特点:

(1)保护目标重要。城区一般都是该地区政治、经济、文化的中心,人口多且密集,人民财产较为集中,一旦遭受泥石流灾害,往往损失惨重,对各方面的影响都很大。

(2)城区泥石流的防治措施要全面,同时对可靠性要求高,为了保障城区安全,一般在技术上应采取生态措施和工程措施相结合的综合治理,并需设置预报和报警装置,实施紧急避难和疏散计划,同时还应采取有效的行政管理和社会法令措施,以保证技术措施的顺利实施和工程的效益与维修管理。城区泥石流的防治工程不仅要求每个单项工程可靠,而且要求所构成的防灾体系能充分保障城区在设计保证率下的安全。重要城区或城镇的保护需要进行泥石流灾害的预测和防治模型实验。在实验资料的基础上进行规划设计或修改和完善已有的防治工程,并尽可能与实际灾害调查和历史记载资料对照,以提高防治工程的可靠性。

(3)城区泥石流的防治工程涉及面广,要统一指挥,统筹安排,协作进行,城区泥石流防治工程一般关系到受灾区居民的切身利益,并涉及城区或城镇各个行政部门和企事业单位的权益。因此,主要由当地政府负责,设置泥石流防治机构,并由政府首脑任指挥长,使泥石流防治工程和城市建设与发展规划结合起来,做到统筹安排、明确职责、协作进行,为防治工程各尽其能。

因此,研究区为兰州城区,其泥石流的防治原则与其他行业的泥石流防治原则有所不同,具体可以归纳为以下几点:

(1)全面规划、突出重点原则。

虽然泥石流的危害可能在全流域都会存在,但城区及周边危害最重和急需保护的是地势平坦、人口稠密、基础设施较为集中的流域下游区段。泥石流的防治就需对流域的上、中、下游进行全面规划,在不同的区域采取不同的切实可行的泥石流防治措施,使其最后达到减轻或消除泥石流灾害的目的。城区及周边泥石流灾害防治工程主要通过直接拦截泥沙及部分大块径固体物质,间接地使得沟坡稳定,减少泥石流松散固体物质的来源,从而降低泥石流的规模与发生的频率,同时采取各类水土保持工程措施,达到提高植被覆盖率的目的,进而使区域的生态系统得到改善,地表的水土流失减少,从而减少泥石流的固体物质来源,控制泥石流规模和发生频率,实现近期治理与生态系统恢复的双赢。城区及周边泥石流一般发生在流域的上、中游,而造成的灾害则往往在流域下游区域。因此,在防治上应考虑上、中、下游结合,同时突出重点的原则。

(2)工程措施与生态措施相结合原则。

城区及周边泥石流的形成过程与流体动静力学性质及运动规律等均有其自身的特点和规律。在泥石流防治工程中,若是能结合及应用泥石流特点和规律设计防治工程,则防治工程不仅能较好地达到设计所期望的防治目的,而且还会大大提高工程的经济技术的合理性。

研究区泥石流的成灾具有以下特点:

①城区及周边泥石流暴发比较突然,成灾迅速。研究区泥石流多在突发性暴雨、洪水溃决等因素激发下形成。凭借流域面积小、谷坡陡、汇流快等条件,泥石流居高临下,瞬间即达城区,加之多在夜晚或凌晨骤然暴发,猝不及防,若无有效的防灾措施,人们是难以逃避泥石流的突然袭击的。

②来势凶猛,成灾集中。泥石流启动后,依靠陡峻的沟床,迅猛下泻,其流速通常可达 5~10 m/s,最快可达到 13~15 m/s,且规模巨大,一次泥石流冲出物质总量可达几十万立方米乃至上百万立方米、上千万立方米,泥石流质体黏稠,容重可达 1.5~2.3 g/cm³,饱含粒径 1 m 至数米的巨砾,具有强大的冲击力和破坏力,足以摧毁沿程的各种建筑物。城区及周边人口密集,生产生活设施拥挤,主要分布在泥石流沟道内及傍沟地带,泥石流一旦暴发,将直冲城区,无回旋余地,顷刻间即可酿成奇灾大难。

③盲目选建,加剧成灾。随着泥石流的发展,泥石流堆积扇不断扩大,城区及周边人口增加,用地急剧扩大,导致盲目占用河滩沟道,泥石流和山洪的通道被堵塞,泥石流的运动途径和力学特性也随之发生变化,加剧成灾过程和成灾规模。

结合研究区泥石流成灾的特点,在泥石流防治设计工作中需要按照这些特点和规律采取相应的防治技术措施,只有如此才能确保泥石流防治工程的安全及技术、经济的合理性。

(3)坚持高标准、高效益、技术可行的原则。

泥石流防治多属社会公益性质,因此泥石流防治必须坚持投资省、标准高、效益高、技术可行的原则。应克服大而全但不切实际的盲目思想,否则将造成极大的浪费。近年来,国家对泥石流防治经费的投入虽有很大幅度的提高,但与所需的泥石流防治费用相差依然存在一定差距。因此,在泥石流防治中应结合当地实际,严格制订出投资少、防治效益高的泥石流防治工程方案。同时,防治工程应顾及周边,不应造成工程毁坏,引起连锁反应,导致灾上加灾,使危害损失增大。因此,遵循技术可行的原则,对泥石流的防治更加必要。

总之,泥石流防治应按防灾和恢复及维护生态平衡的需要开展。结合实际情况,选择最经济、最有效、最可行的防治工程措施,既要达到控制或减轻泥石流灾害的目的,又要能较好地改善相应地区的生态与环境。

目前,泥石流防治的标准还没有一个完美的确定的方法和规范。因此,在实际工作中,可根据被保护对象及泥石流特性的不同,借用相应行业的有关规定综合确定泥石流的防治标准。具体而言,首先应根据系统的调查与地质勘查,计算出泥石流在不同频率情况下所能达到的规模,然后参照被保护对象所要求的防治标准,选择对应的泥石流防治标准。考虑到泥石流的形成及活动特点中有不少极难准确确定的变化因素,因此从安全的角度出发,一般在选择泥石流防治标准时,都会比相应的防治标准大一个等级。如被保护对象规定的标准是工程设计保证率为 25 年一遇,则泥石流的防治工程设计保证率则需要提高为 50 年一遇泥石流的规模。

　　建议在选用防治标准时,应同时考虑泥石流的规模、危害程度及受害对象等三个方面,并应考虑其可能的变化。在具体选取时,首先按泥石流划分的灾害等级确定泥石流危害属于的等级,再以此确定相应的泥石流防治工程设计标准。同时,还应遵守以下原则:

　　(1)当泥石流规模与危害程度同属一个标准时,则选用该标准。

　　(2)当泥石流规模的标准高于或低于危害程度达到的标准时,应选用危害标准。

　　(3)当以后的泥石流危害程度只能低于已被造成的危害程度时,可选用低的标准。

　　(4)泥石流发生的规模标准高,目前危害程度低,但今后可能会变高,应选用高的标准。

8.2　研究区泥石流的治理措施

8.2.1　泥石流灾害治理措施现状

　　目前常见的泥石流防治措施主要有三方面,即生态措施、工程措施和组织管理措施(见表 8.2-1),泥石流的防治必须充分考虑泥石流的形成条件、泥石流的类型及其运动特点。泥石流的三个地形区段的特征决定了要想防治泥石流地质灾害的发生就必须对泥石流沟的上、中、下游进行全面规划,同时对泥石流沟的不同地形区段也要分别有所侧重,生态措施、工程措施与非工程措施合理结合、并重采取。对于泥石流沟的上游形成区宜选择建设水源涵养林,修建调洪水库、修建引水工程等能够充分削弱水动力的防治措施;而中游流通区则应以修建减缓泥石流沟道纵坡和拦截泥石流固体物质的拦砂坝、谷坊等构筑物为主;下游堆积区主要修建导流体、排导槽、停淤场等,以改变泥石流的流动路径,同时保证泥石流的顺畅疏排。需要特别注意的是,对于稀性的泥石流应该以导流为主,而对于黏性的泥石流则应以拦挡为主。

表 8.2-1　泥石流防治措施现状

泥石流防治措施分类	泥石流防治措施
生态措施	植树、造林,防止水土流失,改善生态环境
工程措施	引蓄水工程:调洪水库、引水渠、截水沟等; 拦挡和防护工程:拦挡坝、谷坊、护坡等; 疏排导工程:排导槽、导流堤、急流槽等
组织管理措施	监测、群测群防、宣传管理、制定政策法规等

8.2.1.1　生态措施

　　泥石流防治的生态措施主要包括保护与培育森林、灌木丛、草本植物,采用高技术含量的农牧业技术,以及采用科学合理的山区土地资源开发管理措施等。泥石流防治采用生态措施的主要目的是维持或优化当地的生态平衡,特别是减少水土流失,有效地削减地表径流,控制松散固体物质的补给量,以便在使得生物资源欣欣向荣的同时,有效地防控泥石流地质灾害的发生。对于水土流失严重的场地或地段,采取生物措施可能一时难以见效或见效十分缓慢,就必须先辅以必要的工程措施,然后通过采取植树造林等生态措施进行长效防治,才是最有效的生态平衡调节措施之一。生态措施可分为林业措施、农业措施和牧业措施等三种类型,现分述如下。

1.林业措施

林业措施作为一种人工的森林植被类型,其由于具有最大的、最有效的调节区域生态平衡的作用,因而在泥石流的防治中应用最为广泛,效果也是最好的,泥石流地区的造林类型主要可分为水源涵养林、护床防冲林、水土保持林和护堤固滩林四类。这些林业措施均具有减少泥石流固体物质的补给量、控制泥石流形成水动力条件的作用。

1) 水源涵养林

水源涵养林一般设置于泥石流的形成区,对于改良土壤较为有效,同时能够较好地削减固体物质的流失量,保护农田水利设施,对于调节区域气候、美化环境和促进生态良性循环也很有益处,通常采用乔木、灌木和草相结合的立体配置方案,宜选择耐干旱、耐贫瘠、根系发育、适应能力强的植物品种。

2) 护床防冲林

护床防冲林的作用则在于加速泥沙地淤积,减缓泥石流沟底的纵坡坡度,进而能够稳定沟床及沟坡的土体。护床防冲林的造林密度要大。同时,营造林地时可配合使用柳石谷坊等小型生物水保工程。柳石谷坊主要是将活着的柳木桩成排垂直河流方向打入沟床,并根据柳木桩的生长情况适时与土坝工程相结合,从而形成天然的、生态的拦截工程。水土保持林适宜建在泥石流的形成区和流通区,适合采用乔木和灌木相混合的造林种树方案。

3) 水土保持林

水土保持林可以增加地面的覆盖、调节地表径流,它可充分利用树根和草根这两层根系网来增强土层的稳定性,达到减弱崩塌、滑坡活动性的目的,同时也可以有效防止沟道侵蚀,减少泥石流的固体物质和水源的补给量。水土保持林一般设置于泥石流的形成区及流通区,根据森林的作用和所处的部位,又可将水土保持林分为护坡林、沟头防护林、沿沟防护林、沟底防护林等四种,其主要目的在于从根本上控制和减少形成泥石流的水体与土体的补给量。另外,水土保持林在植被的选择和配置方面与水源涵养林类似,一般采用乔木、灌木和草相结合的立体配置方案,同样适宜选择耐干旱、耐贫瘠、根系发育、适应能力强的植物品种。

4) 护堤固滩林

护堤固滩林是一种在堆积滩地上建造的防护林带。护堤固滩林通常是以建造经济林为主,一般适宜种植乔木、灌木、草本植物或采用林木、果木、药木结构,既可获得木材、林果及药材等经济收入,又可起到防风固沙、防护堤岸的效果,变荒滩为良田,增加农业收入,是一举多得的好举措。

总而言之,泥石流地区的植树造林不仅应具有上述的涵水、保水、稳沟、固坡、固床、保滩等功能,而且应尽量选择经济林,以便增加当地居民收入,产生良好的社会经济效益。

2.农业措施

20 世纪八九十年代,在全国部分地区,特别是在西部,开垦陡坡荒地的现象曾十分普遍,过分地开垦陡坡荒地造成了部分地区严重的水土流失,也增加了泥石流固体物质的来源,同时加剧了沙漠化、石漠化的进程,破坏了区域生态平衡。对此,国家制定了西部大开发战略,并自 1998 年开始实施退耕还林还草的国家政策,加大恢复生态环境建设的力度。

对于坡度大于 25°的陡坡,实施退耕还林还草的措施,植被配置的特点以混种乔木、灌木、草本植物等为主,使人造植被形成多层结构,以尽可能达到恢复自然生态环境的效果,并使曾一度恶化的生态环境局面得到控制。对于坡度小于 25°的缓坡,为了减少水土流失,降低发生泥石流的可能性和泥石流发生可能带来的危害性,应该尽量采用阶梯式开发坡地农田、耕地的方式,沿等高线方向筑挡堤坝,建成梯田耕地,并实施等高面或条形耕作的方式。此外,在农业基本建设方面,应该根据地形、流域、气候等特点,因地制宜、合理规划,使农业基础设施具有减灾功能,特别是要注意渠道防渗、节水灌溉,以免造成水流的溢出浪费,制造新的泥石流与水土流失的固体物质来源。

3.牧业措施

泥石流山区牧场要避免过度放牧、加剧草原牧场退化、减少植被覆盖面积等问题的发生。为此,采取适度放牧、分区放牧和圈养的措施以减少对草地的破坏,有效减少泥石流松散堆积固体物质的来源。通过合理利用泥石流山区的草地资源,达到既增加牧民收入,又做到水土保持的目的。另外,牧草的改良与优化措施也是泥石流山区的一种常用的且行之有效的防治措施,通过选择优良品种来改良牧草,一方面可有效提高产草量,另一方面又可增加水土保持的功能,避免形成泥石流的松散堆积固体物质来源。

除以上介绍的各种措施外,还可按防治功能将泥石流防治的生态措施分为防止型、防御型和制止-防御型等三种生态措施类型。

(1)防止型生态措施。通过在泥石流的形成区布置合理有效的生态工程以防止土壤侵蚀,做到分散地表径流、减少径流量,从而达到消除或根除形成泥石流的条件,即松散固体物质来源。常见的防止型生态措施有营造水源涵养林、水土保持林、防护林等。

(2)防御型生态措施。在泥石流已经发生的前提下,为降低泥石流造成的危害,保护当地设施,同时减少经济损失,可实施诸如堤岸防护林、护滩林、农田防护林等防御型生态措施。

(3)制止-防御型生态措施。制止-防御型生态措施是指将防止型生态措施与防御型生态措施结合起来,以达到防止泥石流形成和防御泥石流危害的双重目的。例如,在沟谷、沟底、沟岸等全面、大规模种植防护林,这样不仅可以防止沟床提供大量的泥石流松散堆积固体物质的补给来源,而且可阻碍泥石流的运动,对河谷型泥石流可起到显著的抑制作用。

生态措施作为泥石流地质灾害的长效防治措施,往往能够起到治本的作用,其作用主要体现在以下几个方面:

(1)适用范围广、防治效果长。对于任何泥石流沟,能否采用生态措施进行防治关键取决于当地土地(土壤)条件及气象条件。一般来说,适合植物生长繁殖的地方,均可考虑采取生态措施对泥石流进行防治,所采取的生态措施不仅应具有水土保持的作用,而且从长远来看,随着植物根系向土地深部的纵深延伸,生态措施还可以防止边坡表层的崩塌,特别是当生态措施与工程措施结合使用时,还有助于治理大规模的崩塌、滑坡等地质灾害,从而切断形成泥石流最主要的固体物质来源,同时弥补工程措施长期运用效果减退的弊端,从而对泥石流灾害的防治起到一劳永逸的关键性作用。

(2)削减泥石流水体及固体物质的补给量。生态措施能够有效降低泥石流的固体松散物质补给量与地表径流,调节泥石流的洪峰流量,改善当地生态环境,增加当地人民的经济收益。

植树造林作为生态措施中最主要的形式之一,能否有效削减泥石流的水体及固体物质的补给量,很大程度上取决于林木的作用。首先,林木的树冠应具有明显的雨水截留效果,国内外大量实测资料的分析结果表明,森林中林木树冠的截留量占全年降雨量的20%,降雪的截留量比降雨还要大。一般而言,油松、白桦、山杨、海棠及灌木等几种常见的造林树木的树冠截留比分别可达到22.4%、23.0%、13.1%、15.0%及23.7%。特别是在降雨初期,树冠截留的作用尤为明显,但在降大暴雨的情况下,效果则不明显,对削减洪峰的作用也较小。其次,森林中的枯枝落叶具有一定的蓄水作用,可延长径流时间,减少地表径流量。据相关资料,森林可将年径流量减少78.4%,可见植树造林对削减泥石流的水量具有十分明显的效果。

另外,树木根系对土壤具有良好穿插、网络、缠绕、固结的作用,因而素有土壤内的"钢筋网"之称。就根系的密度而言,草本植物的根系密度最大,乔木的根系密度最小。植物根系能深扎土层,乔木、灌木和草本的根系最大扎深分别为 2~10 m、0.5~4.0 m、5~30 cm,特别是乔木和灌木的根系有时能扎到土壤底部的基岩裂缝,对土壤起到锚固作用,防止边坡的表层崩塌和浅层滑坡,能有效切断大规模泥石流松散堆积固体物质的来源。另外,地表生长的茂密的植物及其根系在土壤内形成的一层纤维状的保护层能有效防止地表土壤侵蚀,减少泥石流固体物质的补给量。

(3)经济投资少、社会生态效益好。泥石流防治的生态措施与工程措施相比较,生态措施明显具有投资少、风险小的特点,而且植树种草还可增加木料、燃料、饲料、肥料等"四料"的可再生性资源,使投资得到回报,并收到长期的经济效益。

(4)减少水土流失、改善生态环境。生物措施还可以恢复泥石流地区的植被,增大植被覆盖率,减少水土流失,改善自然环境,促进生态平衡,在恢复重建区域生态环境方面具有工程措施不可比拟的优越性。

8.2.1.2 工程措施

泥石流灾害防治工程是一项综合性工程和系统性工程。其涉及的因素十分多,泥石流的防治方法众多,但归结起来有治水工程、拦挡工程、排导工程、停淤工程等四大类。一项泥石流灾害的防治工程,往往是治水、拦挡、排导、固床、固坡、停淤等相结合的综合防治体系。每一类治理工程都有其独特的作用,都是十分重要的。

1.治水工程

治水工程主要用于限制泥石流的水动力条件,一般多将治水工程修建于泥石流形成区的上游部位,治水工程的类型通常包括调洪水库、蓄水池、截水沟、泄洪隧洞、引水渠等。

治水工程的主要作用是调节洪水,也就是拦截部分或大部分的洪水,削减洪峰流量,减弱和限制泥石流暴发启动的水动力条件。同时,充分利用治水工程还可以起到灌溉农田、发电、供给生活用水等作用。治水工程中的引排水工程同样多修建于泥石流形成区的上游部位或上游部位的两侧区域,引排水工程的渠首一般应修建矮小、稳固且具有足够泄洪能力的截流坝,坝体应具有防渗、防溃决的能力,引排水工程的渠身应注意避免经过崩塌、滑坡等地段,以免造成渠身堵塞而丧失排水功能。对于山区矿山的尾矿、废石堆积区而言,则一定要在泥石流形成区上游修建排水隧洞,以避免上游的洪水排导入堆积区内。

2.拦挡工程

治水工程的主要目的是限制泥石流的水动力条件,同理,减弱泥石流沟道中松散固体物质的来源,促使泥石流缺少足够的固体物质来源而无法形成和启动也是十分重要的,拦挡工程便是最常见的减弱泥石流沟道中松散固体物质的来源的工程。

修筑拦挡工程是泥石流灾害治理的基本方法之一。一条松散固体堆积物质较多的泥石流沟道,一旦发生泥石流,如不设拦挡工程加以拦蓄与阻滞,任其流动冲向下游,冲向农田,将淤埋农田渠道;冲向村庄甚至城区,将摧毁房屋道路,威胁人民群众的生命财产安全;冲进河道,则可能会抬高河床,形成堰塞湖。没有进行拦挡的强大泥石流可能摧毁村庄和相关基础设施、淤埋农田,含块石、漂石的泥石流不但具有冲击掩埋作用,还有强大的切割、毁坏建筑物和构筑物作用。所以,在泥石流灾害治理工程中,拦挡工程是非常重要且不可或缺的工程治理措施。

沟道内设置的拦挡工程的作用是多方面的,但其主要功能有以下几方面:

(1)拦蓄沟道内泥石流的松散固体物质,将下泄的高重度泥石流改变成低重度的泥石流或洪水,以降低泥石流或洪水对下游建筑物和构筑物的破坏作用,拦挡工程通常能大大降低泥石流的重度,效果非常明显。

(2)拦挡工程所带来的回淤效应可有效抬高泥石流沟道的侵蚀面,压埋沟床的泥石流固体物质,充分发挥对泥石流沟道的固床作用,使沟道内的松散固体物质不再参与或较少地参与泥石流中,同时利用拦蓄的固体物质在沟道底部可反压住滑坡或崩塌的坡脚,有效达到稳沟固坡的作用。

(3)拦挡工程可有效降低沟道的纵坡降,有效减缓泥石流的流速,充分抑制上游沟道的纵向和横向的侵蚀。

(4)拦挡工程可调节泥石流的流向,利用拦挡工程溢流口的方向,可将泥石流导向不同的方向。

(5)拦挡工程还可有效减轻泥石流沟内松散固体物质对下游建筑物和构筑物的冲击和淹埋作用。

拦挡工程也存在一定的特殊性,从机制上讲,泥石流的拦挡工程是一项拦蓄松散固体物质和抑制沟床泥石流启动的结构,将泥石流固体物质阻拦在沟道内是拦挡工程的基本功能,但也存在以下风险:

(1)拦蓄了固体物质的拦挡坝,同时也储存了危险的能量或势能。拦蓄了泥石流固体物质的拦挡坝一旦溃决,将产生"零存整取"的不良效应,后果将不堪设想。例如当拦挡坝已经淤满,同时基础和坝肩遭到侵蚀破坏,就会有随时溃决的可能。

（2）设置在沟道内的拦挡坝，不论是蓄满松散固体物质的拦挡坝，还是未蓄满松散固体物质的拦挡坝，都将长期遭受山洪泥石流的侵袭。拦挡坝建成后的每一次山洪泥石流都将对拦挡坝进行各种形式的破坏作用。所以，客观上要求拦挡工程是一项"冲不垮，砸不烂"且"永葆青春"的工程。

（3）拦挡工程所处的位置不同，其地形地貌和地质结构也不一样。没有两座拦挡工程的地质环境条件是完全一样的，也没有两座拦挡工程的结构尺寸是相同的。每一座拦挡工程都是一个新的"作品"。

泥石流拦挡工程又可分为拦挡工程、支挡工程、潜坝工程等，这里重点介绍布置在沟道中用于拦挡沟道内松散固体物质的拦挡工程。

1）拦挡工程

用于防治泥石流的拦挡工程通常称为拦砂坝、谷坊坝等，一般建于泥石流主沟内。规模较大的拦挡坝称为拦砂坝，而将沟道中无常流水，且位于支沟内规模较小的拦挡坝称为谷坊坝。这类泥石流拦挡工程已经被广泛地应用于世界各地的泥石流地质灾害治理工程之中，并且在地质灾害综合治理工程中多属于主要工程或骨干工程。拦挡工程多修建于泥石流流通区内，它的主要作用是拦滞泥沙、护坡固床，拦挡工程既可以拦截泥石流沟道中的部分泥沙石块等松散堆积的固体物质、削减泥石流的规模，尤其是高坝大库作用更为明显，又可以减缓上游沟谷的纵坡降，加大泥石流沟道的宽度，从而减小泥石流的流速，减轻泥石流对沟道两岸的侧蚀及对沟道底部的冲蚀作用。

一般来说，拦砂坝、谷坊坝的种类较为繁多。根据建筑结构分类，主要可分为实体坝和格栅坝；根据坝高和保护对象的作用分类，可分为低矮的挡坝群和单独高坝；从建筑材料来看，可分为砌石、土质、圬工、混凝土和预制金属构件等，具体可分为浆砌块石坝、混凝土坝、均质土坝、钢筋石笼坝、钢索坝、钢管坝、木质坝、木石混合坝、竹石笼坝、梢料坝、砖砌坝等。

在上述诸多坝型中，挡坝群是国内外广泛采用的一类泥石流拦挡防治工程。沿泥石流沟道修筑一系列坝高 5~10 m 的低坝或石墙，坝（墙）身上应留有排水孔以排泄水流，同时坝顶应留有溢流口用来宣泄洪水。

此外，采用预制钢筋混凝土构件的格栅坝也常被用来拦截小型的稀性泥石流。由于钢筋混凝土构件可提前预制，因此这类格栅坝的坝体易于安装修建，且钢筋混凝土构件组成的格栅坝具有较高的抗冲击性能，因此这类坝型如今已经在泥石流地质灾害防治中得到广泛应用。通常，格栅坝可以拦截 50%~70% 的泥石流固体物质，也可以拦截直径达 2 m 的漂砾。如果泥石流沟道中具有发生潜在大规模泥石流的可能，且威胁到下游的大型建筑场地或居民点时，则应修筑高坝。

泥石流的拦挡坝与水利大坝相比，同样是拦挡坝，但其作用却截然不同。泥石流拦挡坝是一种水沙分离器，主要功能是把泥石流中的固体物质拦蓄在坝内，而将洪水通过一定的结构及时排走，即泥石流拦挡坝是"拦沙不拦水"，故拦挡坝坝体承受着泥沙、块石的冲击作用和洪水的侵蚀作用。而水利大坝拦水不拦砂，为了有效蓄水，坝基和坝肩都要做好帷幕灌浆防渗处理。水库内的泥沙主要通过排砂洞等结构排走。拦挡工程水沙分离的排泄结构有许多种，主要是根据拦挡工程所拦蓄的固体物质组成而确定，有孔式排泄结构，有条缝式排泄结构,也有孔与涵洞结合的排泄结构。

拦挡工程应该是泥石流治理工程中一项"固若金汤"的工程。面对苛刻的要求和复杂多变的环境条件,工程设计人员必须高度重视拦挡工程的设计程序,同时应认真调查拦挡工程位置及周边的地形地貌和地质结构,充分了解拦挡工程的工程地质条件,使所设置的拦挡工程有效地进行水沙分离,确保拦挡工程长期安全运行。设计程序是保证拦挡坝防治工程效果的关键所在。拦挡工程的设计一般按照以下步骤进行:坝址选择→坝型和构筑物的材料选择→主体结构设计→安全性校核→排泄结构布设→副坝(护坦)设计→翼墙(耳墙)布设→根据所需布设翻坝路。具体如下:

(1)按照泥石流固体物质的分布和工程地质条件选择坝址位置。

(2)按照拦挡固体物质与泥石流的类型选择坝型和构筑物的建筑材料。

(3)按照泥石流拦挡坝的受力状态初步设计主体结构(坝高、基础尺寸、坝肩形式、胸坡比、背坡比、坝顶宽等)。

(4)按照相关公式进行拦挡坝的安全性校核(抗倾覆、抗滑移、坝身强度、地基承载力等),并根据校核结果调整主体结构。

(5)按照水沙分离的机制布设好拦挡坝的排泄结构(溢流口、泄水孔、泄水涵洞等)。

(6)按照拦挡坝坝前坡降和地层岩性选择保护主坝基础的形式(副坝或护坦),并设计副坝或护坦的结构形式,同时根据坝前两侧山体的地层岩性布设导流墙。

(7)按照溢流口下泄泥石流对坝前的冲蚀作用,设计拦挡坝的襟边与施工结合槽的充填。

(8)按照坝肩槽的地层岩性及泥石流对坝肩的破坏机制布设保护坝肩的翼墙或耳墙。

(9)根据沟道内或沟道两侧存在的设施、村庄或农田等布设翻坝路。

拦挡坝坝址的选择同样十分重要,泥石流拦挡工程的位置选择既重要,又复杂。偌大一条沟道及众多支沟,将拦挡工程布设在什么地方合理,需要认真地踏勘和反复比选方案后才能确定。拦挡工程的位置选择得当,将起到事半功倍的作用和效果;位置选择不当,不但起不到应有的作用,还会起到反作用。在泥石流拦挡工程坝址的选择中往往存在以下几点主要问题:

(1)拦挡工程位置选择不当。

对拦挡工程功能认识不够,目的不清,造成浪费或者不能正常发挥拦挡坝的功能作用。对泥石流的三大区域认识模糊,将拦挡工程设置在上游单纯的清水补给区,没有固体物质来源、岸坡稳定、沟床基岩出露,拦挡工程既没有起到拦沙拦渣的作用,又没有发挥稳坡固沟的作用。

(2)拦挡工程无库容。

布设拦挡工程不考虑沟道的纵坡降和地形的高低变化,将拦蓄工程布设在坡度较陡的沟谷中或设置在沟谷的侵蚀台阶以下,拦挡工程库容显著偏小,存在开挖基础和坝肩槽的土石方量大于拦蓄的固体物质方量的现象。

(3)拦挡工程设置在潜在的滑坡崩塌体上。

对沟道内的滑坡或崩塌识别不够准确,或者没有认真地调查研究,将拦挡工程布设在了潜在的滑坡或崩塌体上,当开挖基础和坝肩时,易引发或加剧崩塌或滑坡的发生,导致无法实施拦挡工程。例如,拦挡坝的坝肩设置在了崩塌体上,开挖时就会产生崩塌灾害,因此坝肩槽深度就可能未达到设计深度,存在安全隐患。

(4)拦挡坝坝肩设置在水槽和冲沟中。

选择坝址位置时,有时会顾此失彼,避开了滑坡或崩塌,却将拦挡工程布设在了水槽冲沟中,致使水流冲刷破坏坝肩槽,使坝肩槽失去作用,有可能损坏坝肩导致溃坝。

(5)拦挡工程设置在难以成槽的山体上。

选择坝址时,没有考虑坝肩土的强度,将拦挡工程布设在了易垮塌的松散体上,开挖坝肩时,由于垮塌形不成坝肩槽。无坝肩槽的拦挡坝一是容易发生绕坝流;二是失去了对拦挡坝的支撑作用。

(6)拦挡工程设置在坚硬的山体上。

对于坚硬的坝肩岩体,人工无法开凿,爆破开挖时的震动会诱发山体滑坡、崩塌和滚落碎石,不利于施工安全。因此,大多数拦挡坝因坝肩岩体坚硬无法开挖成坝肩槽,所建拦挡坝没有坝肩。这种没有坝肩槽的拦挡坝,泥石流极易产生绕坝流并产生溃坝事故。

(7)泥石流主流方向对准了坝肩处。

布设拦挡坝时,未考虑上游泥石流的削峰消能因素,更没有考虑坝肩要避开上游泥石流主流锋芒,只是简单地将拦挡坝布置在坝肩和坝基条件较好的部位,结果上游泥石流主流冲击坝肩,破坏坝肩土,造成溃坝。实践中,许多拦挡坝坝肩损坏与之相关。

(8)拦挡工程选择在不易通行的地段或沟脑部位。

布设拦挡工程时,有时会没有考虑"三通一平"对地质环境的破坏作用,致使修建临时道路时,大面积地破坏本已脆弱的地质环境,破坏地质环境的副作用远远大于拦挡工程保护地质环境的正作用。

在对拦挡工程的位置进行选择时,除对以上所列的8点问题需要注意外,还需重点考虑以下几点因素:

(1)从区域的角度来说,拦挡坝要布置在泥石流形成区的中下部,或设置于泥石流的形成区与流通区的衔接部位,这样才能充分发挥对形成区内的松散堆积物质的拦挡作用。

(2)从地形的角度来看,拦挡工程应设置在沟床的颈部(肚大口小)、能够有较大库容量的地段,这样才能够满足使用期的拦蓄要求。同时,由于拦挡坝设置在肚大口小的部位,可使其圬工量较小,而能够拦蓄的松散固体物质较多,拦挡坝单位体积能够拦蓄的松散固体物质量大,投资效益高。

(3)从控制泥石流的能力上讲,拦挡工程要设置在能够较好地控制主沟、支沟泥石流活动的沟谷地带。这样的拦挡坝既可控制主沟的泥石流,又可控制支沟的泥石流,能有效地拦蓄主沟、支沟的泥石流物质。

(4)从控制沟道内的滑坡、崩塌等能够为泥石流提供松散堆积物质的地质灾害的角度上讲,拦挡工程应该设置在靠近沟岸崩塌、滑坡活动的下游地段。应能够使拦挡坝的回淤厚度满足稳定崩塌、滑坡的要求,使回淤的固体物质反压在滑坡或崩塌的坡脚,从而提高了滑坡、崩塌的稳定性。

(5)如果有足够资金支持对整个沟道进行系统的治理,这时要考虑抑制沟床下切和侧蚀的作用,拦挡工程应该从沟床冲刷下切段的下游开始逐级向上游地段布设,抬高和拓宽拦挡工程上游的沟床,从而达到防止沟床被继续冲刷、沟岸被继续侧蚀的目的,阻止沟岸崩塌、滑坡的发展。

(6)从控制漂石、巨石的目的上讲,拦挡工程应设置在有大量漂砾分布及活动的沟谷的下游,使泥石流的回淤物质覆盖或压埋漂砾或块石,使漂砾或块石难以启动参与到泥石流中。

(7)从岩土体的工程地质条件上来说,拦挡工程应该设置在沟床及岸坡岩土体工程地质条件好,无危岩、崩塌体和滑坡体存在,利于开挖施工的位置。

(8)从施工角度上讲,拦挡工程最好选在距离建筑材料料源较近、运输方便、施工场地较开阔和便于施工及运行管理的地方。

(9)从拦挡工程坝肩的稳定性上讲,拦挡工程坝肩应避开集水槽和冲沟,避开断裂构造破碎带。坝肩岩土体相对完整,有利于形成坝肩台阶,加大摩擦阻力,提高拦挡坝的整体稳定性。如拦挡坝的坝肩槽可做成阶梯状,增加摩擦面积,对于稳定坝肩就会有较好的作用。

(10)从避免破坏地质环境的角度来讲,拦挡工程应尽量选择在修建时对自然地质环境破坏较小的地段,以减少因修建拦挡工程对自然地质环境的破坏。

(11)从拦蓄物质的数量上讲,拦挡坝要设置在沟道较平缓的地段,这样的拦挡坝可拦蓄较多的固体物质量,这是选择拦挡坝坝址的重要条件之一。

(12)从避开泥石流主流锋芒上讲,一方面,拦挡坝要尽量设置在泥石流被削峰消能、对拦挡坝冲击力小的位置;另一方面,泥石流的主流方向不能正对着坝肩的位置,这是基本要求。确实避不开时,要在其上游设置导流坝(丁字坝),以避开泥石流对拦挡坝坝肩的冲击破坏。

泥石流沟道内的松散固体物质是由块石、沙粒、粉粒和黏土等组成的。这些物质与水混合后,将形成泥石流、泥流、水石流等。泥石流中所含固体物质的成分不同,对拦挡工程的作用力、冲淤形式和冲击荷载也是不同的。如何根据泥石流固体物质的组成和实际需要选择好拦挡坝的坝型和构筑物的建筑材料,关系到泥石流治理工程的成败。坝型选择不当,可能发挥不了拦挡工程应有的拦挡作用,同时也可能造成工程投资的浪费。

在泥石流拦挡工程的坝型与建筑材料选择过程中,目前经常存在以下三方面的问题:

(1)对泥石流沟道内的松散固体物质的颗粒组成不分析,颗粒特征不研究,不按照沟道内的固体物质颗粒大小组成来选择和设置坝型,而是简单地照搬同类型泥石流防治工程的拦挡坝型。

(2)设计者设计经验少,了解的拦挡工程种类较少,设计方案缺少优化。

(3)对各类拦挡工程的作用机制没有深入理解,不管是哪种类型的泥石流,统统选择一种结构。这样设计的拦挡坝,即使坝址合理,施工质量较好,但由于泥石流拦挡坝的材料选择错误,也可能使拦挡坝因无法抵挡泥石流中块石的冲击而溃坝。

合理选择拦挡坝的坝型和合适的筑坝材料,是泥石流拦挡工程能够在泥石流防治中充分发挥作用的基础。泥石流拦挡坝按照功能不同,可分为拦沙坝、稳坡固沟坝(谷坊坝)、停淤坝等;按照拦蓄的物质组成不同,可分为格栅坝、拦沙坝、土石坝、桩林坝等;按照建筑材料不同,可分为浆砌块石坝、混凝土坝、钢筋混凝土坝、水泥土坝、砂石坝等。泥石流拦挡坝坝型的选择和筑坝材料的选择通常从设置拦挡坝的目的、泥石流所含固体物质颗粒的组成、泥石流的类型等几个方面来进行考虑。

从以设置拦挡坝目的的角度来选择坝型时,一定要区分出设置拦挡坝的主要目的和所要兼顾的目的,重点从以下几方面进行选择。

(1)当设置的拦挡坝以拦蓄松散堆积的固体物质为主要目的,同时兼顾稳坡固沟时,一般可选择拦沙坝,拦沙坝多使用浆砌块石或混凝土重力坝。

(2)当设置的拦挡坝以固沟稳坡为主要目的,兼顾拦蓄松散堆积的固体物质时,需要选择固沟稳坡坝,固沟稳坡坝多使用浆砌块石或混凝土重力坝。

(3)当设置的拦挡坝以稳固支沟沟岸侧蚀和沟床下切为主要目的,或以抑制泥石流固体物质启动为主要目的时,通常可选择谷坊坝,谷坊坝多以浆砌块石重力坝为主。

(4)当设置的拦挡坝以停淤泥石流中所含的固体物质为主要目的时,一般可选择浆砌块石停淤坝。

按照泥石流所含松散堆积固体物质中的颗粒组成与颗粒大小的角度来选择坝型时,可从以下几个方面进行选择。

(1)当设置的拦挡坝以拦蓄一般固体物质为目的时,通常可选择浆砌块石坝,浆砌块石坝的特点是具有一定的耐冲击性,建筑成本比较经济,但其缺点是浆砌块石坝的砌筑质量难以控制。

(2)当设置的拦挡坝以拦蓄较大颗粒(例如块石、漂石)的固体物质为主时,可重点考虑选用混凝土坝,混凝土坝具有较高的耐冲击性,工程质量也较利于控制,但缺点是建筑成本较高。

(3)当设置的拦挡坝以拦蓄大型块石、漂石和固定巨石、漂石为主时,适宜采用钢筋混凝土格栅坝,该类型的拦挡坝具有极强的耐冲击性,缺点同样为成本较高。

(4)当设置的拦挡坝位于泥石流所含固体物质主要为细颗粒、冲击作用小的泥流沟道中时,通常可选择水泥土坝(土石坝)。

从按照泥石流类型的不同来选择筑坝建筑材料的角度考虑,应该在前期对泥石流沟道进行较为详尽的地质调查,搞清楚泥石流类型,根据不同的泥石流类型选择不同的筑坝材料。

(1)浆砌块石坝适合于各类泥石流、泥流,是使用最多的拦挡坝型。其特点是建筑材料较多,建筑成本比较经济,但是其缺点是施工质量难以控制。浆砌块石坝可以用于泥石流中块石含量较少、冲击力较小的拦沙坝、固沟稳坡坝和停淤坝等。

(2)由于浆砌块石坝的砌筑质量难以保证,近年来兴起了混凝土拦挡坝,混凝土拦挡坝适合于沙石流、水石流。其特点是坝体能承受较大的冲击力,整体性强,施工质量易控制,但其投资较大,主要用于泥石流或水石流中含块石较多、冲击力较大的拦沙坝和固沟稳坡坝等。

(3)钢筋混凝土格栅坝适合于水石流。钢筋混凝土格栅坝的特点是坝体空隙较大,滤水性能较好,坝体坚固耐冲击。可拦蓄含有大型块石和漂石的泥石流和水石流,由于筑坝成本高,通常需要谨慎使用。

(4)"金包银"重力坝适合于沙石流或土沙流。所谓"金包银",即坝体的中心部分是浆砌块石,外部包 30 cm 的钢筋混凝土。其特点是既可承受较大的冲击力,筑坝成本又比较经济。可用于拦挡冲击力较大的泥石流、水石流和沙石流,完全可以代替钢筋混凝土坝、混凝土坝,十分值得推广使用。

(5)水泥土坝或土石坝,仅适用于冲击力小的泥流和山洪的拦挡工程。其特点是坝身大,对环境的影响较大,坝身抗冲击力小。

最后,在对拦挡坝的坝型进行选择时,还应该特别注意以下几个方面。

(1)所选的拦挡坝坝型应适合泥石流的类型,并力求达到最佳的防治使用效果,同时应充分考虑其耐久性,保证其能长期使用。

(2)所选的拦挡坝坝型应能够适合坝址处的地形地质条件。

(3)在坝型选择时,尽可能地选用结构安全、经济合理的坝型,使泥石流防治工程的综合效益最大化。

(4)在坝型选择与设计时,应优先使用技术成熟、无施工特殊要求、便于发挥当地人力和建筑材料优势的基础坝型。

(5)所选坝型应有利于工程施工,同时应便于后期的运行管理。

(6)根据泥石流防治学科的发展需要,在坝型选择与设计时,也应有目的、有计划地去选择新坝型、新结构、新材料及新方法,使泥石流防治工程在充分发挥防治作用的前提下有所发展与创新。

2)支挡工程

泥石流沟道两侧的沟坡、谷坡、山坡上常常发育有单独的、分散的活动性滑坡、崩塌、危岩体等,这类地质灾害往往可以为泥石流的形成和启动带来大量的松散固体物质来源,对于泥石流沟道两侧的滑坡、崩塌等可采用挡土墙、护坡等支挡工程。挡土墙多修筑于沟道两侧山坡的坡脚,并通过合理的工程布置或结构防止水流、泥石流直接冲刷坡脚;护坡工程则主要适用于那些长期受到水流、泥石流冲蚀,而不断从坡脚逐渐向上发生片状、碎块状剥落,或逐渐失稳的软弱岩体边坡,能够起到较好的防护作用。

3)潜坝工程

对于某些暴雨型泥石流,它们的发生多是在遭遇短时暴雨的情况下,特大洪水往往会掏蚀沟床底部的沉积物并挟带着松散固体堆积物而形成泥石流。潜坝工程就是针对这一类暴雨型泥石流进行防治的系列化的、梯级化的治土工程。潜坝工程多建于泥石流的形成区和流通区的沟床中,潜坝的坝基一般嵌入基岩,坝顶则与沟床齐平。潜坝工程还有另外一项辅助作用是消能作用,通过利用潜坝内侧的砂石垫层,消耗泥石流过坝后的动能,降低泥石流地质灾害的破坏程度。

3.排导工程

排导工程是一类十分重要的泥石流地质灾害治理工程,排导工程可以直接有效地保护泥石流堆积区内特定的工程场地、工程设施或某些重要的建筑群落。排导工程的类型主要包括排导槽、排导沟、渡槽、急流槽、导流堤、顺水坝等,其主要作用是调整泥石流的流向、防止泥石流发生漫流等。排导工程常常多建于流通区和堆积区内。此处重点介绍泥石流排导槽,对其他排导工程仅进行简要介绍。

1）排导槽

排导工程是泥石流地质灾害防治工程中的最主要工程类别之一,而排导槽又是排导工程中使用最多、效果最好的一类排导工程。排导槽是一种槽形线性的过流构筑物,它将泥石流约束在设定的排导槽内,以免泥石流不受控制肆意乱流,泥石流通过排导槽,其将泥石流输送到指定的区域,同时还可以提高泥石流的流速,从而提高输沙能力和输沙粒径,进而有效保护排导槽两侧的各类建筑物和构筑物。随着我国城镇化进度的不断加速,多地原有泄洪道的两侧,甚至在洪道内都修建了大量的村舍建筑物和构筑物。出了山口的泥石流如不加以约束和导流,势必横冲直撞,毁坏基础设施和农田,甚至掩埋村庄。如2010 年 8 月 8 日,甘肃省舟曲县城发生重大泥石流灾害,处在县城北部的三眼峪泥石流沟一次冲出量达 150 万 m³。由于当地原排洪沟道被严重挤占,泥石流漫溢冲毁房屋1 700间,掩埋和失踪人员 2 890 人,造成了惨重的损失。大量实践证明,对出了山口的泥石流一定要加以约束,将其排导到指定的区域是泥石流地质灾害治理的主要目标和任务。排导槽可单独使用或在综合防治工程中与拦蓄工程结合使用,特别是当地形条件对排泄有利时,利用排导槽可将泥石流排至预定区域而免除灾害的发生。

作者在研究区进行了大量的地质调查工作,发现,研究区内大部分现存的排导槽位置选取较好,结构合理,起到了较好的排导泥石流的作用,有力地保护了排导槽两侧的农田、村庄和基础设施,将泥石流输送到了预定的地方。但也存在以下一些明显的不足或缺陷。

（1）排导槽的布设没有充分考虑村民的通行道路,有一部分排导槽破坏和阻断了原有的村庄道路,影响了村民的正常通行,村民为了通行拆除排导堤,使排导槽的排导功能大大降低,有的排导槽甚至被破坏后已起不到任何作用。这些开了口的排导槽造成了较大的工程浪费,同时还引起了民怨,这是排导槽工程最突出的问题之一。

（2）排导槽的走向布设不当,设计人员在进行排导槽布设时一味地要求截弯取直,导致一些区域存在拆迁、占地严重的情况,增加了拆迁费和占地费,还致使泥石流防治工程由于拆迁补偿等得不到解决而一拖再拖。

（3）布设排导槽时,只考虑了过槽流量与排导槽的断面大小,而没有充分考虑排导槽的纵坡降及泥石流的类型、泥石流的重度等,致使设计的排导槽排导不顺畅,产生严重的淤积和漫溢,有的排导槽拐弯处没有设置超高墙,造成泥石流固体物质在拐弯处的外侧涌出堆积。

（4）部分设计人员没有将排导槽的纵坡降作为主要内容进行设计,对于不符合泥石流纵坡降的排导槽未采取补偿措施。比较多的现象是排导槽成了停淤场。

（5）部分设计人员设计的排导槽横断面单一,从排导槽的进口到出口只用一种横断面,排导槽的高宽比未进行优化组合,排导槽普遍偏宽,占据的平面空间偏大,这样不利于束流排沙,同时也挤占了农田、村庄宅基地和村庄道路等。

（6）部分排导槽的堤身结构没有与堤后的地面高度相协调,不管堤后地面的高低,也不管堤后是道路还是农田,均采用夯填的方式解决。有些背土夯填压占了道路或农田等,大多数被村民铲除移走,对于没有了"靠山"的排导堤,当泥石流通过排导槽时,排导堤会发生外倾事故。

（7）部分排导槽的进出口设置较为单一,采取直进直出的方式设计。这样的进口段将致使泥石流不能归槽,在进口处易冲击破坏排导堤。排导槽进口宜设置成喇叭口,同时要设置门槛坝保护排导槽进口。当排导槽出口为直出口时,泥石流将可能直接冲到河流中,使泥石流在主河道中形成水墙,抬高主河道的水位,甚至形成堰塞湖。

(8)部分设计人员执行设防标准的意识较为淡薄,设防标准偏高的现象普遍且严重,使得排导槽所占据的平面空间增大,造成无谓的占地或拆迁,同时造成工程投资大幅增加。

(9)部分排导槽两侧堤后的土石坝结构设计不合理。排导槽堤后的土石坝是排导槽工程的重要组成部分,事关排导堤的稳定性和附近居民的出行方便。设计人员应按照原有排洪沟两侧的环境条件设计土堤坝工程。如果是以堤代路,则土堤坝宽度要根据所通行的车辆而确定,一般应大于 3 m;如果堤后是荒地,则堤后的土堤坝宽度要大于 2 m;如果堤后是农田,则堤后要恢复成农田。堤后原有道路、荒地或农田,其高度与排导堤高度相差无几时,如果堤后是道路,则要设计成以堤代路的土石坝,排导堤要高于土堤坝 40 cm 左右,土堤坝既可作为排导堤的"靠山",又可作为村民的道路;如果堤后是农田,则只对施工遗留槽进行夯填处理即可,顶部要恢复成农田的标准,排导堤要高于农田平面 40 cm 左右;如果堤后是荒地,则要将施工遗留槽进行夯填处理,堤后整治成有形有状的土石坝。如果堤后原来是道路、荒地或农田,且低于排导堤高度的 1/4 以上时,则要改变排导堤的堤型结构,一般要用梯形结构或俯斜式结构,但最终排导堤结构、高度等要以稳定性计算为依据。而堤后的土石坝结构如前所述。

以上这 9 个方面的排导槽设置问题,应该引起所有设计人员的高度重视,否则,所修的一个个存在各种问题的排导槽工程,排导作用不大,却给附近居民的生产、生活带来了麻烦,增加了安全隐患。

泥石流排导槽一般由进口段、急流段和出口段三部分组成。由于各部分的作用与功能有所不同,对其平面布设与设计的要求也各不相同。排导槽布设既要符合沟道的现状,以减少工程量,又要适应沟床演变,有利于泥石流的入流和下泄。排导槽一般沿原沟道走向布设,应力求线路顺直、纵坡降大和长度短。此外,排导槽总体布置还应考虑与现有工程或沟道的防治总体规划相适应,排导槽的设计通常应按以下步骤进行:

(1)按照当地的工程实际情况综合考虑确定排导槽的设防标准。

(2)在充分开展地质调查的基础上选择确定泥石流排导槽的进出口位置及结构类型。

(3)通过现场踏勘进一步确定泥石流排导槽的走径。

(4)通过现场工程测量确定泥石流排导槽现有的纵坡降和需要设计的纵坡降。

(5)结合工程实际制订泥石流排导槽提高纵坡降的方案。

(6)通过计算设计确定泥石流排导槽的横断面。

(7)根据排导槽与地面的高度选择排导槽两侧的堤型结构。

(8)设计排导堤的辅助结构。

(9)设计排导堤堤后的土石坝结构。

(10)设计确定村道的恢复与补偿措施。

在泥石流防治工程设计的实际工作中,由于部分设计人员对泥石流的设防标准认识不足,一些设计人员会按照自己的判断制定设防标准,当设计人员的判断不正确时,往往会将设防标准制定得偏高,将造成防治工程较保守,如泥石流沟道汇流面积很大,而保护对象只有几户村民,结果设防按照高标准进行,部分通过村庄的排导槽会由于设防标准的提高导致工程又高又宽。有的泥石流排导槽的设计过分追求截弯取直,破坏了原有的村庄布局,破坏了原有的村道,有的甚至砍伐树木,有的还要对村民住房进行拆迁,这些"超标准"的设计不仅造成了投资的浪费,还给村民的通行造成了不便与困难。因此,严格依照相关规范选择排导槽的设防标准在泥石流排导槽的设计过程中显得非常重要。除特殊要求外,不得随意改变泥石流排导槽工程的设防标准。

泥石流与洪水都是由强降雨引发的。如果在一定时间内降雨强度较小,沟道内的泥石流松散堆积固体物质难以启动,则会形成洪水;如果在一定时间内的降雨强度足以启动沟道内的泥石流松散堆积固体物质,则会引发泥石流。另外,就泥石流而言,其形成有一个过程,最初为洪水,在洪水足以启动沟道内的松散堆积固体物质时便发展成泥石流,再后来由于泥石流挟带固体物质的下泄与泥石流中固体物质的不断减少,泥石流又会变为洪水直至消失。因此,可以认为没有单纯的泥石流,泥石流可以看作是洪水与泥石流的混合体。泥石流的防治标准与洪水的防治标准较为类似,都是以其工程设计的保证率来表达的,也就是保证防治工程的设防能力,能够控制在相应频率下的泥石流规模时不致造成人员与财产的损失。泥石流的防治标准,与国家财力、物力的强弱紧密相关,防治工程标准越高,工程则越安全,但所需的防治工程费用就越多。因此,设防标准要严格遵守设防需求和排导能力相一致的原则。就泥石流地质灾害而言,泥石流的防治标准除被保护对象的安全要求外,同时还要考虑泥石流的类型、活动规模、危害程度及发展趋势等综合因素的影响。泥石流的规模越大,破坏作用亦大,造成的危害也就越严重。但受危害对象的价值不同,造成的危害也不一样。规模小的泥石流若危害价值很高的保护对象,同样会造成大的灾害。对处于发展期的泥石流,其规模与危害性将会有进一步增大的可能。但处于衰退期的泥石流,虽然在短期内仍有一定的危害,而随着所处环境逐步转入良性循环,泥石流的活动规模与危害必将逐渐减小,防治标准就应进行适当的降低,但不能小于防洪标准所规定的限值。防洪标准可按照《防洪标准》(GB 50201—2014)来设定。

泥石流的排导槽进出口是排导槽的重要组成部分,也是设计的重要内容。倘若泥石流排导槽的进口设计不合理,无序流动的泥石流将难以归槽,泥石流也将冲蚀、破坏排导堤的进口段。排导槽的出口要与主河道的流向相协调,否则将形成水墙,可能阻断河流,淹没上游的基础设施,甚至形成堰塞湖。如2011年甘肃敦煌地区发生泥石流,处在莫高窟下游约400 m处的三危山沟道下泄的泥石流垂直冲进大泉河,形成泥沙墙,迅速抬高大泉河水位,洪水翻过河堤,淹没了部分莫高窟工作区域。因此,高度重视排导槽的进出口设计尤为重要。

排导槽设计中如果没有充分考虑进出口段的地形、地层岩性和泥石流的流动规律,而随意设计,往往会导致如下一些问题的出现。

(1)排导槽进口段直进直出。排导槽设计时,倘若没有根据进口段的地形地貌进行必要的束流处理,使泥石流在进口段没有方向地随意流动,泥石流将不能够顺畅地进入排导槽内。这样的设计将会带来两大设计缺陷:一方面,会导致泥石流不能够顺畅地进入排导槽;另一方面,则可能引起排导堤进口端遭遇泥石流的冲蚀破坏。

(2)排导槽进口段若没有设置保护措施,可能使泥石流掏蚀排导槽的槽底,侧蚀排导堤本身,使泥石流排导槽进口段不能较好地发挥其作用。

(3)没有充分考虑沟道泥石流拦挡工程设施,没有将泥石流的拦挡工程与排导工程有机结合。这样的设计可能会导致含有大量固体物质的泥石流进入排导槽内,而对排导槽造成较大的破坏。

(4)出口段与主河道没有成锐角,而成直出型结构。直出型结构易使泥石流进入河道而形成堰塞体或水幕墙,使主河道上游水面提升,这种下游处的顶托将会造成泥石流的溯源回淤和输送力减小,以至于出流不畅,产生倒灌、回淤或局部冲刷等不良物理现象。

(5)出口处的标高与主河道的标高平齐或低于主河道水面标高,这样设计时在枯水季节排导槽尚且能够排泄泥石流,但是遇到丰水季节,主河道水面上涨,排导槽不但无法排泄泥石流,还可能引发倒灌现象,排导槽反倒可能成为河水倒灌的通道。

(6)设计时,不研究出口处的地形地貌,将排导槽出口段统统设置成喇叭状,这样设计可能使出口段成为洪积扇。由于排导槽出口段过流断面的突然变大,使得泥石流的流速快速减慢,导致固体物质停留堆积,将形成停淤场,产生不良的堵塞效果。

排导槽的进口段的合理设计将直接影响排导槽排导泥石流作用的发挥,特别是对进口段的排导堤必须进行专门的设计。进行进口处的排导堤设计时,务必要遵循以下原则。

(1)排导槽的进口段与上游防治工程紧密结合的原则。如果排导堤与上游拦挡工程较近,排导槽进口段要充分利用上游段的拦挡工程,将排导槽进口段与上游拦挡工程的副坝(护坦)的导流墙有机地进行连接,这样经拦挡坝下泄的泥石流在经过副坝(护坦)消能束流后就能够顺利地进入排导槽内。

(2)如果排导堤距上游拦挡工程较远,进口段成独立结构,这时进口段的入流方向应与上游拦挡工程的出流方向保持一致,并应具有上游宽、下游窄的呈收缩渐变的喇叭口的外形,其收缩角 α 一般应该根据泥石流的类型不同加以限定,对于黏性泥石流或含大量漂石的水石流,收缩角 α 一般为 $8° \sim 15°$;对稀性泥石流或含沙水流,收缩角 α 为 $15° \sim 25°$。

(3)如果上游既无控流设施,进口地段的地形又较复杂,在排导槽进口段没有形成八字进口的地形条件时,要做到泥石流归槽,则进口段的选址要注意以下几方面:一是进口处应尽可能选择在沟道两岸较为稳固、顺直的颈口、狭窄段,使入流口有可靠的依托。二是对于上游泥石流流向与排导槽进口不顺直的地段,可在排导槽进口的上游设置挑流坝等导流措施,将泥石流导进排导槽内,或开挖阻挡泥石流顺直流动的山体部分。三是排导槽进口段的堤墙应依据地形而渐变地进入山体,并与山体浑然连成一体。四是排导槽的横断面应沿纵轴尽可能对称布置,以减少泥石流对排导槽的侧蚀和对堤墙的冲刷。

(4)每一项排导槽工程都必须进行"穿鞋戴帽"处理,对于上游无控流设施的地段,排导槽是相对独立的工程,为了保护排导槽的进口段,使泥石流很顺畅地进入排导槽内,同时防止排导槽的进口段遭到泥石流的冲击破坏,排导槽的进口段应布设保护措施,或者说设置"戴帽"工程,"戴帽"工程有马鞍形护坦进口、拦挡坝进口、防冲槛进口等入流防控设施。这些措施将会有效地防止泥石流对排导槽的冲蚀破坏。排导槽进口段的保护必须遵循因地制宜的原则。实际中排导槽进口地段两侧的地形差异非常大,高低不一,这时要根据沟道两侧的地形特点设置不对称的进口段,要根据两侧的地形地貌单独布设排导槽进口段的结构。

对于排导槽的急流段,一般采用等宽的直线形平面或以缓弧相接的大钝角相交的曲线形布置,其转折角一般大于或等于 135°。由于排导槽内一般泥石流的设计流速较高,排导槽与道路、堤堰交叉或排导槽的纵向底坡变化处,排导槽的槽宽不得突然放宽或突然收缩。排导槽沿程的支沟汇入处,宜顺流向以小锐角相交,交角一般小于或等于 30°,交汇口的下游地段应依据深度扩宽过流断面,或维持槽宽不变增加排导槽的深度以加大泥石流排导槽的排泄能力。

排导槽出口段的设计也同样十分重要,它关系着泥石流将以怎样的形式排入下游的河道,或对出口地段产生怎样的影响。排导槽出口段的设计要点有以下几个方面。

(1)为了顺利地排泄泥石流,宜将泥石流排导槽的出口段布置在靠近大河主流或有较为宽阔堆积场地的地方,避免堆积场地发生次生灾害。排导槽出口段的出流轴线与主河流向应以小锐角斜交,其交角一般宜小于或等于 45°,以减小汇流处的阻力。根据出口段泥石流的流动特征,排导槽出口段外侧往往会产生涌浪,因此排导堤要加高,若内侧没有发生涌浪的可能,则排导堤可适当降低。同时,根据出口处排导槽内泥石流的流态,内、外侧排导堤要成渐变墙。

(2)排导槽出口段的断面不宜设置成扩散形或喇叭形,而应该与原来的断面相同,使其具有高束流攻沙的能力,将泥石流顺着河道的流向输送得更远,当地形允许时宜采用渐变收缩式的出口断面,或适当抬高槽尾出流的标高,保证泥石流自由出流,避免河道下游处因泥石流的大量涌出形成顶托而造成泥石流的溯源回淤和排导槽输送能力的减小,以至于泥石流出流不畅,产生倒灌、回淤或局部冲刷等不良现象。

(3)排导槽的出口段要有保护措施,也就是所谓的"穿鞋"工程。常用的主要措施有马鞍形护坦或防冲槛结构,这些保护措施可避免排导槽的出口段遭受主河流的侵蚀破坏或泥石流的掏蚀破坏。保护排导槽出口段的马鞍形护坦的长度不宜过长,以有效保护排导槽的出口段为原则,一般来讲护坦长 3 m 左右,厚约 20 cm,以 C30 素混凝土为宜。为了降低成本,出口段也可以用防冲槛保护。

(4)当排导槽出口处中间为道路的桥涵或过水路面时,排导槽要与已有桥涵有机地联系在一起。当桥涵的过流断面不具备通过泥石流的条件时,可与当地道路管理部门联系,解决通过桥涵或过水路面的问题。无论交通部门的桥涵或过水路面的过流断面是否合乎要求,做好自己的工程是首要的。

综上所述,排导槽的进出口是排导槽工程的重要组成部分,因地制宜地进行布置和设计对于排导槽工程的有效运行十分重要。

2)其他排导工程

排导沟是一种常见的排导防护工程,它以沟道的形式来引导泥石流顺利通过防护区段,并将泥石流顺畅地排入下游主河道。排导沟多修建于出山口外的位于堆积区的较为开阔的地带。排导沟投资小且施工方便,同时又有立竿见影的效果,因而常常作为工程场地中一种重要的辅助防治工程。

当山区的公路、铁路等跨越泥石流沟道时,如果泥石流规模不大,又有合适的地形,在交叉跨越处便可修建泥石流渡槽或泥石流急流槽工程,使得泥石流能够顺利地从这些交通线路工程上方的渡槽、急流槽中排走。通常将设于交通线路上方、坡度相对较缓的槽体称为渡槽,而将设于交通线路下方、坡度相对较陡的槽体称为急流槽。泥石流渡槽的设计纵坡降一般较大,如果泥石流体中多含大块径的石块,则应在渡槽上方的泥石流沟内修建格栅坝,以防止大石块堵塞或砸烂渡槽。渡槽本身也要有足够的过流断面,且槽壁要留有足够的高度,以防止泥石流外溢。靠近主河道一侧的渡槽基础要有一定的深度,并需有一定的河岸防护措施,以免河流冲刷基础而产生垮塌。

当交通线路通过泥石流较为严重的堆积区时,如果地形条件许可,也可以采用明硐通过或者采用将泥石流的出口改向相邻的沟道或另辟一出口的改沟工程。

导流堤则常建于泥石流堆积扇的扇顶或出山口直至沟口,导流堤的目的是控制泥石流的流向。导流堤多为连续性的构筑物,包括上堤、石堤、砂石堤或混凝土堤等。顺水坝则多建于泥石流沟道内部,顺水坝常呈不连续状,多为浆砌块石或混凝土构筑物。顺水坝的主要作用是控制泥石流的主流线,保护山坡坡脚免遭洪水和泥石流的冲刷。导流堤、顺水坝等往往与排导沟配套使用。

4.停淤工程

泥石流停淤工程,是指在一定的时间内,根据泥石流的运动特征与堆积原理,通过相应的防治工程措施将流动的泥石流引导流入预定的(一般在沟口堆积扇)平坦开阔的洼地、邻近流域内的低洼地或人工围堰内,促使泥石流固体物质能够自然减速停流,从而大大削减下泄的泥石流流体中的固体物质总量及洪峰流量,减少下游排导工程及沟槽内的泥石流淤积量。很多的工程实践表明,采用停淤工程是治理泥石流的一种十分有效也是十分必要的方法。尤其是对那些松散堆积的固体物质较多、固体物质颗粒较大、单纯的拦挡工程不足以拦截一定频率或者一个期限内的全部固体物质,同时又不完全具备基本排导条件(例如沟口为主河,与泥石流出山口的高差较小,容易发生堵江堵河危害上游村镇安全)的泥石流,这种情况采用停淤工程进行治理,消除灾害隐患,往往能起到事半功倍的效果。同时,停淤面积比较大时,停淤效益将更加明显。另外,沟道内的泥石流松散堆积固体物质很多时,仅靠拦挡工程全拦蓄在坝内是不可能的,经过拦挡工程拦蓄后的山洪泥石流中仍然含有较多的固体物质,这种山洪泥石流当排导工程坡降较小时,将停滞不前,形成洪积物,易堵塞排导槽。在这种情况下,在排导工程下游的适当位置设置停淤工程,可进一步停淤泥石流中所含有的固体物质,减小泥石流的重度和能量,使治理后的高含沙洪水顺利地排泄到指定区段。因此,停淤工程还担负着拦挡工程和排导工程所不及的功能,是拦挡工程和排导工程的一项重要补充性工程,同时也是治理泥石流灾害必不可少的重要手段之一。

停淤工程一般包括拦泥库和停淤场两大类。拦泥库多设置于泥石流的流通区,它的主要作用是拦截并存放泥石流,且其作用通常是有限的、临时的。而停淤场则一般设置于泥石流堆积区的后缘,停淤场是利用天然有利的地形条件,采用导流堤、拦淤堤、挡泥坝、溢流堰、改沟工程等简易工程措施将泥石流引向开阔平缓的地带,使泥石流停积于开阔地带,削减泥石流中下泄的固体物质,从而有效地保护堆积区内的建筑场地和交通线路。

目前,在停淤工程的设置上普遍存在的问题主要有以下三个方面。

(1)对停淤工程的作用机制和功能缺乏认识。在泥石流的治理中,只注重拦挡、排导、固坡固床等工程,不注重停淤工程。在整个泥石流的治理体系中,设置的停淤工程较少。

(2)对停淤工程在泥石流防治工程中的重要作用了解不够深入,所设计的停淤工程作用较为单一,选择一次性停淤场较多,反复利用停淤坝的较少。

(3)客观上讲,停淤场的最佳位置,往往被村镇或其他设施所占据,具备设置停淤工程的场地较少,在城区内这一现象尤为严重,这在一定程度上限制了停淤工程的设置。

针对以上存在的问题,因地制宜地设计符合实际情况和需要的停淤场,如坑式停淤场、清淤式停淤场等,才能达到停淤的目的。

对于停淤场的布设随泥石流沟及堆积扇等地形条件而有所差异,停淤场的布置应遵循以下几点原则:

(1)停淤场应布置在有足够停淤面积和停淤厚度的荒废洼地,在停淤场使用期间,泥石流应能保持自流方式,逐渐在场地上停淤。

(2)新建停淤场应避开已建的公共设施,少占或不占耕地及草场。停淤场停止使用后,应具备综合开发利用的价值。

(3)停淤场需保证有足够的安全性,要防止泥石流暴发时,对停淤场的强烈冲刷及堵塞溃决而引起新的地质灾害。

(4)对于沟道停淤场,应满足泥石流能够以自流方式进入停淤场地。引流口最好选择在沟道跌水坎的上游、两岸岩体相对坚硬完整的地段,使泥石流在停淤场内以漫流的形式沿设定方向减速停淤。

(5)围堰式停淤场构筑的围堤高度和面积将决定泥石流停淤总量的大小。为了在有限的空间内加大停淤量,可对停淤场进行场地的整治,以加大停淤场的面积。

(6)对于清淤式停淤场,要预留道路,以备清除停淤物质时使用。对于一些空间位置有限的储存量较小的停淤场,为了及时地清理停淤物质,可设置行车道路,及时对停淤场进行清淤。

停淤场的类型可按其所处的平面位置划分为以下四类。

(1)沟道型停淤场,实际是一种低坝式停淤场。一般处在沟道的出口处,这时沟道通常比较宽阔,利用宽阔、平缓的泥石流沟道漫滩及一部分河流阶地,可停淤大量的泥石流固体物质。此类停淤场,不侵占耕地,抬高了沟床的高程,拓展了沟床的宽度,为今后的开发利用创造了条件。沟道型停淤场的结构与低坝结构一样,有主坝、副坝、翼墙、导流墙,这样的地段往往有道路存在,在修建时必须考虑翻坝路。

(2)围堰式停淤场,在排导工程的上游地带,最大限度地利用现有空间位置,采用围堰工程,将上游泥石流引入此区域内,经停淤后,再将低密度泥石流引入排导槽内进行排泄。围堰式停淤场一般由拦挡坝、引流口、导流堤、围堤、分流墙或集流沟及排水或排泥浆的通道或堰口等组成。

(3)坑式停淤场,对于山大沟深、平台阶地较少、部分村庄建在松散固体物质非常发育的坡面或泥石流的山坡下,在坡面上的小冲沟内无法设置拦挡工程和常规停淤场,更无条件修建排导工程。尤其对于坡面型泥石流,一经降雨即形成坡面泥石流,直接影响坡下的建筑物和构筑物。这种情况下可在坡沟底部设置坑式停淤场,即在坡沟前预挖一定量的停淤坑,然后对坑的四周进行支护,其坑底进行衬砌,地面四周可设置安全围栏,淤积坑前部或两侧设置排洪渠,每当发生泥石流后,固体物质淤积在预挖坑内,减速沉淀后的低重度泥石流排入排洪渠内排走。当坑内停淤固体物质达到一定量时,可及时进行清理。

(4)堆积扇停淤场,利用泥石流堆积扇的一部分或大部分低凹地可作为泥石流固体物质的堆积地。停淤场的大小和使用时间将根据堆积扇的形状大小、扇面坡度、扇体与主河的相互影响关系及其发展趋势、土地开发利用状况等条件而定。一般来说,若堆积扇发育于开阔的主河漫滩之上,则停淤场的面积及停淤泥沙量,将随河漫滩的扩大而增加。

停淤场的使用年限与泥石流的规模、暴发次数、停淤场的容积等直接相关。可按如下步骤进行估算:

(1)按实际地形确定停淤场的形状和范围,选择相应的停淤方式,计算停淤场的面积。

(2)按实际地形和停淤的需要,布置停淤工程。确定最高出流泥位的高程。

(3)按最高出流泥位推算最终停淤表面。据此计算停淤场的总停淤量。

(4)根据一次泥石流过程的停淤量和年均停淤次数,估算其年均停淤量。

(5)按停淤场的总容积除以年均停淤量即可得到停淤场的使用年限。

8.2.1.3　组织管理措施

泥石流防治的组织管理措施主要包括群测群防,跟踪、监测、通报等,宣传、预警体系与制度建设等。

1.群测群防

所谓群测群防,是指可能发生泥石流地质灾害的县、乡、村地方政府组织城镇或农村社区居民为防治泥石流地质灾害而自觉建立与实施的一种工作体制和防灾减灾行动,是有效减轻地质灾害的一种"自我识别、自我监测、自我预报、自我防范、自我应急和自我救治"的工作体系,是当前社会经济发展阶段山区城镇和农村社区为应对泥石流、滑坡、崩塌等地质灾害而进行自我风险管理的有效手段。泥石流地质灾害群测群防体系的实施一般有以下几个步骤。

(1)自我识别。自我识别就是指采用编制科普教材、挂图、音像制品,办防灾减灾知识培训班、辅导站和开展广播电视宣传教育、开设网络自媒体宣传等,引导公民自觉认识自己的生存环境,不断提高识别地质灾害隐患的能力,以便通过经常性的定期巡视检查,及时发现泥石流灾害险情。

(2)自我监测。自我监测就是要确定和落实县、乡、村各基层群众组织的群测群防防灾责任人,确定监测方法与监测要求,如配发简易雨量筒、设置木桩、配发砂浆贴片和固定标尺等,人工巡视泥石流沟周边的微地貌、地表植物和建筑物标志的各种细微变化,以定期巡查测量和汛期强化监测相结合的方式进行,以纸介质记录监测数据并注意灾害发展趋势,必要时按程序逐级报告。在重大的地质灾害危险区应建立地质灾害警示牌,并简要说明地质灾害的类型、发生条件、威胁范围和避让方法等防灾减灾的关键信息。

(3)自我预报。群测群防预警体系要使用尽可能简单、易于理解、易于接受的语言或方式发布地质灾害预警信息,包括书面报告或通知、无线电通信、电视、手机短信、微信、广播系统、信号旗、扬声器、警报器和通讯员现场通知等,如泥石流地质灾害可采用注意、警戒和警报三级预报措施。例如,以累积降雨量或日降雨量为预警判据,如我国东南丘陵区日降雨量 50~60 mm 为注意级别,60~130 mm 为警戒级别,达到 130 mm 为警报级别,当日累积降雨量小于 25 mm 时则解除警报。

(4)自我防范。无论是农村社区,还是城镇社区,自我防范首要的是注意训练社区居民防灾的警觉性、应变能力和心理素质。提醒出入于山坡地警戒区的居民及游客,留心周边环境的异常现象及天气变化,注意保障自身安全。良好的、警觉的自我防范意识是预防和躲避地质灾害的重要保障。

(5)自我应急。当发现重大地质灾害险情时,除立即上报上一级政府主管部门外,县、乡、村有关责任人应立即进行防灾应急的组织准备和物质准备。组织准备包括成立工作机构,包括领导小组、监测预警小组、抢险救灾组、治安组、安置组和医疗救护组等,组织动员居民保持高度警觉,按照确定的避灾路线进行疏散等。物质准备包括集体大宗物质和家庭防灾应变包,应变包内装通信设备,医疗用品、随身衣物、贵重物品、照明设备、逃生用品(绳索、刀具)和方便食品等。

(6)自我救治。一旦发生地质灾害,县、乡、村三级机构应临危不乱,沉着应对,一方面,应立即报告上一级政府,申请人力、物力和财力方面的紧急救助和支持;另一方面,要积极自觉地立足自己抗灾救灾,充分认识这是减少财产损失尤其是人员伤亡的关键因素和宝贵时机。

群测群防工作的实施一般应遵循三点原则。一是政府负责的原则,专职防灾减灾机构与有关部门应分工协作,在各级政府领导下,共同完成防灾减灾任务。二是要实行点(监测预警点)、面(群测群防面)结合,专业队伍监测与群众巡视监测相结合。三是监测手段要"土洋结合",以"土"为主,即监测手段要尽量采用当地群众和群测群防人员简单易于操作的方法。

群测群防的实施内容主要包括以下几个方面:

(1)深入开展泥石流地质灾害及泥石流流域内滑坡、崩塌等地质灾害的调查工作。拟开展群测群防的地区,要在已有普查地质资料的基础上,在相关专业监测单位的指导下,开展细致、全面的泥石流地质灾害及泥石流流域内滑坡、崩塌等地质灾害的调查工作,建立区域泥石流、滑坡、崩塌数据库。

(2)贯彻《中华人民共和国水土保持法》。应在对泥石流沟所在流域进行详细地质调查的基础上,划定泥石流易发区和崩塌、滑坡危险区,由县政府进行公告。在泥石流易发区和崩塌、滑坡危险区内禁止取土、挖沙、采石,禁止建设低于抗灾标准的建筑和其他固定设施,对那些可能诱发或加重泥石流、滑坡等地质灾害的土石开挖、修路、灌溉等人类活动要坚决禁止或责令实施保护措施。

(3)制定区域泥石流群测群防规划。应制定区域泥石流的群测群防规划,并应经审核后由当地县人民政府批准实施。

(4)开展群测群防宣传。通过形式多样的宣传手段,宣传《中华人民共和国水土保持法》等国家有关法规及泥石流、滑坡等地质灾害的有关基本知识。

（5）开展技术培训。由专业监测预警单位与县政府相关部门负责对县、乡群测群防管理人员、现有水土流失预防监督人员、村干部及现场看守点人员进行技术培训，培训内容应包括泥石流、滑坡、崩塌等地质灾害的成因、特征、活动演变规律及危害，泥石流、滑坡、崩塌等地质灾害的临界前兆及其识别、分析方法，简易监测预报方法及有关管理规定等。

（6）开展群测群防演习活动。对成灾前兆特别明显、威胁人口多、范围大、疏散线路复杂的泥石流、滑坡、崩塌等地质灾害点，应定期组织地质灾害危险区的群众进行避险救灾演习，使当地群众做到遇灾防灾临危不乱。同时，还应设立并公布群测群防联系电话。

群测群防的保障体系主要包括以下几方面。

（1）领导机构。通常以县为单位成立政府群测群防领导机构，负责领导决策、协调、指挥全县的群测群防工作。

（2）实施机构。县政府相关部门通常应有专人对地质灾害易发点进行统一管理，同时负责调查选点和防治规划，开展设计、培训、检查、督促、指导、跟踪监测等具体组织实施工作，乡镇政府一般会设立群测群防联络点。

（3）保证通信畅通。应保证县级办事机构与领导机构之间、与各乡联络点之间、与监测预警点及重要看守点之间的通信联络畅通。

群测群防规划的目的在于摸清泥石流、滑坡等地质灾害的分布规律、发生发育特征及其危害范围或危害区域。编制一个周密的适合当地地质条件和地质灾害情况的监测预警规划，把泥石流、滑坡等地质灾害预警工作更加自觉地、有组织地按科学要求来规范开展，把泥石流、滑坡等地质灾害的预警工作纳入县、乡镇、村的抗灾救灾工作中去，逐步把地质灾害的预警工作纳入科学化、规范化、法制化的轨道中，在更大范围内更有效地进行防灾减灾活动对于降低地质灾害给人民生命安全和财产带来的损失具有重大意义。

群测群防规划要求切合实际，容易为广大群众所接受，具有良好的实践性和可操作性；群测群防规划的文字应简明扼要，不但全面，而且要重点突出，图件要正确清晰；群测群防规划要充分体现群测群防的工作方针、目的、任务和要求，且一旦经县人民政府批准后就应该严格执行，要把这一政府行为落到实处，要有严肃性。

2.跟踪、监测、通报等

对于泥石流、滑坡等地质灾害险情、灾情的跟踪、监测、通报等一般可参照以下步骤开展工作。

（1）跟踪监测任务。汛期对有活动迹象，有可能成灾的泥石流、滑坡等地质灾害点在监测人员协助下应适当增加监测仪器，适当加密监测频率，进行全面监测，以提高监测预报的准确度。同时，应定期开展本县（区）泥石流、滑坡等地质灾害调查工作，了解在库（数据库）泥石流、滑坡等地质灾害点的动态变化情况，那些新发现的泥石流、滑坡地质灾害点，应及时存入数据库。定期对辖区泥石流、滑坡等地质灾害点进行危险度评估，修改完善地质灾害群测群防、专业监测等技术方案。

（2）监测人员职责。监测人员应对监测点进行简易观测和定期巡视，按期上报监测、巡视结果；对地质灾害监测点附近的区域也要进行定期巡视，遇到突发异常情况来不及上报的,要按既定抢险救灾方案立即动员、组织群众避险。同时,还应保护好监测预警仪器设施。

(3)险情灾情通报。监测人员在巡视中发现险情要及时上报,险情首先上报当地人民政府,然后逐级向预警系统各级站点上报。出现灾情,有关预警站点要如实向上一级预警站通报情况,不得隐瞒。

3.宣传

依靠群众、组织群众、发动群众一同来识别地质灾害也是地质灾害防治的要点之一,因此做好对当地群众的宣传工作也很关键。主要措施包括以下4个方面。

(1)利用广播、电视、报刊、板报等舆论工具宣传。

(2)印发与泥石流、滑坡等地质灾害有关的知识小册子,通过网络平台等进行宣传。

(3)在各监测点由政府发布公告、立碑,划定泥石流、滑坡等地质灾害的危险区。

(4)在危险区利用会议等形式开展宣传。

4.预警体系与制度建设

县、乡、村应逐级成立针对泥石流、滑坡等地质灾害的防灾减灾领导机构,落实办事机构和有关责任人,畅通险情报告渠道。根据法律法规的有关规定和要求,制定县、乡镇有关泥石流、滑坡等防灾减灾的制度办法,层层落实责任,同时还可制定乡规民约,以防人类活动导致泥石流、滑坡等地质灾害的发展和恶化。

8.2.2　泥石流灾害治理工程措施研究

现有的泥石流地质灾害治理工程措施多是被动的,不能从根本上减少或减弱泥石流灾害的发生,尚存在如下弊端:

(1)泥石流灾害成因复杂、影响因素众多,人类对泥石流形成规律的认识还不足、不深。因此,难以准确确定泥石流的基本特征参数(重度、泥沙修正系数、流速、堵塞系数、流量、过程总量、固体冲出量等)和动力特征参数(冲击力、爬高、最大冲起高度),从而给泥石流灾害治理工程设计带来较大困难,其治理工程设计方案往往不能适应实际需要。

(2)目前的泥石流灾害治理工程多为临时性或中短期工程,非永久性工程。工程运用期过后,工程失效,需要重新进行泥石流灾害治理工程建设,治理工程多次反复,造成巨大浪费。

(3)在流域中上游的泥石流流通区或形成区修建拦挡工程极大增加了流态、固态及混合态岩土和水体的势能,对下游的威胁加大,极易发生次生灾害,且灾害更严重。

(4)泥石流堆积区由于地形平坦、开阔,高程相对较低,取用水及交通便利,现多为已建城镇,其人口众多、建筑物密集,泥石流灾害治理疏排导工程、停淤工程布置场地空间有限,难以实施。

因此,研究适宜城镇区泥石流灾害治理的工程措施十分必要,意义重大。

泥石流是由一定速度和流量的地表水作用于已松动的泥沙、碎石、块石等松散固体堆积物而形成的水、土、石混杂的运动状流体。能够冲刷、掏蚀并挟带松散固体堆积物的地表水需具备一定的能量,即具备足够大的流速和流量;固体物质来源——松散堆积物需量足、摩阻力小、易于冲移、便于挟带。因此,控制地表水流的流速和流量、减少松散堆积物的供应量和增强抗冲能力等是治理泥石流灾害的基本思路。

(1)水流流速和流量控制措施。控制地表水流流速和流量总的原则是"减",减少地表径流及径流量、减小或降低地表径流流速,引排洪水,调节地表径流水量,削减洪峰,控制水动力,从而减少或降低地表径流对河床及两岸岩土体的冲刷能力和挟带岩土体的能力,消除或减弱泥石流危害。具体措施有"渗""滞""蓄"等。

"渗"是利用岩土体的透水性,将大气降雨渗入地下,变为地下水,从而减少地表径流、削减洪峰流量。该方法适用于透水性良好的岩土体(如砂卵砾石层、碎块石、溶洞裂隙发育的灰岩等基岩)、区内地下水埋藏深,且其岸坡稳定的泥石流形成区。

"滞"是充分利用泥石流形成区或流通区的地形地质条件,将部分大气降水暂时汇集于地形低洼区域,或修建工程将大气降水引入某区域,滞留部分地表径流,错峰向下游排泄洪水,减少洪峰叠加,削减洪峰。

"蓄"是治理泥石流的常用方法,在此不再重复。

(2)松散堆积物等固体物质的控制措施。提高松散堆积物等固体物质的抗冲能力可有效减少泥石流的发生,减轻泥石流的危害。具体措施有"挡""网""整""固""护""拦"等。

"挡"是在泥石流形成区、流通区主沟槽两侧修建挡墙,阻挡沟道两侧及其岸坡松散堆积物进入主沟槽。同时,两挡墙之间作为渠道,排泄洪水,阻挡洪水对松散堆积物的冲刷。本方法适用于松散堆积物主要来源于岸坡的环境地质条件。

"网"是利用挂网技术,固定坡积和崩积碎块石、冲洪积砾石,防止洪水冲刷的一种方法。该方法适用于固定粒径在 5~200 mm 的松散堆积物。

"整"是对岸坡坡面、沟槽等进行整治,使地表平滑顺畅,地表水能迅速排出,或保护松散固体堆积物免遭冲刷、掏蚀。

"固""护""拦"分别对应的是固床工程、防护工程、拦挡工程等,相关规范规程、文献等多有提及,工程实践及案例很多。

8.2.3　泥石流灾害工程治理设计

本节重点从"渗""滞""挡""网""整"等五个方面对泥石流治理工程措施的设计进行简要阐述。

8.2.3.1　"渗"

将大气降水通过自渗砂井下渗排入地下,就地或就近渗透、吸收地表径流,减少地表径流,缓解地表排水压力,避免或减轻泥石流灾害。同时,补充地下水资源,调节水循环,提高经济、社会、生态等综合效益。

(1)渗入层的选取:渗入层应具备渗透系数大($>1×10^{-4}$ cm/s)、厚度大(>0.5 m)、入渗条件好、分布基本稳定等条件。通过勘察,综合确定目的渗入层。

(2)自渗砾井设计(见图 8.2-1 和图 8.2-2)。

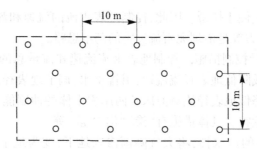

图 8.2-1 自渗砾井平面布置示意

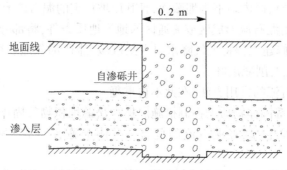

图 8.2-2 自渗砾井结构设计示意

①位置:在泥石流形成区和流通区两岸岸坡中下部、河床等地形平缓部位选择适宜区域布置自渗砾井。

②自渗砾井平面上采用网状、梅花形布置。根据降雨量、汇水面积、径流量、地层渗透系数、自渗砂井井径等综合确定自渗砂井排距、井距。自渗砂井排距、井距一般采用 5~10 m,井径以 150~200 m 为宜。自渗砾井深度应进入目的渗入层底以下不少于 1 m。

③填充滤料:自渗砾井全孔填充滤料。滤料质量应满足下列要求:

不含 1.25 mm 以下粒级和杂物,不合规格的数量小于设计用量的 15%。

滤料粒径大于自渗砾井周边松散堆积物平均粒径 d_{50},颗粒磨圆度好,抗冲能力强。滤料粒径一般以 5~80 mm 的均粒滤料为宜。

滤料不均匀系数 $k_{80}(k_{80}=d_{80}/d_{10})$ 应小于 2.0,一般取 1.2~1.6。

滤料原岩宜为钙质、硅质等坚硬岩石。

8.2.3.2 "滞"

设计滞洪区、滞洪梯田、滞洪渠道,迟滞地表径流,减少洪峰叠加,降低地表径流流量和流速,以消除或减弱泥石流的发生和危害程度。

1.滞洪区

在泥石流形成区或流通区沟槽内,选取相对低洼区域进行整治,并构筑引水渠道,将大气降水等地表水引入低洼区内,形成滞洪区系统,减少或延迟区内地表水向下游排泄。

根据低洼区地形地质条件,经过整治后改造为滞洪区。

引水渠采用浆砌石结构,矩形或梯形断面,断面尺寸根据引流区内汇水面积、降雨量等综合确定。砌石厚度宜≥0.5 m,块石质量应满足粒径>0.2 m、干密度>2.4 g/cm³、饱和抗压强度>30 MPa。

2.滞洪梯田

将泥石流易发沟槽两岸岸坡整治为梯田状,以便于蓄滞、下渗大气降水。同时,沿岸坡内侧及支沟修筑排水渠道,将漫溢地表水排入主沟槽。

1)适用条件

坡比小于 1:0.75(坡度≤50°)、覆盖层较厚(≥5 m)、各种工况条件下均稳定的泥石流易发沟槽的两岸岸坡。

2)滞洪梯田设计(见图 8.2-3)

(1)干砌石护坡:从岸坡坡脚起,沿边坡向上,设一级净高约 5 m 的干砌石护坡。干砌石护坡总高宜≥6.5 m(净高约 5 m),砌石厚度、块石质量等要求同上。墙基深入下部稳定岩土层中的深度应≥1 m,墙顶高出平整后地表 0.5 m,设计坡比 1:05(坡度 63°)。

(2)开挖回填:沿低于干砌石护坡顶部 0.5 m 水平向上开挖修整边坡,开挖修整边坡高度约 10.0 m,修整后坡比为 1:0.5。将开挖弃渣回填干砌石护坡后,并分层夯实。

(3)平整梯田:对挡墙后的一级平台进行平整,使平台周边高程高于平台中心 0.2 ~ 0.3 m,形成周边高中间低、不完整的浅平锅底状,便于蓄滞水。

(4)从一级平台内侧岸坡坡脚起,每隔约 10 m 坡高设二级、三级、…、n 级干砌石挡

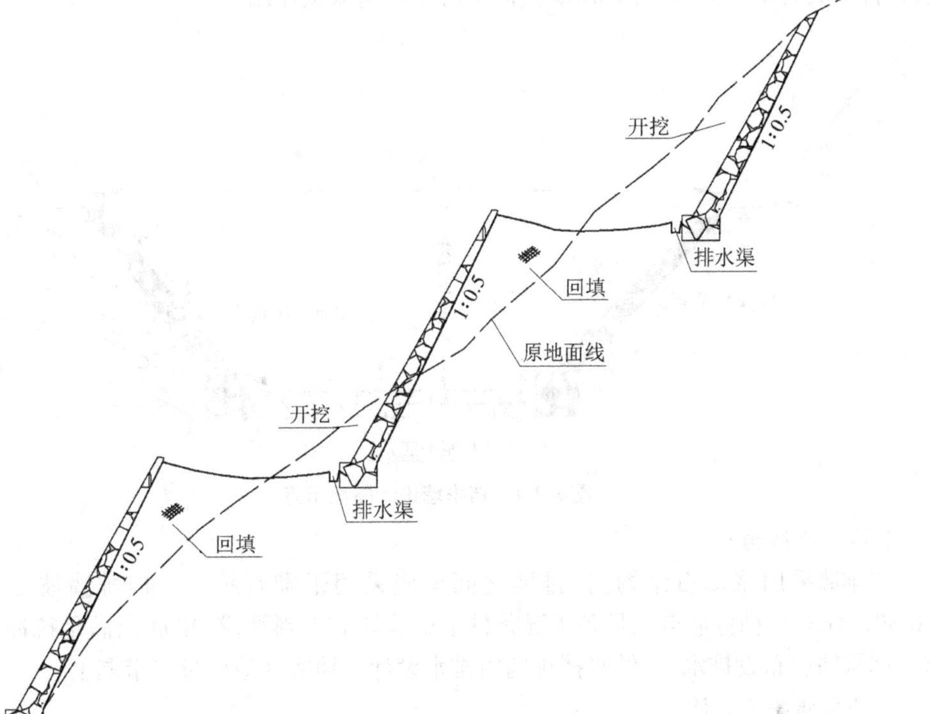

图 8.2-3　滞洪梯田设计剖面示意

墙,相对应平整二级、三级、…、n级梯田。其他设计要求同上述(1)、(2)、(3)。

(5)排水渠道:在本级平台与上一级挡墙交汇处设排水渠道,将平台上溢出的地表水排入临近沟谷。排水渠渠顶应低于本级挡墙墙顶0.2~0.3 m。渠道断面尺寸应依据当地降雨量、平台面积、平台岩土体的渗透系数等因素综合确定。排水渠结构等同上述引水渠道。

3.滞洪渠道

在泥石流形成区或流通区两岸支沟内,依地形设盘山排水渠道,其渠底比降应小于自然支沟比降,以降低洪水流速,迟滞洪水,降低洪水对岸坡及沟槽内固体物质的冲刷能力,减免泥石流灾害。

充分利用地形条件,尽可能加长滞洪渠道长度、降低渠底比降。滞洪渠道断面形态、衬砌结构、稳定要求等同上述引水渠道。滞洪渠道断面尺寸通过下列公式确定:

$$M = Q/S$$

式中　M——渠道断面设计尺寸,m^2;

　　　Q——渠道所在区域洪峰流量,m^3/s;

　　　S——渠道设计流速,m/s。

8.2.3.3 "挡"

在泥石流易发主沟槽两侧各设一条挡排墙(见图8.2-4),防止主沟槽两侧固体松散堆积物被冲刷、挟带、冲入下游。同时,通过两挡墙间组成的渠道将上游洪水排向下游。因此,挡排墙具有阻挡固体松散堆积物、向下游排水的双重作用。

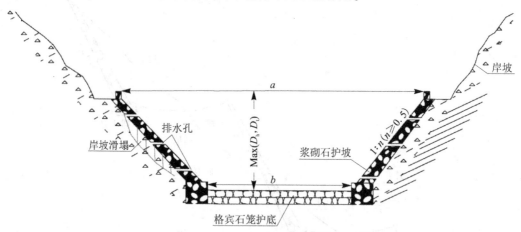

图 8.2-4　挡排墙设计断面示意

1.挡排墙结构

挡排墙采用浆砌石结构,挡排墙之间渠底采用干砌石护底。挡排墙坡比不大于1:0.50(≤63°),挡排墙应满足各工况条件下的稳定和变形要求,渠底应满足抗冲稳定要求。挡排墙应布设排水口,做好挡排墙内排水设计。挡墙其他质量要求同上。

2.挡排墙高度设计

挡墙高度应同时满足防洪、挡土(石)需要。

1)防洪高度

$$D_h = 2Q/[(a+b)\times S]+0.5$$

式中 D_h——挡排墙防洪高度,m;

    Q——防洪流量,m^3/s;

    a——挡排墙间(渠道)顶宽,m;

    b——挡排墙间(渠道)底宽,m;

    S——渠道设计流速,m/s。

2)挡土(石)高度

$$D_t = P/A + H$$

式中 D_t——挡排墙挡土(石)高度,m;

    P——挡排墙一侧岸坡上松散堆积物总量,m^3;

    A——挡排墙与岸坡坡脚间的分布面积,m^2;

    H——挡排墙处岸坡坡高,m。

挡排墙设计高度取挡排墙防洪高度、两侧挡土(石)高度二者中的最大值。

3.挡排墙位置选取

挡排墙宜布置在主沟槽洪流主线两侧,并充分考虑洪峰流量、主流向、流速、两岸地形和岸高、岸坡堆积物的分布和方量等,综合合理确定挡排墙位置。

8.2.3.4 "网"

为固定松散堆积物,防止其被洪水冲移、带走,在泥石流易发沟谷形成区、流通区设防护网,固定、防护碎石堆积物。

1.适用条件

适用于粒径大于 5 mm 的松散堆积物的防护,且由其组成的边坡各种工况条件下整体处于稳定状态。

2.防护网设计

(1)根据防护区的气候和环境地质条件,选择防护网材质。一般防护网应耐腐蚀、抗风化。

(2)网孔直径应小于所防护松散堆积物的有效粒径 d_{10}。

(3)锚杆锚固深度应根据地质条件确定,应进行抗拔、抗剪验算。

(4)施工前,应对坡面进行整平等整治及施工放线等工作。

8.2.3.5 "整"

对泥石流灾害易发沟道内的松散堆积物进行整治是水土保持的一种重要手段。松散堆积物整治的方法主要有坡面平整、构筑地表排水设施、松散堆积物防护等。

以上各泥石流灾害治理工程措施可同时使用,相互辅助,多措并举,共同发挥作用,进行综合治理,确保防治效果。

8.3　泥石流的预测方法

对于研究区泥石流和城市洪水的有效预防,预测预报工作十分重要,这是防灾和减灾的重要步骤和措施。对研究区泥石流的预测预报可采取以下方法:

(1)在典型的泥石流沟进行定点观测研究,力求解决泥石流的形成与运动参数问题。

(2)调查潜在泥石流沟的有关参数和特征。

(3)加强水文、气象的预报工作,特别是对小范围的局部暴雨的预报。因为暴雨是形成泥石流的激发因素。例如,当月降雨量超过 350 mm 时,日降雨量超过 150 mm 时,可相应发出泥石流警报。

(4)建立泥石流技术档案,特别是大型泥石流沟的流域要素、形成条件、灾害情况及整治措施等资料应逐个详细记录,并解决信息接收和传递等问题。

(5)划分泥石流的危险区、潜在危险区或进行泥石流灾害敏感度分区。

(6)开展泥石流防灾警报器的研究及室内泥石流模型试验研究。

8.4　研究区泥石流的预防措施

对于研究区可通过采取一系列的预防措施预防泥石流灾害的发生,有效地减轻泥石流和城市洪水对人民生命财产安全的威胁,可采取以下预防措施:

(1)房屋不要建在沟口和沟道上。受自然条件限制,很多村庄建在山麓扇形地上。山麓扇形地是历史泥石流活动的见证,从长远的观点看,绝大多数沟谷都有发生泥石流的可能。因此,在村庄选址和规划建设过程中,房屋不能占据泄水沟道,也不宜离沟岸过近;已经占据沟道的房屋应迁移到安全地带。在沟道两侧修筑防护堤和营造防护林,可以避免或减轻因泥石流溢出沟槽而对两岸居民造成的伤害。

(2)不能把冲沟当作垃圾排放场。在冲沟中随意弃土、弃渣、堆放垃圾,将给泥石流的发生提供固体物源、促进泥石流的活动;当弃土、弃渣量很大时,可能在沟谷中形成堆积坝,堆积坝溃决时必然发生泥石流。因此,在雨季到来之前,最好能主动清除沟道中的障碍物,保证沟道有良好的泄洪能力。

(3)保护和改善山区生态环境。泥石流的产生和活动程度与生态环境质量有密切关系。一般来说,生态环境好的区域,泥石流发生的频度低、影响范围小;生态环境差的区域,泥石流发生频度高、危害范围大。提高小流域植被覆盖率,在村庄附近营造一定规模的防护林,不仅可以抑制泥石流形成、降低泥石流发生频率,而且即使发生泥石流,也多了一道保护生命财产安全的屏障。

(4)雨季不要在沟谷中长时间停留。雨天不要在沟谷中长时间停留;一旦听到上游传来异常声响,应迅速向两岸上坡方向逃离。雨季穿越沟谷时,先要仔细观察,确认安全后再快速通过。研究区降雨存在一定的局部性的特点,特别是长沟,沟谷下游是晴天,沟谷上游不一定也是晴天,即使在雨季的晴天,同样也要提防泥石流灾害。

(5)泥石流监测预警。监测流域的降雨过程和降雨量(或接收当地天气预报信息),

根据经验判断降雨激发泥石流的可能性;监测沟岸滑坡活动情况和沟谷中松散土石堆积情况,分析滑坡堵河及引发溃决型泥石流的危险性,下游河水突然断流,可能是上游有滑坡堵河、溃决型泥石流即将发生的前兆;在泥石流形成区设置观测点,发现上游形成泥石流后,及时向下游发出预警信号。

8.5 泥石流的预警预报

在未能全面可靠地控制泥石流发生之时,对尚未发生的泥石流做出预报,对即将发生的泥石流发出报警,使人们有避难逃生的机会,以避免或减轻人员伤亡及贵重财产损失,这是一种必不可少的防灾措施。采取预警和预报措施,使泥石流危害减轻或消除,从技术上是可以做到的,其经济效益也是很高的,特别是对于保护像研究区这样的城区或城镇及重要经济建设及资源开发区域,显得尤为重要。泥石流地质灾害的预警和预报措施包括采取仪器探测并传送其发生或造成灾害的临界值信号,及时对受灾害威胁区域人员采取疏散应急行动等。

泥石流地质灾害的发生、发展,除受多种自然因素(如地形、地质、水文、气象等)的制约外,还与人类不合理的经济开发活动密切相关。目前,对于确定和获取到各种成因类型的泥石流发生的临界值还存在一定难度,还需布设必要数量的监测网点,为泥石流的预报提供基本数据。

泥石流的预警预报系统主要包括泥石流的预测、预报和报警等三方面的内容。

(1)泥石流的预测。

泥石流的预测是对泥石流沟谷可能暴发泥石流的一种预先通报。首先对预报地区的泥石流沟进行广泛深入的调查研究,对各沟谷的流域特征值、地质、地貌、气候、水文、森林植被、泥石流活动状况及人类活动,特别是形成泥石流的松散碎屑物质的积累和聚集程度等有关资料全面收集和深入分析,然后判明各泥石流沟谷的类型、危险程度、暴发频率及发展趋势等,在此基础上,明确预报对象,并将上述资料编制成数据库,存储于计算机内,作为泥石流的预测基础。随着各泥石流沟谷松散碎屑物质的聚集程度等因素的发展变化,要不断充实和更新数据库的内容,以保证泥石流预测的真实性和可靠性。

(2)泥石流的预报。

对泥石流地质灾害的预报按预报的地域大小可分为区域性泥石流危险度预报和小流域泥石流危险度预报。

①区域性泥石流危险度预报。区域性泥石流危险度预报所指的区域一般包含在较大区域[一个或几个省、一个或几个地区、多个县(市、区)等]范围内标示泥石流的危险区,首先需编制小比例尺或中比例尺的泥石流地质灾害分布图。分布图上需圈定泥石流分布区的概略界线,标出泥石流危险度分区,泥石流的危险度以一次泥石流总量规模的标准进行划分,小规模(小于1万 m^3)称为危险度小;中等规模(大于等于1万 m^3,且小于10万 m^3)称为危险度中等;大规模(大于等于10万 m^3,且小于80万 m^3)称为危险度大;特大规模(大于等于80万 m^3)称为危险度特大。同时,需确定泥石流形成的一般规律及泥石流类型,以及主要的水体补给源(暴雨、冰雪融化或混合补给)和松散固体物质的补给源(崩

塌、滑坡、坡面侵蚀及沟蚀等);图上还应附有各条泥石流沟的详细资料表,列有泥石流发生的频率、泥石流动力特征值和泥石流造成的损失等资料。这里所说的小比例尺通常为1:100万,中比例尺通常为1:10万~1:50万。必要时,还应附有地质构造图、岩相图、地貌图及土壤植被图等。

②小流域泥石流危险度预报。小流域泥石流危险度的划分界线与区域性泥石流危险度相同,小流域泥石流的预报,首先应编制大比例尺(1:1万~1:5万)泥石流综合图,标明泥石流的发生条件、活动范围及可能遭泥石流破坏的地段。根据地质调查、收集的历次泥石流资料等,进行泥石流计算,确定泥石流的有关特征值,重要流域需做泥石流模型实验进行验证。在对小流域泥石流进行分析评价的基础上,制订泥石流的预报方案。

对泥石流地质灾害的预报按预报时间长短可分为泥石流的中长期预报和泥石流的短历时预报。

①泥石流的中长期预报。泥石流地质灾害的中长期预报主要是对引起泥石流的自然条件和人为因素及其发展进行综合分析,对泥石流的发展趋势进行预测、预报。

②泥石流的短历时预报。泥石流的短历时预报也称为泥石流警报,它将告诉人们一定规模的泥石流在短时间内即将发生,或者告诉人们,上游区域已经发生某种规模的泥石流和到达下游防护区的规模及时间,以便采取应急措施减少损失。通常来说,在已发生或正在发生泥石流的流域发出警报,准确度较高;而对于无资料的流域,准确度较低,因为根据已发生泥石流的临界值建立起来的警报模式是符合该流域特点的,而对于无资料的流域则只能借用已发生泥石流的相似流域的警报模式,结果误差必然较大,准确度也随之降低。由于警报原理及方法不同,需要不同的泥石流特征值(如降雨量、泥位、流速、泥石流地震波谱、地声强度等),同时还需建立一个至多个用于采集警报所需的特征值指标站,该站应具有代表性,否则将影响警报的精度。

泥石流预报主要是在泥石流预测的基础上,结合泥石流形成的激发因素的动态变化做出的。不同类型的泥石流有不同的激发因素,如冰川型泥石流的暴发是冰雪融化剧增所致,而冰雪融水剧增与气温升高直接相关,因此气温升高成为冰川型泥石流暴发的激发因素;溃决型泥石流的暴发是堤坝溃决所致,堤坝溃决成为溃决型泥石流暴发的激发因素;雨水型泥石流的暴发是雨水径流所致,降水便成为雨水型泥石流暴发的激发因素等。

综上所述,凡是能够激发泥石流暴发的因素的动态信息,就是泥石流预报的依据。在综合分析了各区域或各泥石流沟谷激发泥石流暴发因素动态信息之后,确定暴发泥石流的有关临界值,作为泥石流预报的标准。在一切基础工作准备完成之后,就可以采用有线或是无线遥测的方法,将激发因素的具体指标信息及时采集输送到预报中心。若利用天气预报推测未来出现的降雨过程,可提前数小时、数天做出泥石流的预报。

(3)泥石流报警。

在泥石流发生源的地方或流道中,布设一些探头或传感器,当探头或传感器感应到泥石流的信号后,立即通过信号传输将其送回中心控制站实施报警,进行疏散避难和抢险救灾。例如:

①在泥石流发生区安装雨量警报器,以取得保证行车安全的第一级预警信息。

②在流通区安装一系列检测装置,将泥石流发生的信号传输给中心台网,作为第二级

预警依据。

③在沟内或建筑物上安装紧急报警装置,在受到泥石流威胁的路基上分别安装测试仪表,一旦出现险情,即可发出信号,自动开放信号机,封锁区间,阻止人员和车辆进入危险区,做出第三级报警措施。

8.6　泥石流的危险区划分与疏散救灾

8.6.1　泥石流的危险区划分

受泥石流危害或影响的地域称为泥石流危险区,反之则称为安全区,在划分时应考虑下述几点:

(1)泥石流危害历史及已达到过的范围。

(2)当地泥石流(含潜在泥石流)的成因类型、发展趋势及影响范围。

(3)泥石流沟道及堆积扇的冲淤演变和泥石流的动、静力学特征(如冲击力)。

(4)泥石流的规模及防护区的地质和地形条件等是否存在引发次生灾害的可能性。

(5)被防护对象的重要类别、等级、自身的抗灾能力及应保证的防护标准。

(6)已有防护建筑物的设计标准及可能防护的程度和范围。

(7)泥石流区域近期和今后将采取的防护措施及其保护范围。

8.6.2　泥石流的疏散避难及抢险救灾

8.6.2.1　疏散计划的制订与执行

泥石流地质灾害的疏散计划一般包括常规疏散和紧急疏散两种。

1.常规疏散

通过泥石流地区的现场调查及有关计算,确定为泥石流严重危害地区的,需要对该区进行严格限制(如不能再建建筑物等),而且应制订和执行必要的疏散计划,按轻重缓急次序将人员及有关重大设施逐步迁移到安全区内(能立即采取安全防护措施者除外)。常规疏散计划需由当地政府及有关部门制订和执行,其内容应包括:被疏散地域范围,疏散的时间界线,疏散的行政组织系统,疏散地点容量及疏散后人民生活、生产的安排落实等。

2.紧急疏散

经过泥石流短期预报或警报,某区域即将在数小时或数分钟内发生一定规模的泥石流,则应对被危害区居民及设施采取紧急疏散避难或保护措施,区域内人员需强行迁至安全区,其疏散避难计划内容包括:被疏散的地域范围,疏散的时间限制,采取的交通运输工具及路线安排,疏散的具体户数及有关财产的安排;对铁路及公路等交通运输还应明确限制停运的区间及时间。建立统一指挥的行政组织系统,是顺利实施紧急疏散避难计划的关键。

8.6.2.2　抢险救灾

在泥石流发生过程中,对遭受泥石流危害的人与物应进行抢险工作,使危害降至最低程度,抢险救灾的内容一般包括:组织抢险专业队伍;紧急加固或抢修各类临时防护工程,以便及时排除险情;对受灾人员进行紧急救护和安置;密切监视泥石流的发展动向,严防出现重复灾害等。泥石流发生过后,对泥石流灾区应立即进行救灾工作,救灾内容一般包括:协助灾区人民安排好必要的生活;帮助恢复交通、生产,组织群众开展生产自救、重建家园;向有关主管部门如实上报灾情,提出救灾措施,争取必要的物力、财力支持,制订今后的防灾计划及措施等。

第 9 章 结论与展望

9.1 结 论

(1)研究区地貌属黄土高原西部丘陵沟壑区,呈典型的"两山夹一川"地貌特征。河洪道工程位于河流侵蚀堆积河谷平原的兰州黄河河谷阶地上;分布地层主要有白垩系、新近系和第四系;研究区在大地构造上隶属于昆仑—秦岭地槽褶皱系祁连中间隆起带,区域上断裂发育;研究区 50 年超越概率为 10%时的地震基本烈度为Ⅷ度,地震动峰值加速度为 0.20g,地震动反应谱特征周期为 0.45 s。

(2)研究区包括 105 条沟道,以流域面积小于 10 km² 的小型沟道为主。各单沟沟谷横断面大部分呈 V 形,沟谷坡度一般为 35°~55°。主沟道长度与流域面积呈正比,而主沟道比降与流域面积呈反比。人类活动在沟道强烈,造成松散土体堆积,以及建筑、生活等垃圾大量堆积。部分沟道在历史时期多次发生洪水—泥石流灾害。

(3)沟道泥石流的形成受多种因素的制约和影响,主要有地质构造、地层岩性、地形地貌、气象水文、植被覆盖和人类工程活动强度等。泥石流具有暴雨型、低频、物质组成以泥流为主、流体性质以稀性为主、受人类活动影响大等特征。105 条沟道中,泥石流活动程度为易发的有 36 条,占 34.3%。

(4)研究区河洪道包括兰州市城区 53 条河洪道及崔家大滩、马滩 2 条南河道,治理总长 103.589 km。河洪道为沟道流域出山口汇入黄河口的段落,属侵蚀堆积河谷平原地貌。地层结构大多具有二元结构,上部为粉土,下部为砂砾卵石层。

(5)河洪道岸坡岩性均为第四系松散堆积层,抗冲刷能力差,需进行岸坡防护处理;第②层粉土、黄土状粉土平均埋深 2.5~3.2 m 及以上湿陷性等级为强烈,平均埋深 5.5 m 及以下湿陷性等级为中等至轻微;第①层、第②层为细粒土,属冻胀性土,建议适当采取抗冻胀措施;按环境类型土对混凝土的腐蚀性评价,大多河洪道土层为弱腐蚀等级,按地层渗透性土对混凝土结构的腐蚀性评价,河洪道土层腐蚀等级均为微;河洪道两岸不存在大的渗透稳定性问题。但护岸工程仍应留设导截排水设施;第②层和第③层以及下伏地层作为护岸工程基础持力层,但应针对粉土湿陷性及可能液化土层采取措施。

(6)对于研究区的泥石流防治和城市综合防洪应采取多种工程措施相结合的防治方案,同时一定要做好泥石流和城市洪水的预防、预测及预报工作。

9.2 展 望

(1)针对研究区,应依据沟道泥石流的物质组成、流域形态、流域规模等特征,综合考虑,采取多种有针对性的防治措施。从削弱或消除可能发生泥石流的条件、改变或控制泥石流的活动规律及性质、减轻或消除泥石流的危害等方面采取一系列相应的对策与措施,全方位、多层次进行防治。

（2）对于研究区泥石流防治与城市综合防洪工程的详细设计过程,可参考本书提供的沟道泥石流的相关参数,同时参考本书内容开展进一步的沟道泥石流灾害研究。

（3）研究区位于黄河流域城市周边,防治过程中应积极响应习近平总书记《在黄河流域生态保护和高质量发展座谈会上的讲话》精神,落实好黄河流域生态保护和高质量发展的国家战略,真正让黄河成为造福人民的幸福河。

参考文献

[1] 编委会.地质灾害防治工作规范与突发灾害事故应急预案典型范本[M].北京:中国地质科技出版社,2007.

[2] Cheng-Lun Shieh, Chyan-Deng Jan, Yuan-Fan Tsai. Anumerical simulation of debris flow and its application[J].Natural Hazards,1996,13:39-54.

[3] Guoqi Han, Deguan Wang. Numerical modeling of Anhuidebros flow[J]. Journal of Hydraulic Engineering,1996,122(5):262.

[4] Wei Fangqiang, Hu Kaiheng, Jose L Lopez.Debris flow risk zoning in Cerro Grande Venezuela[R].Seminar of Debris Flow Disasters of 1999 in Venezuela,2000.

[5] Richard M Iverson, Mark E, Reid Richard G. LaHusen. Debris-flow mobilization from landslides[J]. Annu. Rev. Earth Planet. Sci., 1997,5:85-138.

[6] Iverson R M.The physics of debris-flows[J].Reviews of Geophysics,1997,3(3):245-296.

[7] Iverson R M,et al.Dynamic pore—pressure fluctuations in rapidly shearing granular materials[J].Science,246:796-799.

[8] Major J J, Iverson R M.Debris-flow deposition:efects of pore-fluid pressure and friction concentrated at flow margins[J].Geological Society of America Bulletin, 1999,1(10): 1424-1434.

[9] Sassa K, Kaibori M, Kitera N. Liquefaction and undrained shear of torrent deposits as the cause of debris flows[C]// Proceedings International Symposium on Erosion,Debris Flows and Disaster Prevention, 1985,9(3-5):231-236.

[10] Gonghui Wang, Kyoji Sassa, Hiroshi Fukuoka. Downslope volume enlargemet of a debris slide-debris flow in the 1999 Hiroshima, Japan, rainstorm[J]. Engineering Geology, 2003,69:309-330.

[11] Okura Y, et al.Fluidization in dry landslides[J]. Engineering Geology,2000,56:347-360.

[12] Okura Y, et al. Landslides fluidization process by flume experiments[J].Engineering Geology,2002,6:65-78.

[13] Anderson S A, Sitar N.Analysis of rainfall-induced debris flows[J]. Journal of Geotechnical Engineering-ASCE,1995,1(7):544-552.

[14] Hutchinson J N, Bhandari R K.Undrained loading,a fundamental mechanism of mudslide and other mass movements[J].Geotechnique,1971,21(4):353-358.

[15] Eekersley J D.Flowslides in stockpiled coal[J].Engineering Geology,1985(22):13-22.

[16] 周必凡,李德基,罗德富,等.泥石流防治指南[M].北京:科学出版社,1991.

[17] 王明甫.高含沙水流及泥石流[M].北京:水利电力出版社,1995.

[18] 郭树清,李海军,张仲福. 泥石流防治工程常见问题及其对策研究[M].兰州:兰州大

学出版社,2018.

[19]陈明丽.旅游城镇泥石流防治模式与工程价值[M].成都:四川大学出版社,2018.

[20]郑守仁.滑坡泥石流预警预报手册[M].武汉:长江出版社,2011.

[21]费祥俊,舒安平.泥石流运动机理与灾害防治[M].北京:清华大学出版社,2004.

[22]丁祖全,黎志恒.兰州市地质灾害与防治[M].兰州:甘肃科学技术出版社,2009.